Klaus Hofer · Sensorlose Antriebsregelungen

Sensorlose Antriebsregelungen

Beobachterorientierte Antriebskonzepte für die Low-Cost-Automatisierung

Prof. Dr.-Ing. Klaus Hofer VDI

VDI-Verlag GmbH
Verlag des Vereins Deutscher Ingenieure · Düsseldorf

CIP-Titelaufnahme der Deutschen Bibliothek

Hofer, Klaus:
Sensorlose Antriebsregelungen : beobachterorientierte Antriebskonzepte für die Low-Cost-Automatisierung / Klaus Hofer. – Düsseldorf : VDI-Verl., 1990
ISBN 3-18-400947-5

Printed in Germany

ISBN 3-18-400947-5

Vorwort

Elektrische Antriebe spielen eine wichtige Rolle bei der Automatisierung von Prozessen und Anlagen. Sie sorgen für die nötige Bewegung und Dynamik sowohl in den Produktionsanlagen als auch in den Produkten selbst. Da die Automatisierung in immer neue Bereiche der Industrie, aber auch des täglichen Lebens vordringt, reicht das Einsatzspektrum von einfachen Low-Cost-Applikationen bis hin zu computergeführten Fertigungseinheiten (CIM), so daß an die dafür erforderlichen elektrischen Antriebe hohe Anforderungen bezüglich Betriebssicherheit, Flexibilität und Wirtschaftlichkeit gestellt werden. Dies hat in der elektrischen Antriebstechnik einen gewaltigen Innovationsschub hin zur digitalen Regelung und Steuerung mit Hilfe von Mikroprozessoren ausgelöst.

Wegen des komplizierten Zusammenspiels von Mikroelektronik, Leistungselektronik und modernen Regeltheorien setzt der Umgang mit diesen volldigitalisierten Antriebseinheiten ein breitgefächertes Fachwissen voraus, was das Studium mehrerer Fachbücher erforderlich macht. Hinzu kommen die unterschiedlichen Methoden und Komponenten der einzelnen Fachgebiete, die auf eine enorme Vielzahl von Antriebsvarianten führen und welche die Orientierung und das Verständnis zusätzlich erschweren. Diesen Ansprüchen wird das vorliegende Buch dadurch gerecht, daß ein Einstieg in die Thematik aus der Sicht der Stromrichtertechnik, der Regelungstechnik und der Mikroprozessortechnik erfolgen kann. Dabei werden zunächst die bekannten Regelverfahren im Frequenzbereich und Zustandsraum jeweils auf denselben Stromrichterantrieb angewandt, so daß ein direkter Vergleich zwischen den Verfahren jederzeit möglich ist. Diese praxisbezogenen Regelbeispiele gestatten darüber hinaus dem weniger geübten Leser einen schnellen Einblick in die Methoden der konventionellen und modernen Regelungstechnik. Die Varianten auf der Leistungsseite werden an Hand zahlreicher, gebräuchlicher Stromrichterantriebe vorgestellt, wobei jetzt die Regelungstechnik im Hintergrund bleibt. Dabei werden sowohl netzgeführte

Stromrichter für Gleichstromantriebe als auch kommutierungslose und selbstgeführte Stromrichter für Wechsel- und Drehstromantriebe sehr ausführlich behandelt. Der Übergang von der analogen Antriebstechnik auf der Basis von Operationsverstärkern zu den digitalen Antriebsregelungen mit Mikroprozessoren zieht sich als Leitfaden durch sämtliche Abschnitte, wobei die Elektromagnetische Verträglichkeit (EMC) ebenso behandelt wird wie die Soft- und Hardwareentwicklung in Stromrichterantrieben.

Den Schwerpunkt dieses Werkes bilden die sensorlosen Antriebsregelungen im Binärmode, die eine interessante Weiterentwicklung der konventionellen und modernen Regelkonzepte im Bereich der Meßwerterfassung darstellen. Dazu wird Schritt für Schritt ein neuartiger Beobachtertyp entwickelt, der aus binären Stromrichterinformationen die elektrischen Zustandsgrößen mit hoher Genauigkeit on-line berechnen kann. Durch die Kombination dieser sogenannten Binären Beobachter mit Zustandsbeobachtern wird gezeigt, daß der gesamte Zustandsvektor eines elektrischen Antriebs ohne analoge Zwischenschritte geschätzt werden kann. An verschiedenen, praktischen Anwendungsbeispielen wird das Entwurfsprinzip Binärer Beobachter und die entsprechende, sensorlose Regelstruktur verdeutlicht und diskutiert.

Dieses Buch wendet sich sowohl an Studenten der Elektrotechnik und des Maschinenbaus als auch an Ingenieure in der Praxis, die sich einen Überblick über die Regelverfahren in der Antriebstechnik verschaffen und die Alternativen in wirtschaftlicher und technischer Hinsicht kennenlernen und anwenden wollen. Voraussetzung für das Verständnis beobachterorientierter Antriebskonzepte sind Grundkenntnisse über elektrische Maschinen und Stromrichter sowie der linearen Regelungstechnik und der Mikroprozessortechnik.

Ich danke allen an dieser Arbeit beteiligten Mitarbeitern und Studenten der Fachhochschule Bielefeld und der Universität (GH) Siegen, insbesondere Herrn Dipl.-Ing. G. Weinert für das Erstellen der zahlreichen Computergraphiken und den Studenten M. Paul und H. Strotkamp für das Anfertigen der Reinzeichnungen und ihre Hilfen rund um das Manuskript. Schließlich gebührt noch ein besonderer Dank meiner Frau Eva für die Unterstützung bei der Textverarbeitung und meinen Kindern, ohne deren großes Verständnis dieses Buch kaum entstanden wäre.

Bielefeld, im Januar 1990 Klaus Hofer

Inhalt

1. Verzeichnis der Formelzeichen

a	Fourierkoeffizient
$\boldsymbol{A}$	Systemmatrix
adj	Adjunkte
ADC	*analog digital converter*
α	Steuerwinkel, Temperaturkoeffizient
α_B	binäres Signal des Steuerwinkels
b	Fourierkoeffizient
bit	*binary digit*
B	Index für Beobachtungsnormalform
$\boldsymbol{B}$	Eingangsmatrix
$\boldsymbol{b}$	Eingangsvektor
B2	Wechselstrombrückenschaltung
B6	Drehstrombrückenschaltung
BP	Bezugspotential
$\boldsymbol{c}^T$	transponierter Ausgangsvektor
CPU	*central processing unit*
C_K	Kommutierungskondensator
DAC	*digital analog converter*
dB	Dezibel
Dek	Dekade
det	Determinante
eff	Index für Effektivwerte
EMC	*electro magnetic compatibility*
EMK	elektromotorische Kraft
EPROM	*erasable PROM*
ε	*Ordnungszahl*
f	Frequenz
F	Übertragungsfunktion
$\boldsymbol{F}$	Beobachtermatrix
g	Grundschwingungsgehalt
G	Übertragungsfunktion

GR	Gleichrichter
GS	Gleichstromsteller
H	Index für Hexformat
i	Ordnungszahl
i_v, I_v	Verbraucherstrom
i_d, I_d	Gleichstrom
i_w, I_w	Wechselstrom
i_z, I_z	Chopperstrom
IC	*integrated circuit*
INT	Interrupt, Unterbrechung
J	Massenträgheitsmoment
k	Ordnungszahl, Klirrfaktor
$\boldsymbol{k}$	Korrekturvektor
K	diskrete Zeiteinheit
k_i	Stromwandlerkonstante
k_n	Drehzahlgeberkonstante
k_R	Reglerproportionalverstärkung
k_{SR}	Stromrichterverstärkung
L	Induktivität
L_K	Kommutierungsinduktivität
λ	Stromflußwinkel (Leitdauer)
λ_B	binäres Signal der Leitdauer
m	Ordnungszahl
M3	Drehstrommittelpunktschaltung
M_B	Beschleunigungsmoment
M_L	Lastmoment
n	Drehzahl, Ordnung
ν	Ordnungszahl
ω	Kreisfrequenz
ω_D	Durchtrittsfrequenz
Ω	Kreisdrehzahl
p	Pulszahl
PI	Proportional-Integral-Regler
PROM	*programmable read only memory*
ψ	magnetischer Fluß
q	Kommutierungszahl
$\boldsymbol{Q}_B$	Beobachtbarkeitsmatrix
r	Reglerkoeffizienten
$\boldsymbol{r}^T$	transponierter Reglervektor

R	Ohmscher Widerstand
RAM	*random access memory*
s	komplexe Größe
$\boldsymbol{S}$	Transformationsmatrix
S & H	*sample and hold*
σ	Ordnungszahl
t	Zeit
T	Periodendauer
T_{a}	Ankerzeitkonstante
T_{AB}	Abtastzeit
T_{G}	Glättungszeitkonstante
T_{M}	mechanische Zeitkonstante
Tr	Leistungstransistor
T_{R}	Reglernachstellzeit
T_{t}	Stromrichtertotzeit
TTL	Transistor-Transistor-Logik
θ	Temperatur
$\hat{u}$	Scheitelwert der Netzspannung
$\boldsymbol{u}$	Eingangsvektor, Steuervektor
u	Überlappung, Steuergröße
u_{B}	binäres Signal der Überlappung
U_{G}	Gleichspannung
U_{i}	induzierte Spannung
$u_{\mathrm{d}}, U_{\mathrm{d}}$	Gleichrichterspannung
U_{di}	ideelle Leerlaufgleichspannung
$u_{\mathrm{v}}, U_{\mathrm{v}}$	Verbraucherspannung
$u_{\mathrm{z}}, U_{\mathrm{z}}$	Chopperspannung
V	Vorfilter
VCO	*voltage controlled oscillator*
VS	Versorgungsspannung
VZ1	Verzögerungsglied erster Ordnung
w	Welligkeit
WR	Wechselrichter
$\boldsymbol{x}$	Zustandsvektor
x_{d}	Regelabweichung
y	Ausgangsgröße
$\boldsymbol{y}$	Ausgangsvektor

2. Entwicklungsgeschichte elektrischer Antriebe

Unter elektrischen Antrieben versteht man funktionale Einheiten, bestehend aus elektrischen Maschinen [1] zur elektromechanischen Energiewandlung, Stromrichtern [2] zur Bereitstellung der erforderlichen Ströme und Spannungen und Regel- bzw. Steuereinrichtungen [3] zur Führung und Überwachung der elektrischen Zustandsgrößen. Die primäre Aufgabe elektrischer Antriebe besteht darin, mit einem Minimum an elektrischer Energie die mechanischen und dynamischen Bedürfnisse an der Welle optimal zu befriedigen. Durch den hohen Entwicklungsstand der Antriebstechnik stehen heute sowohl Gleichstrom- als auch Wechsel- und Drehstromantriebe zur Verfügung, die aus jedem beliebigen Netz gespeist werden können.

Der Entwicklungsprozeß von der Entdeckung des dynamoelektrischen Prinzips durch Werner von Siemens bis zur mikroprozessorgeführten Antriebseinheit in der Prozeßautomatisierung erstreckt sich über einen Zeitraum von mehr als einem Jahrhundert. Dabei spielte sich die Entwicklung der elektrischen Maschinen und Transformatoren vorwiegend im 19. Jahrhundert ab. Wichtige Meilensteine sind hierbei die Einführung der Gleichstrommaschinen (1866), der Bau von Transformatoren mit Eisenkernen (1880), die Realisierung von Drehstromsynchronmaschinen (1887) und schließlich die Entwicklung von Drehstromasynchronmaschinen (1889).

Mit der durch Oskar von Miller initiierten ersten Drehstromübertragung von Lauffen am Neckar nach Frankfurt am Main (1891) hat man sich in der Energieerzeugung und -verteilung schon sehr früh für die Wechsel- und Drehstromtechnik entschieden, während für Antriebszwecke sowohl Gleichstrommaschinen als auch Wechsel- und Drehstrommaschinen Verwendung fanden. Dabei waren Eingriffe in das Betriebsverhalten der elektrischen Antriebe nur in bescheidenem Umfang mit Maschinenumformern (Leonardsätzen), Transformatoren, sättigbaren Drosseln (Transduktoren) und Vorwiderständen möglich.

Einen gewaltigen Fortschritt brachten zu Beginn des 20. Jahrhunderts die ersten Stromrichterschaltungen mit Quecksilberdampfventilen (1901). Diese sogenannten Quecksilberdampfgleichrichter gestatteten über Hilfselektroden eine kontinuierliche und verlustarme Verstellung großer elektrischer Energieströme und legten den Grundstein für die heutige Stromrichtertechnik (Leistungselektronik).

Anwendungsgebiete fanden sich in Walzwerkantrieben und bei der Elektrolyse, wobei die Signalverarbeitung über Röhrenverstärker erfolgte. Die Röhrentechnik wurde mit der Erfindung der Transistoren (1948) rasch abgelöst, so daß sich neue Möglichkeiten in der Prozeßführung ergaben.

Einen enormen Innovationsschub löste die Entwicklung der Thyristoren (1958) in der elektrischen Antriebstechnik aus, da sich nun die verschiedensten Stromrichterschaltungen wie Gleichrichter, Wechselrichter und Umrichter mit Hilfe dieser steuerbaren Halbleiterventile problemlos und mit hohen Wirkungsgraden realisieren ließen. Unterstützt wurde dieser Entwicklungsabschnitt durch die Verfügbarkeit von integrierten Schaltungen (1965), wie Operationsverstärker für die Realisierung von Regelkreisen und Gatterbausteinen für die logische Signalverarbeitung.

Eine vollkommen neue Epoche begann Mitte der siebziger Jahre für die elektrischen Antriebe mit dem Übergang von der Analogtechnik zur Digitaltechnik auf der Basis von Mikroprozessoren (1971). Die Gründe für die softwareorientierte Regelung und Steuerung elektrischer Antriebe liegen zum einen in der höheren Genauigkeit, Reproduzierbarkeit, Linearität und Wirtschaftlichkeit und zum anderen in der einfacheren Integration in computerorientierte Fertigungsabläufe. Somit können elektrische Antriebe erstmals als digitale Bausteine in der fortschreitenden Automatisierung eingesetzt werden, wobei über parallele oder serielle Schnittstellen eine Anbindung an übergeordnete Leitrechner problemlos erfolgen kann.

Mit zunehmendem Automatisierungsgrad und wachsender Auslastung der Anlagen kommen anstelle der geregelten Gleichstromantriebe immer mehr robuste, umrichtergespeiste Drehstromasynchronmaschinen zum Einsatz. Auftrieb erhielt dieser Trend ab 1980 durch die Entwicklung neuer Leistungshalbleiter, wie abschaltbare Thyristoren GTOs (*gate turn-off thyristors*), Leistungstransistoren, IGBTs (*insulated gate bipolar transistors*) und POWER MOSFETs (*metal-oxide semiconductor field effect transistors*), die den Aufwand zur Realisierung von selbstgeführten Stromrichtern im Bereich bis 100 kW erheblich reduzieren.

Parallel zur Entwicklung elektrischer Maschinen und Stromrichter, aber vollkommen unabhängig davon, verlief die Entwicklungsgeschichte der Regelungstechnik, beginnend mit den Regelungstheorien von NYQUIST (1832) über die Stabilitätsbetrachtungen von HURWITZ (1895) und LJAPUNOW(1907), gefolgt von den Netzwerkanalysen von BODE (1945) bis hin zu den modernen Regelverfahren mit Zustandsbeobachtern (LUENBERGER 1971).

Betrachtet man *elektrische Antriebe* aus dem Blickwinkel der Regelungstechnik, so unterscheidet man den ungesteuerten Antrieb, wenn der Motor nur ein- und ausgeschaltet wird, den gesteuerten Antrieb, wenn der Energiefluß über ein Stromrichterstellglied beeinflußt wird und den geregelten Antrieb, wenn bestimmte Prozeßgrößen über Regler rückgekoppelt werden. Dieser letztgenannte Fall soll Gegenstand dieses Buches sein, wobei die verschiedenen Regelverfahren zunächst am Beispiel einer stromrichtergespeisten Gleichstrommaschine näher betrachtet werden, siehe *Bild 2-1*.

Bild 2-1 a zeigt die Struktur einer konventionellen Antriebsregelung im Frequenzbereich. Bei diesem weitverbreiteten Regelverfahren werden die Gleichungssysteme mit Hilfe der *Laplace-Transformation* vom Zeitbereich in den komplexen Bereich (Frequenzbereich) überführt, so daß man relativ schnell und mit einfachen Mitteln Aussagen über das Stabilitätsverhalten dynamischer Systeme machen kann, die wiederum zum Entwurf entsprechender Regeleinrichtungen geeignet sind. Die zu regelnden Zustandsgrößen werden mit Sensoren erfaßt und in der Regel einer Kaskadenregelung als Istwerte zugeführt.

Im Gegensatz hierzu arbeiten die modernen Antriebsregelungen im Zustandsraum (Zeitbereich), was neben regelungstechnischen Vorteilen häufig auch noch eine Vereinfachung beim Meßaufwand mit sich bringt. So können Zustandsgrößen, deren Messungen aus wirtschaftlichen oder technischen Gründen ausscheidet, mit Hilfe von Zustandsbeobachtern aus anderen Größen berechnet werden. Verglichen mit konventionellen Antriebsregelungen bedeutet dies, daß z. B. auf eine meßtechnische Erfassung der Drehzahl verzichtet werden kann, siehe Bild 2-1 b. Mathematisches Hilfsmittel der modernen Regelungstechnik ist die *Matrizenrechnung*.

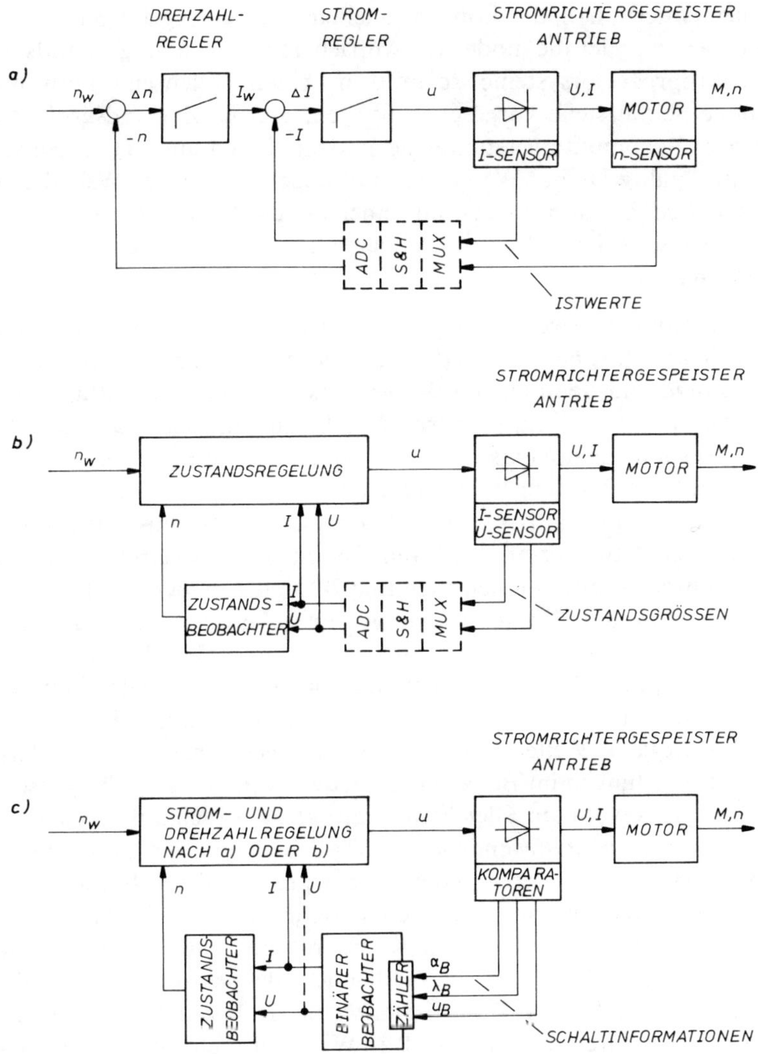

Bild 2-1. Geregelte Stromrichterantriebe im Vergleich.
a) konventionelle Antriebsregelungen,
b) moderne Antriebsregelungen,
c) sensorlose Antriebsregelungen.

Implementiert man die konventionellen Antriebsregelungen im Frequenzbereich oder die modernen Antriebsregelungen im Zustandsraum in Mikroprozessorsysteme, so muß in beiden Fällen eine aufwendige analoge Schnittstelle vorgesehen werden, die die Zustandsgrößen des Antriebs in computerverständliche Informationen umsetzt. Diese sogenannte Analog/Digital-Wandlung muß wegen der starken Welligkeit der elektrischen Zustandsgrößen mit einer hohen Abtastrate arbeiten und im Interesse großer Drehzahlstellbereiche eine große Auflösung (Bitbreite) haben.

Ersetzt man die Istwertbildung der elektrischen Zustandsgrößen durch einen *Binären Beobachter* (Bild 2-1 c), der aus binären Eingangssignalen die Ströme und Spannungen des Motors berechnet, so entfallen nicht nur sämtliche Sensoren, sondern auch die analoge Schnittstelle und die damit verbundenen Abtastprobleme [4]. Über eine Beobachterkaskade, bestehend aus Binärem Beobachter und Zustandsbeobachter, läßt sich der komplette Zustandsvektor schätzen und einer Strom- und Drehzahlregelung als Istwertersatz zuführen. Die Strom- und Drehzahlregelung kann entweder konventionell nach Bild 2-1 a oder modern nach Bild 2-1 b ausgeführt werden. Da keine analogen Prozeßgrößen mehr zu erfassen, zu wandeln und zu verarbeiten sind, liegen sensorlose Regelkreise vor, die mit dem Prozeß ausschließlich über binäre Schnittstellen kommunizieren. Die sensorlosen Antriebsregelungen im Binärmode sind somit eine konsequente Weiterentwicklung der konventionellen und modernen Antriebsregelungen im Bereich der Meßwerterfassung, wobei diese Regelstrategie sowohl auf Gleichstromantriebe als auch auf Wechsel- und Drehstromantriebe anwendbar ist. Vergleicht man die Istwertbildung und Aufbereitung untereinander, so entsprechen die aufwendigen und teuren Sensoren und analogen Schnittstellen nach Bild 2-1 a und 2-1 b den einfachen und preiswerten Komparatoren und Zählerbausteinen nach Bild 2-1 c. Mathematisches Hilfsmittel der sensorlosen Antriebsregelungen ist die *Fourier-Transformation*. Sensorlose Antriebsregelungen zeichnen sich durch ein hohes Maß an Wirtschaftlichkeit, Betriebssicherheit und Flexibilität aus, was sie für den Einsatz in der Low-Cost-Automatisierung besonders interessant macht.

Durch Integration der Komparatoren zur Erfassung der binären Schaltinformationen sowie der Binären Beobachter auf die Chips der Leistungshalbleiter wird die Realisierung von *intelligenten Aktoren* möglich, wie sie in zunehmendem Maße auf allen Gebieten der Prozeßautomatisierung und im Fahrzeugbau benötigt werden. Verknüpft man die sensorlose und die sensororientierte Istwerterfassung miteinander, so lassen sich redundante Regelkreise entwerfen, wie sie für manche Applikationen aus Sicherheitsgründen vorgeschrieben sind.

Betrachtet man die Genauigkeit beobachterorientierter Regelverfahren, so tritt im allgemeinen ein Genauigkeitsverlust gegenüber der Messung auf. Die Beobachtungsfehler beschränken den Einsatz dieser Verfahren auf Standardantriebe. Ausnahmen liegen vor, wenn übergeordnete Regelkreise (z. B. Lageregelungen) die Ungenauigkeit unterlagerter Regelkreise (z. B. sensorlose Drehzahlregelungen) kompensieren.

Die digitale Realisierung stromrichtergespeister Antriebseinheiten stellt hohe Anforderungen an die Soft- und Hardware der Mikroelektronik. Kurze Rechenzeiten sind eine wesentliche Forderung an die Mikrorechner, da die Zeitkonstanten der Stromrichter und Maschinen sehr klein sind. Außerdem müssen die Steuer- und Regelalgorithmen mit einer hohen Auflösung (Bitbreite) bearbeitet werden, da die Steuer- und Regelbereiche in elektrischen Antrieben sehr groß sind. Diese Bedingungen lassen sich in der Regel nur durch schnelle und leistungsfähige 16-bit-Mikroprozessor-Systeme einhalten.

Da die Mikroprozessoren über die Stromrichterstellglieder in große elektrische Energieströme eingreifen, muß bei der Synthese von Mikro- und Leistungselektronik absolute Störsicherheit (EMC) gewährleistet sein, um Schäden und Ausfälle der Betriebsmittel zu verhindern. Damit die Störbeeinflussung der Mikroelektronik durch die Leistungselektronik auf einem zulässigen Maß gehalten wird, hat diese Forderung höchste Priorität und muß am Anfang aller Überlegungen und Planungen stehen. Hinweise zum Entwurf von Soft- und Hardware für Stromrichterantriebe finden sich in einem gesonderten Abschnitt.

Bei der genaueren Betrachtung der Grundvoraussetzungen für den Entwurf Binärer Beobachter zur sensorlosen Zustandsgrößenschätzung stellt sich heraus, daß diese nicht nur in elektrischen Antrieben erfüllt sind, sondern auch in all den Bereichen der Physik, Biologie und Technik, wo periodische Vorgänge auftreten. Damit kann der Entwurf sensorloser Regelkreise wesentlich vielseitiger gesehen werden.

3. Konventionelle Antriebsregelungen im Frequenzbereich

Die Methoden der konventionellen Regelungstechnik [3, 5] beschränken sich im allgemeinen auf lineare und zeitinvariante Systeme. Nichtlineare und zeitvariante Systeme lassen sich nur dann damit behandeln, wenn der betreffende Prozeß um einen Arbeitspunkt linearisiert werden darf und zeitabhängige Einflüsse adaptiv nachgeführt werden können.

Wichtigstes mathematisches Hilfsmittel der konventionellen Regelungen ist die Laplace-Transformation. Dazu müssen aber zunächst die physikalischen Gesetzmäßigkeiten möglichst exakt durch gewöhnliche Gleichungen und Differentialgleichungen beschrieben werden. Diese Gleichungssysteme werden dann mit Hilfe der Laplace-Transformation vom Zeitbereich in den komplexen Bereich überführt, so daß sich mit entsprechenden Hilfsmitteln Aussagen über die Stabilität und Dynamik des betrachteten Systems machen lassen. Hierfür verwendet man entweder das Frequenzkennlinienverfahren oder das Wurzelortskurvenverfahren. Beide Verfahren sind gleichwertig bezüglich ihrer Aussagekraft.

Aus den Laplace-transformierten Systemgleichungen läßt sich ein anschauliches Strukturbild ableiten, wobei die Funktionsbausteine eines technischen Systems den elementaren Übertragungsgliedern des Strukturbildes entsprechen. Man wählt dabei immer diejenigen Systemvariablen zu Eingangsgrößen eines Übertragungsgliedes, die den Charakter von Steuergrößen haben. Aus der Fülle der linearen Übertragungsglieder treten am häufigsten die rationalen Übertragungsglieder, die Totzeitglieder und die Abtastglieder in Regelkreisen auf. Solche linearen Übertragungsglieder erfüllen sowohl das Überlappungs- als auch das Verstärkungsprinzip [3].

Auch der Entwurf der entsprechenden Regeleinrichtungen kann im Strukturbild dargestellt und mit dem Frequenzkennlinienverfahren durchgeführt werden. Die gewonnenen Aussagen gelten streng genommen nur für kontinuierliche (analoge) Regelsysteme, lassen sich aber unter gewissen Umständen auch auf quasikontinuierliche (digitale) Regelsysteme übertragen (vgl. Abschn. 3.4.5.2).

3.1 Zustandsgleichungen eines Gleichstromantriebs

Das vereinfachte Schaltbild einer fremderregten Gleichstrommaschine, die aus einem netzgeführten Stromrichter gespeist wird, ist in *Bild 3-1* dargestellt. Der Stromrichter wandelt die Wechselspannung des Netzes um in eine Gleichspannung, deren arithmetischer Mittelwert (U_d) kontinuierlich über die Steuergröße (u) verstellt werden kann; dabei soll stationäre Proportionalität zwischen u und U_d vorausgesetzt werden. Dies bedingt aber ein dreidimensionales Kennlinienglied, da netzgeführte Stromrichter im Lückbetrieb extreme Nichtlinearitäten aufweisen (vgl. Abschn. 6.1.1.1).

Sämtliche Ohmschen Widerstände des Gleichstromkreises sind im Ersatzwiderstand R und sämtliche Induktivitäten in der Ersatzinduktivität L zusammengefaßt; wobei im einfachsten Fall nur der Ankerwiderstand und die Ankerinduktivität vorhanden sind. Die Gleichstrommaschine wandelt die elektrische Leistung ($U_i I_d$) in die mechanische Leistung ($M_i \Omega$) an der Welle um. Charakteristische Größen für die Beschreibung der anzutreibenden Arbeitsmaschine sind das Lastmoment (M_L) und das Massenträgheitsmoment (J). Im Interesse einfacher Zusammenhänge

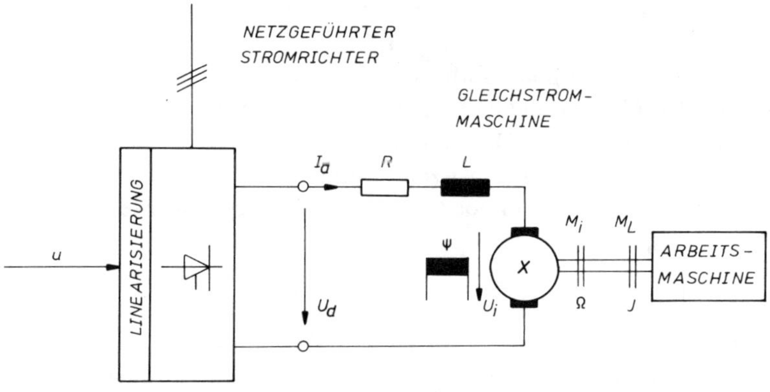

Bild 3-1. Stromrichtergespeiste Gleichstrommaschine.

sollen starre Kupplungen angenommen werden, so daß keine Elastizitätsschwingungen (Torsion) an der Welle zu berücksichtigen sind. Des weiteren sollen Reibungseinflüsse vernachlässigbar sein. Nach Bild 3-1 folgt für einen solchen Antrieb das Gleichungssystem:

$$
\begin{aligned}
U_\mathrm{d} &= k_\mathrm{SR} \cdot u(t - T_\mathrm{t}) && \text{Stromrichter,} \\
U_\mathrm{d} &= R I_\mathrm{d} + L \frac{dI_\mathrm{d}}{dt} + U_\mathrm{i} && \text{Anker,} \\
U_\mathrm{i} &= \psi \Omega && \\
M_\mathrm{i} &= \psi I_\mathrm{d} && \text{Elektromechanik,} \\
M_\mathrm{B} &= M_\mathrm{i} - M_\mathrm{L} = J \frac{d\Omega}{dt} && \text{Bewegung.}
\end{aligned} \tag{3.1}
$$

Setzt man die elektromechanischen Gleichungen in die Ankerspannungs- bzw. Bewegungsgleichung ein und unterwirft man dieses Gleichungssystem einer Laplace-Transformation [6], so erhält man im Frequenzbereich:

$$
\begin{aligned}
U_\mathrm{d}(s) &= k_\mathrm{SR}\, e^{-T_\mathrm{t} s}\, u(s) && \text{Stromrichter,} \\
I_\mathrm{d}(s) &= \frac{\frac{1}{R}}{1 + s T_\mathrm{a}} \{U_\mathrm{d}(s) - \psi \Omega(s)\} && \text{Anker,} \\
\Omega(s) &= \frac{1}{sJ} \{\psi I_\mathrm{d}(s) - M_\mathrm{L}(s)\} && \text{Mechanik,}
\end{aligned} \tag{3.2}
$$

wobei $u(t - T_\mathrm{t})$ mit $e^{-T_\mathrm{t} s}\, U(s)$ korrespondiert und $\dot{I}_\mathrm{d}$ mit $s I_\mathrm{d}(s) - I_\mathrm{d}(+0)$ bzw. $\dot{\Omega}$ mit $s\Omega(s) - \Omega(+0)$ korrespondiert. Die Größe $s = \delta + j\omega$ ist eine veränderliche, komplexe Zahl. Im Gegensatz zu den Originalfunktionen nach Gl. (3.1) bezeichnet man die Gl. (3.2) als Bildfunktionen. Diese können sofort für die Darstellung des Strukturbildes benutzt werden. Doch zuvor soll noch das Totzeitverhalten des Stromrichters durch ein Verzögerungsverhalten erster Ordnung angenähert werden:

$$
e^{-T_\mathrm{t} s} \approx \frac{1}{1 + s T_\mathrm{t}}. \tag{3.3}
$$

Diese Näherung kann immer dann vorteilhaft eingesetzt werden, wenn die Totzeit im Verhältnis zu den anderen Zeitkonstanten des Systems klein ist. Nach Gl. (3.2) ist der stromrichtergespeiste Gleichstromantrieb im regelungstechnischen Sinne ein System dritter Ordnung, das mit Gl. (3.3) endgültig lautet:

$$\begin{aligned}
U_d(s) &= \frac{k_{SR}}{1 + s\,T_t}\,u(s)\,, \\
I_d(s) &= \frac{\frac{1}{R}}{1 + s\,T_a}\,\{U_d(s) - \psi\,\Omega(s)\}\,, \\
\Omega(s) &= \frac{1}{s\,J}\{\psi\,I_d(s) - M_L(s)\}\,.
\end{aligned} \tag{3.4}$$

Als dynamische Elemente sind zwei Verzögerungsglieder erster Ordnung und ein einfaches Integrierglied enthalten.

3.2 Strukturbild

Das Strukturbild für den stromrichtergespeisten Gleichstromantrieb zeigt *Bild 3-2,* wobei man zunächst einmal vollkommen frei ist in der Wahl der Ausgangsgröße. Betrachtet man die Kreisdrehzahl ($\Omega = 2\,\pi\,n$) als Ausgangsgröße, so kann die Struktur nach Bild 3-2a direkt aus Gl. (3.4) abgelesen werden. Üblicherweise wird die Sprungantwort in die betreffenden, elementaren Übertragungsglieder eingezeichnet und die charakteristischen Parameter am oberen Rand angetragen. Auch ist es gebräuchlich, die Übertragungsfunktionen selbst in die Blöcke einzutragen.

Typisch für Gleichstrommaschinen ist die EMK-Schleife, d. h. die Gegenkopplung der induzierten Spannung (U_i). Die Dynamik des Ankerstroms (I_d) hängt von der Spannungsdifferenz (ΔU) sowie der Proportionalverstärkung ($1/R$) und der Ankerzeitkonstanten ($T_a = L/R$) des Verzögerungsgliedes erster Ordnung ab. Der konstante Fluß (Ψ) der fremderregten Gleichstrommaschine wird durch je ein Proportionalglied im Vorwärtszweig und Rückkopplungszweig berücksichtigt. Die Differenz zwischen dem inneren Maschinendrehmoment (M_i) und dem Lastmoment (M_L) entspricht dem Beschleunigungsmoment (M_B) und greift integral in die Drehzahl (Ω) ein. Der Stromrichter ist ebenfalls durch ein Verzögerungsglied erster Ordnung mit der Proportionalverstärkung (k_{SR}) und der Zeitkonstanten (T_t) berücksichtigt.

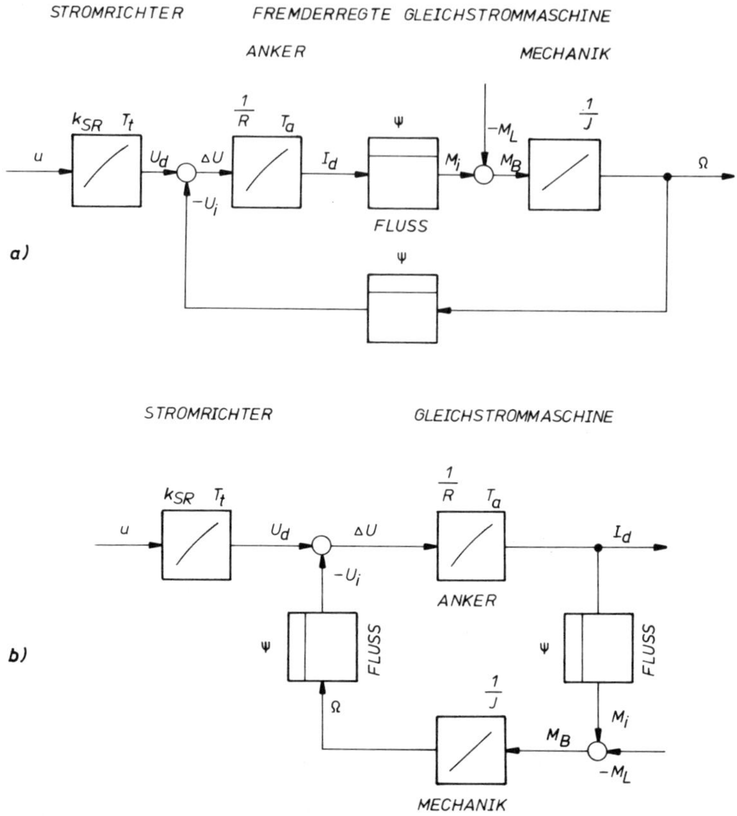

Bild 3-2. Strukturbild der stromrichtergespeisten Gleichstrommaschine.
a) Drehzahl als Ausgangsgröße,
b) Ankerstrom als Ausgangsgröße.

Solche Strukturbilder geben aber nicht nur in anschaulicher Form die physikalischen Gegebenheiten des Antriebs wieder, sie können auch direkt auf dem Analogrechner für Simulationszwecke benutzt werden.

3.3 Übertragungsfunktionen

Die Übertragungsfunktion eines dynamischen Systems kann immer aus dem Strukturbild abgelesen werden und umgekehrt. Sie ist das mathematische Gegenstück zum Strukturbild und beschreibt das Verhältnis zweier beliebiger Systemgrößen zueinander. Wichtige Übertragungsfunktionen zur Beurteilung des dynamischen Verhaltens sind die Führungsübertragungsfunktion und die Störübertragungsfunktion. Bei mehreren Übertragungsgliedern erhält man die resultierende Übertragungsfunktion durch Multiplikation der einzelnen Übertragungsfunktionen. Im Falle einer Rückkopplung gilt für die Gesamtübertragungsfunktion:

$$F(s) = \frac{G(s)}{1 \pm G(s)\,H(s)}. \tag{3.5}$$

Dabei ist $G(s)$ die Übertragungsfunktion zwischen dem Eingang und Ausgang der Strecke (ohne Rückführung) und $H(s)$ die Übertragungsfunktion der Rückkopplung, die wiederum eine Mitkopplung $(-)$ oder eine Gegenkopplung $(+)$ sein kann.

Übertragungsfunktionen werden häufig auch in Polynomform angeschrieben. Für ein System dritter Ordnung bedeutet dies:

$$F(s) = \frac{b_2 s^2 + b_1 s + b_0}{s^3 + a_2 s^2 + a_1 s + a_0}. \tag{3.6}$$

a_0, a_1, a_2 bezeichnet man als die Koeffizienten der charakteristischen Gleichung, wobei in technischen Systemen der Nennergrad immer größer als der Zählergrad ist.

3.3.1 Führungsverhalten

Betrachtet man das dynamische Verhalten eines technischen Systems auf Änderungen der Führungsgröße (Steuergröße), so darf die Störgröße unberücksichtigt bleiben. Mit Gl. (3.5) und (3.6) folgt für die Führungsübertragungsfunktion der Drehzahl:

$$\frac{\Omega(s)}{u(s)} = \frac{\dfrac{k_{SR}\,\Psi}{R\,J\,T_a\,T_t}}{s^3 + s^2\left(\dfrac{1}{T_a} + \dfrac{1}{T_t}\right) + s\left(\dfrac{1}{T_a\,T_t} + \dfrac{1}{T_a\,T_M}\right) + \dfrac{1}{T_a\,T_M\,T_t}}, \tag{3.7}$$

mit den Abkürzungen: $T_a = L/R$ und $T_M = RJ/\Psi^2$.

Um Aussagen über das Führungsverhalten machen zu können, schaltet man einen Sollwertsprung der Form:

$$u = \frac{U_0}{s} \tag{3.8}$$

auf. Der Sprung stellt die unangenehmste Anregung für ein dynamisches System dar und führt deshalb zu maximalen Reaktionen. Dann transformiert man die Übertragungsfunktion durch eine inverse Laplace-Transformation in den Zeitbereich zurück. Dazu verwendet man Korrespondenzen [5], die die Rücktransformation erleichtern. Eine zweite Möglichkeit, den Verlauf der Sprungantwort zu bekommen, besteht in der bereits erwähnten Simulation auf dem Analogrechner.

Die gewonnene Zeitfunktion der Drehzahl $\Omega(t)$ auf einen Sollwertsprung bezeichnet man als Sprungantwort; diese ist in *Bild 3-3* unter Vernachlässigung der Stromrichtertotzeit für einen Gleichstrommotor aufgetragen. Die Drehzahl folgt einer gedämpften Schwingung, wobei die Überschwingweite und die Anregelzeit von den Parametern des Motors abhängen. Aufgabe der Drehzahlregelung wird es unter anderem sein, diesen Verlauf zu verbessern.

Eine weitere Führungsübertragungsfunktion findet man, wenn man den Ankerstrom (I_d) als Ausgangsgröße wählt. Dazu muß das Strukturbild entsprechend Bild 3-2b etwas umgezeichnet werden. Anhand der Gl. (3.5) und (3.6) findet man für die Führungsübertragungsfunktion des Ankerstroms:

$$\frac{I_d(s)}{u(s)} = \frac{\dfrac{k_{SR}\,J}{\psi^2\,T_a\,T_M\,T_t}\,s}{s^3 + s^2\left(\dfrac{1}{T_a} + \dfrac{1}{T_t}\right) + s\left(\dfrac{1}{T_a\,T_t} + \dfrac{1}{T_a\,T_M}\right) + \dfrac{1}{T_a\,T_M\,T_t}}\,. \tag{3.9}$$

Durch Rücktransformation und graphische Darstellung stellt man fest, daß auch dieser Verlauf den Anforderungen der Antriebstechnik nicht gerecht wird und durch eine Stromregelung zu optimieren ist.

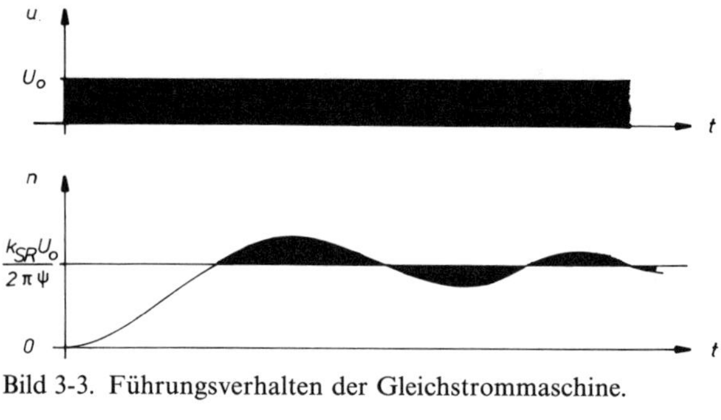

Bild 3-3. Führungsverhalten der Gleichstrommaschine.

3.3.2 Störverhalten

Betrachtet man das dynamische Verhalten eines technischen Systems auf Änderungen der Störgröße, so darf die Führungsgröße unberücksichtigt bleiben. Mit Hilfe von Gl. (3.5) findet man nach Bild 3-2a für die Störübertragungsfunktion der Drehzahl:

$$\frac{\Omega(s)}{M_L(s)} = -\frac{R}{\psi^2} \frac{1 + s\,T_a}{1 + s\,T_M + s^2\,T_a\,T_M}. \tag{3.10}$$

Um Aussagen über das Störverhalten machen zu können, schaltet man auch hier eine sprungförmige Änderung der Störgröße (Laststoß) auf:

$$M_L = \frac{M_0}{s} \tag{3.11}$$

und transformiert die Störübertragungsfunktion wieder zurück in den Zeitbereich. *Bild 3-4* zeigt den zeitlichen Verlauf der Drehzahl auf einen sprungförmigen Anstieg des Lastmoments. Es stellt sich ein stationärer Drehzahleinbruch ein, der ebenfalls den Einsatz einer Drehzahlregelung erforderlich macht.

Eine zweite Störübertragungsfunktion findet man, indem man den Ankerstrom (I_d) als Ausgangsgröße wählt. Gemäß Bild 3-2b und Gl. (3.5) ergibt sich die Störübertragungsfunktion des Ankerstroms zu:

$$\frac{I_d(s)}{M_L(s)} = \psi \frac{s\,T_M(1 + s\,T_a)}{1 + s\,T_M + s^2\,T_a\,T_M}. \tag{3.12}$$

Für Aussagen zur Stabilität eines dynamischen Systems benötigt man die Pole der Übertragungsfunktionen. Diese Pole entsprechen den Null-

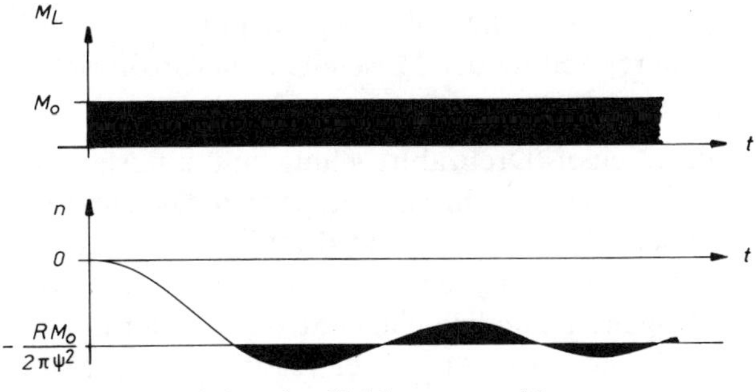

Bild 3-4. Störverhalten der Gleichstrommaschine.

stellen der charakteristischen Gleichung und ergeben sich im Falle der Führungsübertragungsfunktion der Drehzahl nach Gl. (3.7) durch Nullstellen des Nennerpolynoms zu:

$$s_1 = -\frac{1}{T_t},$$
$$s_{2/3} = -\frac{1}{2\,T_a} \pm \sqrt{\frac{1}{4\,T_a^2} - \frac{1}{T_a\,T_M}}. \qquad (3.13)$$

Das dynamische System ist stabil, wenn alle Pole links der imaginären Achse liegen, d. h. es darf kein positiver Realanteil auftreten. Betrachtet man die anderen Übertragungsfunktionen der stromrichtergespeisten Gleichstrommaschine, so ergeben sich immer die Pole nach Gl. (3.13). Diese sind für alle Antriebsparameter stabil.

3.4 Klassische Kaskadenregelung

Die Kaskadenregelung [3] ist eine der effektivsten Methoden der Regelungstechnik zur Stabilisierung und Optimierung von Regelstrecken mit mehreren dominanten Zeitkonstanten. Der Grundgedanke der Kaskadenregelung besteht darin, daß ein unterlagerter Regler die Zeitkonstante der inneren Regelstrecke kompensiert und der geschlossene, innere Regelkreis nach außen nur noch als elementares Übertragungsglied in Erscheinung tritt. Der überlagerte Regler wird dann für die Zeitkonstante der äußeren Regelstrecke ausgelegt. Die mit einer Kaskadenregelung erreichbaren dynamischen Eigenschaften sind bei weitem besser als ohne den unterlagerten Hilfsregelkreis. Hinzu kommt ein wichtiger Aspekt in der Antriebstechnik, daß nämlich durch unterlagerte Stromregelkreise überhaupt erst eine wirkungsvolle Begrenzung der Motorströme und damit ein sicherer Schutz der Maschinen und Stromrichter vor Überströmen möglich wird.

Bild 3-5 zeigt die Struktur einer Drehzahlregelung mit unterlagerter Stromregelung am Beispiel eines stromrichtergespeisten Gleichstromantriebs. Die Strukturbilder der Maschine und des Stromrichters sind nach Bild 3-2 bekannt. Die Erfassung der Drehzahl und des Ankerstroms erfolgt mit zwei Sensoren, nämlich einem Stromwandler mit der Verstärkung k_i und einem Tachogenerator mit der Verstärkung k_n. Dabei kommt beiden Sensoren noch die Aufgabe der Potentialtrennung zwi-

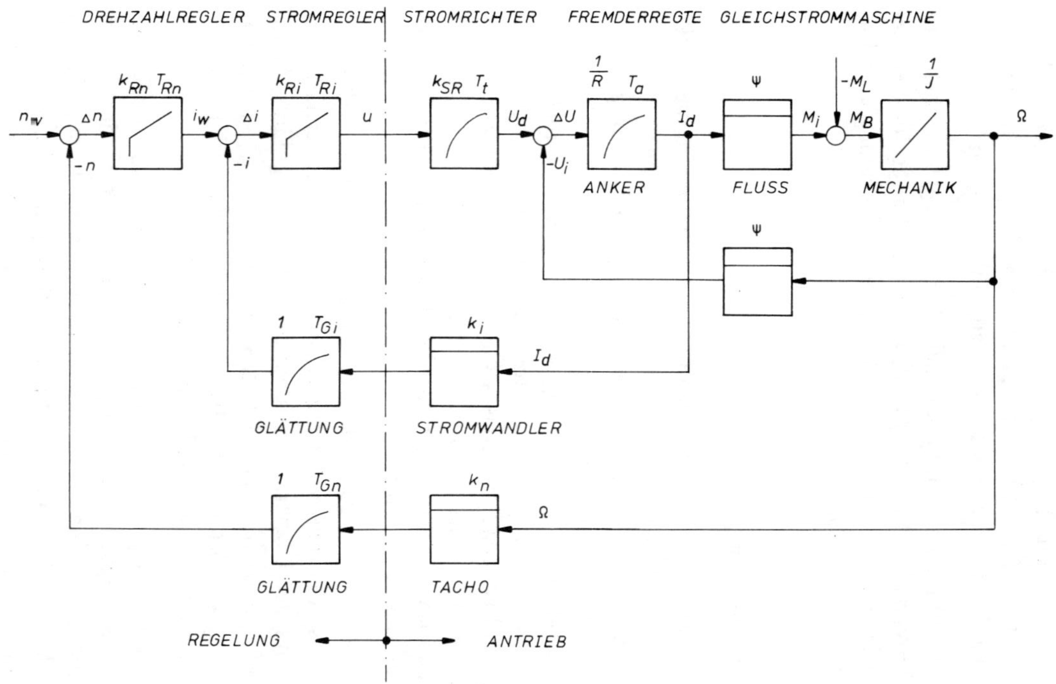

Bild 3-5. Kaskadenregelung einer Gleichstrommaschine.

schen der Antriebsseite und der Regelungsseite zu. Zur Unterdrückung der Störwelligkeit werden beide Nutzsignale einer Glättung unterzogen, bevor sie den beiden Reglern als Istwerte zugeführt werden.

Die Struktur nach Bild 3-5 nennt man auch Drehzahlregelung nach dem Stromleitverfahren. Eine Erweiterung dieser Kaskadenregelung ist bei Positionierantrieben erforderlich, wenn der Drehzahlregelung eine Lageregelung überlagert wird.

3.4.1 Frequenzkennlinien

Während die Übertragungsfunktionen der Beschreibung und die Strukturbilder der Darstellung eines dynamischen Systems dienen, sind die Frequenzkennlinien ein graphisches Hilfsmittel für den Entwurf geeigneter Regeleinrichtungen. Das sogenannte Frequenzkennlinien-Verfahren [3] wird auf den offenen Regelkreis angewandt; es gestattet aber Aussagen und gezielte Eingriffe in die Stabilität und die dynamischen Eigenschaften des geschlossenen Regelkreises. Gegenüber dem Wurzelortskurvenverfahren hat sich das Frequenzkennlinienverfahren auf Grund seiner größeren Flexibilität und Handlichkeit beim Entwurf von konventionellen Regelkreisen durchgesetzt.

Für das Anwenden der Frequenzkennlinien eines beliebigen, dynamischen Systems ist der *Frequenzgang* erforderlich. Diesen erhält man durch Abbildung der Übertragungsfunktion an der imaginären Achse ($s = j\,\omega$). Der Frequenzgang $F\,(j\,\omega)$ läßt sich in seinen Betrag $|F\,(j\,\omega)|$ und seine Phase $\varphi_{F\,(j\omega)}$ aufspalten. Die Betragskennlinie und die Phasenkennlinie bezeichnet man zusammen als die Frequenzkennlinien.

Ist die Übertragungsfunktion eines dynamischen Systems nicht bekannt, so kann der Frequenzgang auch meßtechnisch bestimmt werden, indem der Eingang innerhalb eines bestimmten Frequenzbereichs sinusförmig angeregt und die Reaktion am Ausgang nach Betrag und Phase gemessen wird. Darin liegt der große Vorteil und die Bedeutung der Frequenzkennlinien, wobei dem gemessenen Frequenzgang eines dynamischen Systems meistens auch umgekehrt eine Übertragungsfunktion zugeordnet werden kann.

Die Darstellung der Frequenzkennlinien erfolgt üblicherweise auf logarithmischem Papier, dessen Abszisse logarithmisch über der Frequenz (ω) und dessen Ordinate linear über dem Betrag geteilt sind. Dabei wird der Betrag $|F(j\omega)|$ in Dezibel (dB) angegeben; es gilt:

$$
\begin{aligned}
|F(j\omega)|_{\mathrm{dB}} &= 20 \log |F(j\omega)| \quad \text{bzw.} \\
|F(j\omega)| &= 10^{\frac{|F(j\omega)|_{\mathrm{dB}}}{20}} .
\end{aligned}
\tag{3.14}
$$

So entsprechen z. B. 40 dB einem absoluten Betrag von 100, und umgekehrt entspricht der Betrag von 1,41 gleich 3 dB. Wenn Verwechslungen ausgeschlossen sind, kann man die Bezeichnungen dB und $j\omega$ der Einfachheit halber weglassen. Diese Praxis wird auch bei den Übertragungsfunktionen häufig angewandt, indem man die Variable s nicht immer konsequent anschreibt.

Bild 3-6 zeigt die Frequenzkennlinien zweier elementarer Übertragungsglieder; dieses sind das Verzögerungsglied erster Ordnung (VZ1), das in elektrischen Antrieben häufig auftritt, und das Proportional-Integral-Glied (PI), das als Regler Verwendung findet. Aus den Übertragungsfunktionen:

$$
\begin{aligned}
F_{(s)} &= \frac{k}{1 + s\,T} \qquad \text{VZ1,} \\
F_{(s)} &= k_{\mathrm{R}} \frac{1 + s\,T_{\mathrm{R}}}{s\,T_{\mathrm{R}}} \qquad \text{PI}
\end{aligned}
\tag{3.15}
$$

findet man nach Gl. (3.27) die Betragskennlinien zu:

$$
\begin{aligned}
&\text{VZ1:} \quad |F(j\omega)|_{\mathrm{dB}} = 20 \log k - 10 \log \{1 + (\omega\,T)^2\}, \\
&\text{PI:} \quad |F(j\omega)|_{\mathrm{dB}} = 20 \log k_{\mathrm{R}} + 10 \log \left\{1 + \left(\frac{1}{\omega\,T_{\mathrm{R}}}\right)^2\right\};
\end{aligned}
\tag{3.16}
$$

und die Phasenkennlinien zu:

$$
\begin{aligned}
&\text{VZ1:} \quad \varphi_{\mathrm{F}} = -\operatorname{arctg} \omega\,T, \\
&\text{PI:} \quad \varphi_{\mathrm{F}} = -\operatorname{arctg} \frac{1}{\omega\,T_{\mathrm{R}}}
\end{aligned}
\tag{3.17}
$$

Die Zeitkonstanten der beiden Glieder wurden bewußt gleich gewählt ($T = T_{\mathrm{R}}$); im allgemeinen sind sie jedoch unterschiedlich. Den Punkt $\omega = 1/T$ nennt man *Knickfrequenz* oder *Eckfrequenz*; er markiert den Schnittpunkt der Asymptoten der Betragskennlinie. Mit Hilfe der in Bild 3-6 eingezeichneten Hilfspunkte lassen sich die Frequenzkennlinien

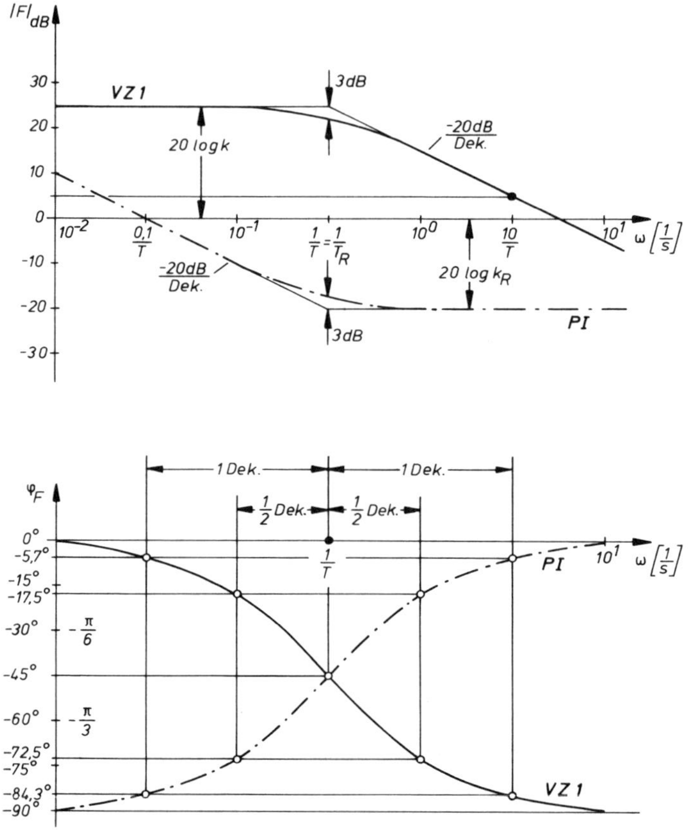

Bild 3-6. Frequenzkennlinien elementarer Glieder.

für jeden Einzelfall ohne zusätzliche Hilfsmittel, wie Betrags- und Phasenlineale, für das VZ1- und PI-Glied konstruieren.

Sind mehrere Übertragungsglieder in Reihe geschaltet, so sind die einzelnen Übertragungsfunktionen zu multiplizieren und die Frequenzkennlinien zu addieren. Werden nach Bild 3-6 das VZ1- und PI-Glied in Reihe geschaltet, ergibt sich durch Addition die Betragskennlinie des Integriergliedes, d.h. eine Gerade mit der Steigung -20 dB/Dek. Die Phasenkennlinie des Integriergliedes addiert sich zu konstant $-\pi/2$. Das gleiche Ergebnis erhält man durch Multiplikation der beiden Übertragungsfunktionen nach Gl. (3.15).

Dieser Fall, daß ein PI-Regler die Zeitkonstante einer VZ1-Strecke kompensiert, kommt in der Praxis sehr häufig vor. Es liegt dann Integral-Verhalten des offenen Regelkreises und nach Gl. (3.5) VZ1-Verhalten des geschlossenen Regelkreises vor.

Da die Abweichung der Betragskennlinien von den Asymptoten beim VZ1- und PI-Glied sehr gering ist (max. 3 dB), genügt es meistens, mit diesen einfachen Geradenverläufen zu operieren. Beim Arbeiten mit den Frequenzkennlinien wählt man zunächst auf der Abszisse den Bereich der Potenzen von zehn so, daß die speziellen Kehrwerte der Zeitkonstanten ($1/T$) des Systems gut in diesem Bereich liegen. Den Abstand von einer Zehnerpotenz bezeichnet man als Dekade (Dek.).

3.4.2 Unterlagerter Stromregelkreis

Beim Entwurf des Stromreglers soll zunächst der Fall der festgebremsten Maschine betrachtet werden. Dann darf die EMK-Schleife der Gleichstrommaschine unberücksichtigt bleiben, so daß sich die relativ einfache Struktur nach *Bild 3-7* für den unterlagerten Stromregelkreis ergibt. Neben dem PI-Regler müssen drei VZ1-Glieder und ein Proportionalglied berücksichtigt werden. Es ergibt sich damit die Übertragungsfunktion des offenen Stromregelkreises zu:

$$\begin{aligned} F_{Si} &= k_{Ri} \frac{1 + s\,T_{Ri}}{s\,T_{Ri}} \cdot \frac{k_{SR}}{1 + s\,T_t} \cdot \frac{\frac{1}{R}}{1 + s\,T_a} \cdot \frac{k_i}{1 + s\,T_{Gi}}; \\ F_{Si} &= F_{Ri} \cdot F_{SR} \cdot F_a \cdot F_{Gi}. \end{aligned} \tag{3.18}$$

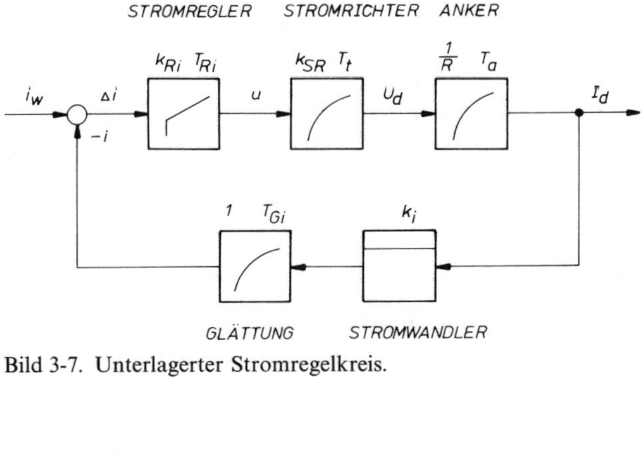

Bild 3-7. Unterlagerter Stromregelkreis.

Die Dimension der Übertragungsfunktionen von offenen und geschlossenen Regelkreisen ist immer Eins.

Der Entwurf des Reglers erfolgt mit Hilfe der Frequenzkennliniendarstellung, auch Bodediagramm oder Frequenzcharakteristik [3] genannt, an Hand folgender Vorgehensweise:

1. Die Betragskennlinien und Phasenkennlinien aller Übertragungsglieder des offenen Regelkreises werden in das Bodediagramm eingezeichnet.
2. Die Frequenzkennlinien des Reglers werden für $k_R = 1$ eingetragen, wobei die Nachstellzeit des Reglers T_R nach Möglichkeit gleich der dominanten Zeitkonstanten der zu regelnden Strecke gewählt wird.
3. Addition aller Frequenzkennlinien zur resultierenden Betrags- und Phasenkennlinie des offenen Regelkreises.
4. Festlegung der *Durchtrittsfrequenz* (ω_D); das ist diejenige Stelle, an der die Phasenkennlinie des offenen Regelkreises den Wert $-2\pi/3$ annimmt (Phasenreserve $\gamma = \pi/3$).
5. Die Betragskennlinie des offenen Regelkreises über die Proportionalverstärkung des Reglers (k_R) soweit anheben oder absenken, daß sie bei der Durchtrittsfrequenz (ω_D) die Null-dB-Linie schneidet.

Werden Regler nach diesen Kriterien entworfen, so kann ein gutes Führungsverhalten und ein befriedigendes Störverhalten garantiert werden. Eine Reduzierung der Phasenreserve unter den Erfahrungswert von $\pi/3$ macht den Regelkreis dynamisch schneller. Dies geht aber zu Lasten einer größeren Überschwingweite, bis bei $\gamma = 0$ die Regelung instabil wird.

3.4.2.1 Bodediagramm

Das Bodediagramm für den offenen Stromregelkreis zeigt *Bild 3-8*. Dabei ist ein Standardantrieb, bestehent aus Gleichstrommaschine (160 V, 5 A) und B2-Stromrichter am 220-V – 50/60 Hz-Netz, angenommen. Die Antriebsparameter sind:

$$\begin{aligned} &R = 0{,}8\,\Omega, \quad k_{SR} = 20, \quad k_i = 2\,\Omega; \\ &T_a = 110\text{ ms}, \quad T_t = 5\text{ ms}, \quad T_{Gi} = 8\text{ ms}. \end{aligned} \tag{3.19}$$

Außerdem wurde eine Reglerbezugsspannung von 10 V zu Grunde gelegt. Diese analoge Bezugsgröße hat zwar Einfluß auf die Antriebskon-

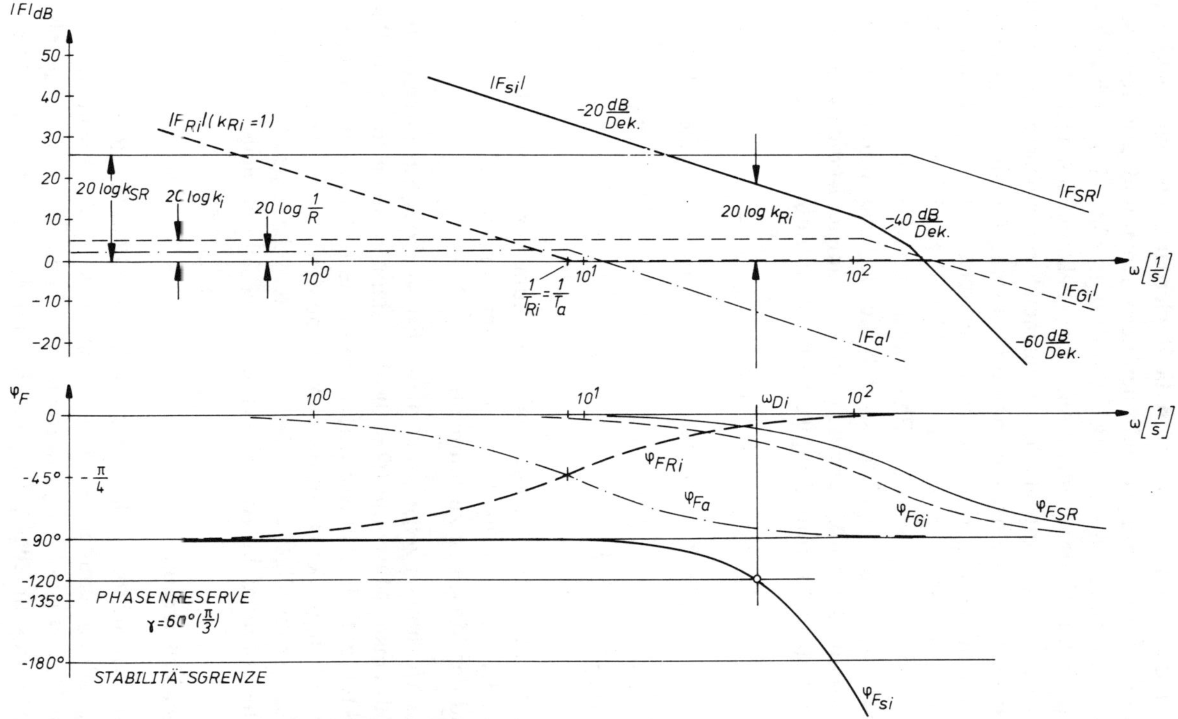

Bild 3-8. Bodediagramm des offenen Stromregelkreises.

stanten k_i und k_{SR}, geht aber nicht in die Reglerparameter ein. Dies liegt daran, daß die Übertragungsfunktionen des offenen und geschlossenen Regelkreises dimensionslos sind; d.h. die Bezugsgröße kürzt sich insgesamt heraus. Mit Hilfe der elementaren Frequenzkennlinien nach Bild 3-6 lassen sich die Übertragungsglieder des offenen Stromregelkreises gemäß Gl. (3.18) nacheinander einzeichnen und die Betragskennlinie $|F_{Si}|$ sowie die Phasenkennlinie $\varphi_{F_{Si}}$ des offenen Regelkreises durch Addition bestimmen. Für den Stromregler gilt $T_{Ri} = T_a$ und zunächst $k_{Ri} = 1$ bzw. 0 dB. An der Stelle ω_{Di} wird die Phasenreserve von $\gamma = \pi/3$ durch die Phasenkennlinie gerade erreicht, so daß die Betragskennlinie hier die 0-dB-Linie schneiden muß. Der einzige freie Parameter ist die Proportionalverstärkung des Stromreglers, weshalb gelten muß:

$$|k_{Ri}|_{dB} = 20 \log k_{Ri} = -18 \text{ dB}, \quad \text{bzw.} \quad k_{Ri} = 0{,}12. \tag{3.20}$$

Damit folgt mit $T_{Ri} = T_a = 110$ ms für den Stromregler die Übertragungsfunktion:

$$F_{Ri} = 0{,}12 \frac{1 + s\,0{,}11}{s\,0{,}11} \tag{3.21}$$

Auffallend ist die kleine Proportionalverstärkung des Stromreglers, was mit der großen Verstärkung des Stromrichters und dem kleinen Ankerwiderstand der Maschine zusammenhängt.

Praktische Messungen zeigen, daß dieser Entwurf des Stromreglers für eine festgebremste Maschine ($\Omega = 0$) auch dann in allen anderen Betriebspunkten gute Ergebnisse liefert, wenn die mechanische Zeitkonstante wesentlich größer ist als die elektrische Zeitkonstante des Ankerkreises. Dies ist im allgemeinen der Fall, so daß die EMK-Schleife für dynamische Vorgänge im Ankerkreis unberücksichtigt bleiben kann.

3.4.2.2 Nicholsdiagramm

Bevor man den Stromregelkreis als regelungstechnischen Block in den Drehzahlregelkreis einfügen darf, muß die Rückkopplungsschleife über den Strom-Istwert geschlossen werden. Dazu benutzt man das Nicholsdiagramm [5], das für jedes Wertepaar $|F_S|$ und φ_{F_S} des offenen Regelkreises ein Wertepaar des geschlossenen Regelkreises $|F_W|$ und φ_{F_W} liefert. Dabei ist zu beachten, daß das Nicholsdiagramm nach *Bild 3-9* nur auf eine direkte Gegenkopplung angewandt werden darf. Da im Falle des

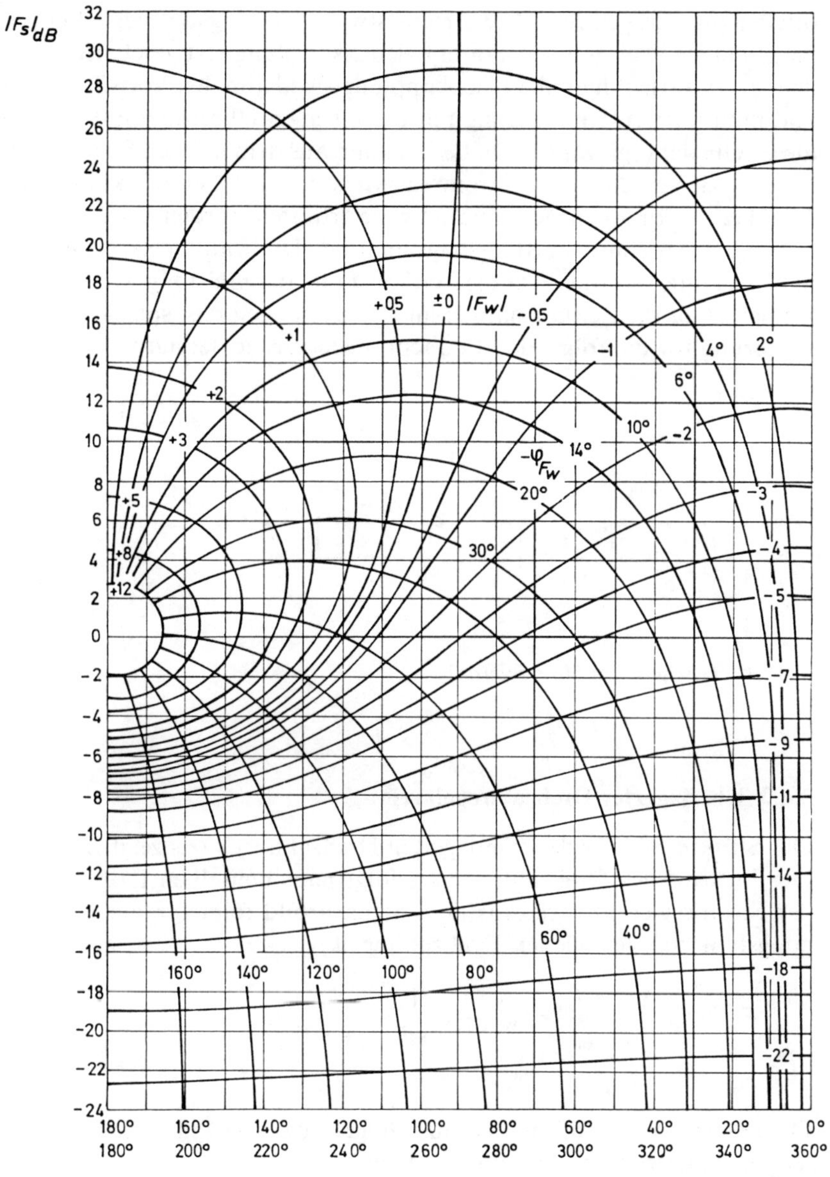

Bild 3-9. Nicholsdiagramm.

offenen Stromregelkreises die Strom-Istwerterfassung in der Rückkopplungsschleife liegt, muß eine direkte Rückkopplung erst geschaffen werden. Dazu verlegt man die Rückkopplungsglieder in den Vorwärtszweig und multipliziert den Ausgang mit der inversen Übertragungsfunktion dieser Glieder (vgl. *Bild 3-10*). Damit kann aus dem offenen Stromregelkreis F_{Si} der geschlossene Stromregelkreis mit direkter Rückkopplung F_{Wi} über der Frequenzachse punktweise ermittelt werden. Dies wird im folgenden Abschnitt im Bodediagramm des Drehzahlregelkreises noch näher erläutert werden. Da die Zeitkonstante der Glättung T_{Gi} sehr viel kleiner ist als die Zeitkonstanten im Drehzahlregelkreis, soll sie in guter Näherung für die folgenden Betrachtungen vernachlässigt werden.

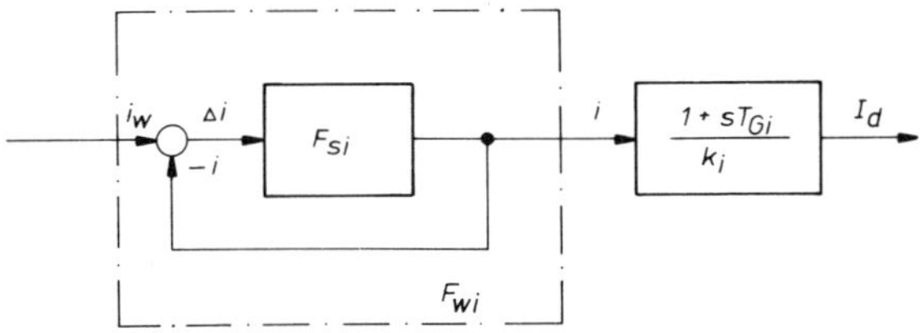

Bild 3-10. Geschlossener Stromregelkreis.

3.4.3 Überlagerter Drehzahlregelkreis

Das Strukturbild für den überlagerten Drehzahlregelkreis zeigt *Bild 3-11*. Der Entwurf des Drehzahlreglers erfolgt nach denselben Kriterien wie der Stromreglerentwurf. Aus dem Strukturbild folgt für die Übertragungsfunktion des offenen Drehzahlregelkreises:

$$\begin{aligned} F_{Sn} &= k_{Rn} \frac{1 + s\,T_{Rn}}{s\,T_{Rn}} \cdot F_{Wi} \cdot \frac{1}{k_i} \psi \frac{1}{s\,J} \cdot \frac{k_n}{1 + s\,T_{Gn}}, \\ F_{Sn} &= F_{Rn} \cdot F_{Wi} \cdot F_m \cdot F_{Gn}. \end{aligned} \tag{3.22}$$

Die Dimension des offenen Drehzahlregelkreises ist Eins. Die noch fehlenden Antriebsparameter zu Gl. (3.19) sind:

$$\begin{aligned} \psi &= 0{,}8\ \text{Vs}, \quad J = 0{,}02\ \text{Ws}^3; \\ k_n &= 0{,}06\ \text{Vs}, \quad T_{Gn} = 15\ \text{ms}. \end{aligned} \tag{3.23}$$

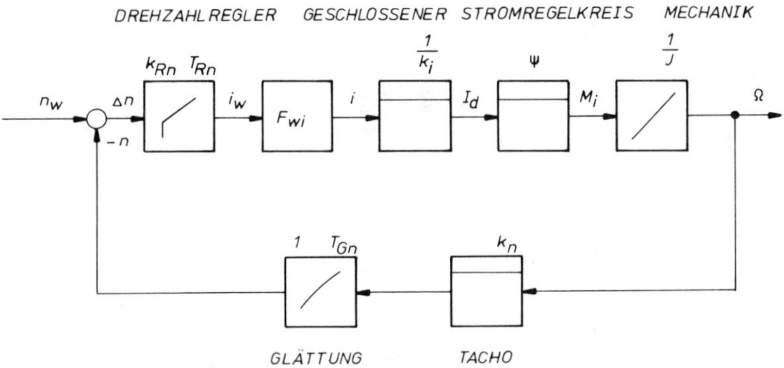

Bild 3-11. Überlagerter Drehzahlregelkreis.

Die Reglerbezugsspannung beträgt auch hier 10 V. Diese Bezugsgröße geht zwar in die Antriebskonstante k_n ein, hat aber keinen direkten Einfluß auf die Reglerparameter, da die Übertragungsfunktion des offenen Drehzahlregelkreises dimensionslos ist.

Bevor man die Frequenzkennlinien der einzelnen Übertragungsglieder in das Bode-Diagramm des Drehzahlregelkreises nach *Bild 3-12* einzeichnet, müssen die Frequenzkennlinien des offenen, korrigierten Stromregelkreises $|F_{Si}|$ und $\varphi_{F_{Si}}$ übernommen und punktweise mit Hilfe des Nichols-Diagramms in die Frequenzkennlinien des geschlossenen Stromregelkreises $|F_{Wi}|$ und $\varphi_{F_{Wi}}$ überführt werden. Die Frequenzkennlinien des Drehzahlreglers und der Istwertglättung des Tachos lassen sich unter Zuhilfenahme von Bild 3-6 sofort einzeichnen. Das Integrierglied F_m hat eine konstante Phase von $-\pi/2$ und eine Betragskennlinie mit der Steigung -20 dB/Dek, die an der Stelle $\omega = 1$ einen Betrag von $20 \log (\psi/J\,k_i)$ aufweist.

Im Gegensatz zum Stromregelkreis liegt im Drehzahlregelkreis keine dominante Streckenzeitkonstante vor, die die Nachstellzeit (T_{Rn}) des Drehzahlreglers ähnlich einfach festlegen würde. Um die Durchtrittsfrequenz (ω_{Dn}) des offenen Drehzahlregelkreises finden zu können, müssen die einzelnen Phasenkennlinien nach Bild 3-12 addiert und dabei die Eckfrequenz ($1/T_{Rn}$) so variiert werden, daß eine Phasenreserve von $\pi/3$ auftreten kann. Diese Festlegung der Zeitkonstanten des Reglers kann bei der praktischen Durchführung allerdings sehr mühsam sein, da in der Regel mehrere Versuche nötig sind. Die Proportionalverstärkung (k_{Rn})

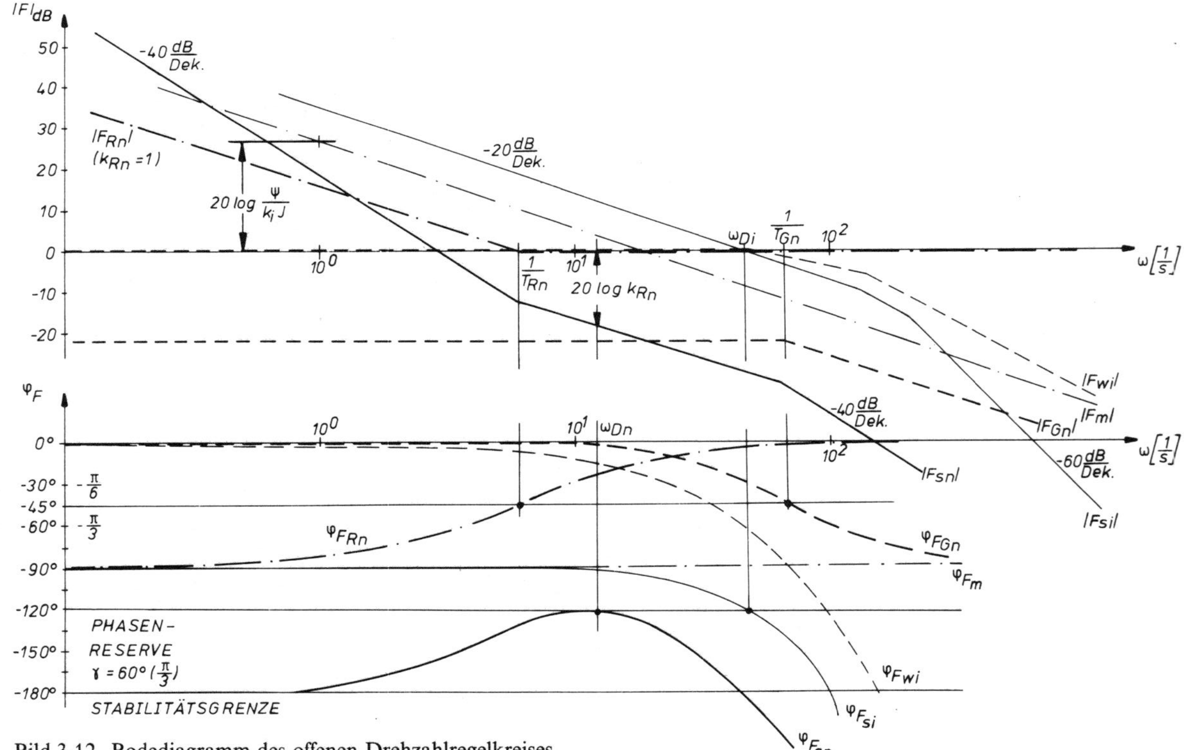

Bild 3-12. Bodediagramm des offenen Drehzahlregelkreises.

des Reglers wird zunächst zu Eins angenommen und dafür die Betragskennlinie $|F_{Sn}|$ des offenen Drehzahlregelkreises durch Addition der elementaren Betragskennlinien gebildet. Wie Bild 3-12 zeigt, muß diese Betragskennlinie über k_{Rn} um 19,5 dB angehoben werden, damit sie an der Stelle ω_{Dn} die Null-dB-Linie schneidet. Nach Gl. (3.14) folgt weiter:

$$|k_{Rn}|_{dB} = 20 \log k_{Rn} = 19{,}5 \text{ dB} \quad \text{bzw.} \quad k_{Rn} = 9{,}4. \tag{3.24}$$

Für $1/T_{Rn}$ findet man den Wert 6,5 Hz; d.h. $T_{Rn} = 153$ ms. Die Übertragungsfunktion des Drehzahlreglers kann nun auch in der endgültigen Form angeschrieben werden:

$$F_{Rn} = 9{,}4 \frac{1 + s\,0{,}153}{s\,0{,}153}. \tag{3.25}$$

Auffallend ist die hohe Proportionalverstärkung, die bereits bei mäßigen Regelabweichungen den Regler in seine Begrenzung treibt und ihm damit nichtlineares Verhalten aufprägt. Für die Praxis bedeutet dies, daß der Reglerentwurf nur für kleine Sollwertänderungen gültig ist. Bei größeren Änderungen am Reglereingang muß eine Optimierung vor Ort, d.h. am realen Antrieb, vorgenommen werden. Wird dem Drehzahlregelkreis eine Lageregelung überlagert, so müssen zunächst wieder die Frequenzkennlinien des geschlossenen Drehzahlregelkreises mit Hilfe des Nicholdsdiagramms ermittelt werden.

Obwohl das Frequenzkennlinienverfahren eine sehr anschauliche und elegante Methode für den Entwurf von Reglern ist, gibt es doch Einschränkungen bezüglich der Flexibilität. So müssen z.B. die Zeitkonstanten des zu regelnden Systems vorab bekannt sein, damit der Frequenzbereich festgelegt werden kann. Hinzu kommt, daß immer dann ein hoher Zeichenaufwand erforderlich wird, wenn aus dem Bodediagramm sowohl die Proportionalverstärkung als auch die Nachstellzeit des Reglers ermittelt werden müssen. Außerdem ist es sehr mühsam, aus den Frequenzkennlinien des offenen Regelkreises mit dem Nicholsdiagramm die Frequenzkennlinien des geschlossenen Regelkreises zu bestimmen. Eine interessante Alternative ist die Berechnung der Reglergrößen.

3.4.4 Berechnung der Reglerparameter

Um die Reglerparameter unabhängig von Zahlenwerten eines bestimmten Antriebs oder Systems in allgemeiner Form angeben zu können, muß man die Entwurfsschritte der Frequenzkennlinien formal nachvollziehen. Dies soll wiederum am Beispiel des stromrichtergespeisten Gleichstromantriebs gezeigt werden, so daß ein direkter Vergleich möglich ist. Ausgehend von der Übertragungsfunktion des offenen Stromregelkreises nach Gl. (3.18) und der näherungsweisen Zusammenfassung der Stromrichtertotzeit (T_t) mit der Glättungszeitkonstanten (T_{Gi}) zu einer Summenzeitkonstanten gilt als Ausgangspunkt für die *Stromreglerberechnung*:

$$F_{Si} = \frac{k_{Ri}\, k_{SR}\, k_i}{R} \frac{1}{s\, T_a} \frac{1}{1 + s\,(T_t + T_{Gi})}. \tag{3.26}$$

Dabei ist wegen $T_{Ri} = T_a$ die Nennerzeitkonstante des Ankers bereits weggekürzt worden. Geht man zum Frequenzgang ($s = j\,\omega$) über und berechnet die Frequenzkennlinien nach den bekannten Beziehungen:

$$\begin{aligned} |F(j\,\omega)| &= \sqrt{r\,e^2 + i\,m^2}\,, \\ \varphi_F &= \operatorname{arctg} \frac{i\,m}{r\,e}\,, \end{aligned} \tag{3.27}$$

so kann die Betrags- und Phasenkennlinie des offenen Stromregelkreises abgeleitet werden. Zunächst folgt aus Gl. (3.26) für den Frequenzgang:

$$F_{Si} = \frac{k_{Ri}\, k_{SR}\, k_i}{R} \frac{1}{j\,\omega\, T_a} \frac{1}{1 + j\,\omega\,(T_t + T_{Gi})}. \tag{3.28}$$

Für die Betrags- und Phasenkennlinie findet man nun sofort die beiden frequenzabhängigen Ausdücke:

$$\begin{aligned} \varphi_{F_{Si}} &= -\tfrac{\pi}{2} - \operatorname{arctg}\{\omega\,(T_t + T_{Gi})\}\,, \\ |F_{Si}| &= \frac{k_{Ri}\, k_{SR}\, k_i}{R} \frac{1}{\omega\, T_a} \frac{1}{\sqrt{1 + \omega^2\,(T_t + T_{Gi})^2}}. \end{aligned} \tag{3.29}$$

Fordert man auch hier eine Phasenreserve von $\pi/3$ zur Stabilitätsgrenze, so kann aus der Phasenkennlinie für $\omega = \omega_{Di}$ und $\varphi_F = -2\,\pi/3$ die Durchtrittsfrequenz abgeleitet werden:

$$\omega_{Di} = \frac{\sqrt{3}}{3\,(T_t + T_{Gi})}. \tag{3.30}$$

Damit die Betragskennlinie an dieser Stelle die Null-dB-Linie schneidet, wird $|F_{Si}| = 1$ gesetzt und die Durchtrittsfrequenz durch Gl. (3.30) substituiert. Da alle Proportionalitätsfaktoren bekannt sind, folgt für die Stromreglergrößen in Abhängigkeit von den Antriebsparametern:

$$k_{\mathrm{Ri}} = \frac{2}{3} \frac{R}{k_{\mathrm{SR}}\, k_{\mathrm{i}}} \frac{T_{\mathrm{a}}}{T_{\mathrm{t}} + \mathrm{T}_{\mathrm{Gi}}},$$

$$T_{\mathrm{Ri}} = T_{\mathrm{a}}. \tag{3.31}$$

Gegenüber dem graphischen Reglerentwurf im Bodediagramm gelten die Ergebnisse nach Gl. (3.31) allgemein, d.h. es lassen sich die Einflüsse der Antriebsgrößen auf den Stromregler direkt ablesen und vorhersagen. Setzt man die speziellen Werte des Gleichstromantriebs nach Gl. (3.19) ein, so liefert die Berechnung des Stromreglers $k_{\mathrm{Ri}} = 0{,}11$ und $T_{\mathrm{Ri}} = 110$ ms. Dies ist eine sehr gute Übereinstimmung mit den Werten aus dem Bodediagramm des Stromregelkreises.

Für die *Drehzahlreglerberechnung* muß zunächst die Übertragungsfunktion des geschlossenen Stromregelkreises gebildet werden. Mit der Bedingung für eine direkte Gegenkopplung nach Gl. (3.5) folgt:

$$F_{\mathrm{Wi}} = \frac{F_{\mathrm{Si}}}{1 + F_{\mathrm{Si}}} = \frac{1}{1 + \frac{3}{2} s (T_{\mathrm{t}} + T_{\mathrm{Gi}})}; \tag{3.32}$$

dabei sind die Ergebnisse der Stromreglerberechnung bereits mit berücksichtigt. Dieser Rechenschritt entspricht dem Nicholsdiagramm bei der graphischen Methode. Unter Berücksichtigung der restlichen Elemente nach Bild 3-11 kann die Übertragungsfunktion des offenen Drehzahlregelkreises angeschrieben werden:

$$F_{\mathrm{Sn}} = k_{\mathrm{Rn}} \frac{1 + s\, T_{\mathrm{Rn}}}{s\, T_{\mathrm{Rn}}} \cdot \frac{1}{1 + \frac{3}{2} s (T_{\mathrm{t}} + T_{\mathrm{Gi}})} \cdot \frac{\psi}{k_{\mathrm{i}}} \frac{1}{s\, J} \frac{k_{\mathrm{n}}}{1 + s\, T_{\mathrm{Gn}}} \tag{3.33}$$

Mit Hilfe von Gl. (3.27) findet man für die Betrags- und Phasenkennlinie:

$$\varphi_{F_{\mathrm{Sn}}} = -\operatorname{arctg} \frac{1}{\omega\, T_{\mathrm{Rn}}} - \frac{\pi}{2} - \operatorname{arctg} \omega \left\{ \tfrac{3}{2} (T_{\mathrm{t}} + T_{\mathrm{Gi}}) + T_{\mathrm{Gn}} \right\},$$

$$|F_{\mathrm{Sn}}| = k_{\mathrm{Rn}} \sqrt{1 + \left(\frac{1}{\omega\, T_{\mathrm{Rn}}} \right)^2} \frac{\psi}{k_i} \frac{1}{\omega\, J} \frac{k_{\mathrm{n}}}{\sqrt{1 + \omega^2 \left\{ \frac{3}{2} (T_{\mathrm{t}} + T_{\mathrm{Gi}}) + T_{\mathrm{Gn}} \right\}^2}} \tag{3.34}$$

Dieses Gleichungssystem ist so noch nicht lösbar, da es drei Unbekannte enthält, nämlich die beiden Reglerparameter k_{Rn} und T_{Rn} sowie die Frequenz (ω). Das liegt daran, daß im Drehzahlregelkreis keine dominante

Zeitkonstante eines VZ1-Gliedes vorhanden ist, die die Reglernachstellzeit eindeutig festlegt. In Analogie zum Bodediagramm des Drehzahlregelkreises nach Bild 3-12 muß auch hier das Maximum der Phasenfunktion gefunden werden. Dies geschieht dadurch, daß man die Phasenkennlinie nach der Frequenz differenziert und die Ableitung dann null setzt. Fordert man außerdem eine Phasenreserve von $\pi/3$ und verlangt, daß die Betragskennlinie bei ω_{Dn} die Null-dB-Linie schneidet, so erhält man drei Bestimmungsgleichungen:

$$\begin{aligned} \varphi_{F_{\mathrm{Sn}}} &= -\frac{2\pi}{3} && \text{Stabilität,} \\ \frac{d\varphi_{F_{\mathrm{Sn}}}}{d\omega} &= 0 && \text{Maximum,} \\ |F_{\mathrm{Sn}}| &= 1 && \text{Verstärkung.} \end{aligned} \tag{3.35}$$

Aus der ersten Beziehung kann die Durchtrittsfrequenz bestimmt werden, aus der zweiten folgt ein Zusammenhang zwischen der Reglerzeitkonstanten und den Antriebsparametern und aus der dritten kann schließlich die Proportionalverstärkung gewonnen werden:

$$\begin{aligned} T_{\mathrm{Rn}} &= (2 + \sqrt{3})\left\{\tfrac{3}{2}(T_{\mathrm{t}} + T_{\mathrm{Gi}}) + T_{\mathrm{Gn}}\right\}, \\ k_{\mathrm{Rn}} &= \frac{3}{2}\,\frac{k_{\mathrm{i}} J}{k_n \psi} \cdot \frac{1}{T_{\mathrm{Rn}}}. \end{aligned} \tag{3.36}$$

Somit sind auch die Parameter des Drehzahlreglers für beliebige Antriebsvarianten berechenbar und Tendenzen vorhersagbar. Setzt man die speziellen Werte des Gleichstromantriebs nach Gl. (3.23) ein, so liefert die Berechnung des Drehzahlreglers $k_{\mathrm{Rn}} = 9{,}7$ und $T_{\mathrm{Rn}} = 128$ ms; auch dies ist eine gute Übereinstimmung mit den Werten aus dem Bodediagramm des Drehzahlregelkreises.

Für einen weiteren überlagerten Regelkreis, z. B. Lageregelung bei Handhabungsgeräten, muß die Übertragungsfunktion und der Frequenzgang des geschlossenen Drehzahlregelkreises gebildet werden, um die Betrags- und Phasenkennlinie ableiten und die Parameter des Lagereglers berechnen zu können.

Vergleicht man den graphischen Entwurf im Bodediagramm mit der Reglerberechnung, so ist festzustellen, daß die Konstruktion für ein spezielles Antriebsproblem sehr anschaulich und informativ ist, wohingegen die Berechnung allgemeinere Betrachtungsweisen zuläßt. Da beide Verfahren auf die Frequenzkennlinien zurückgreifen, führen sie selbstverständlich zu den gleichen Ergebnissen.

3.4.5 Antriebsbeispiele

Beim Übergang von der regelungstechnischen Struktur nach Bild 3-5 auf den realen Antrieb ergeben sich prinzipiell zwei Möglichkeiten, nämlich die analoge Realisierung mit Operationsverstärkern und die digitale Realisierung mit Mikroprozessoren. Werden die Regler mit Operationsverstärkern aufgebaut, stellt sich die Frage nach der erforderlichen Beschaltung. Im Falle der digitalen Regelung mit Mikrorechnern benötigt man geeignete Rechenvorschriften (Algorithmen).

Da die Halbleiterventile der Stromrichter gezündet werden müssen, ist außerdem die Umsetzung der Steuergröße u in Zündimpulse für die Funktion des Antriebs besonders wichtig. Darüber hinaus gibt das Strukturbild keine Auskunft über die Besonderheiten beim Einsatz von Umkehrstromrichtern zur Realisierung des Vierquadrantenbetriebs.

Abgesehen von einfachen Geradeausantrieben arbeiten Antriebsregelungen stets potentialfrei, so daß die Sensoren für den Strom und die Drehzahl neben der Erfassung auch eine Potentialtrennung zwischen der Leistungsseite und der Regelungsseite vornehmen müssen.

3.4.5.1 Analoge Regelstruktur

Während beim Reglerentwurf das Strukturbild alle wesentlichen Informationen liefert, interessieren beim realen Antrieb die einzelnen Funktionsblöcke mehr in Form eines Schaltbildes; so werden z. B. die Gleichstrommaschine und der Stromrichter nicht mehr in ihrer dynamischen Struktur gezeichnet, siehe *Bild 3-13*. Beim Stromrichter tauchen nun all die Hilfseinrichtungen auf, die das angenommene, regelungstechnische Verhalten erst garantieren; das sind die Synchronisation zur Erzeugung netzsynchroner Zündimpulse, die Linearisierung zur Kompensation der starken Nichtlinearitäten im Lückbereich und die Umschaltlogik für den Vierquadrantenbetrieb (vgl. Abschn. 6.1.1).

Die Realisierung von PI-Reglern mit Operationsverstärkern kann ebenfalls dem Bild entnommen werden. Der Zusammenhang zwischen den im Bodediagramm ermittelten Reglerparametern (k_R, T_R) und den in

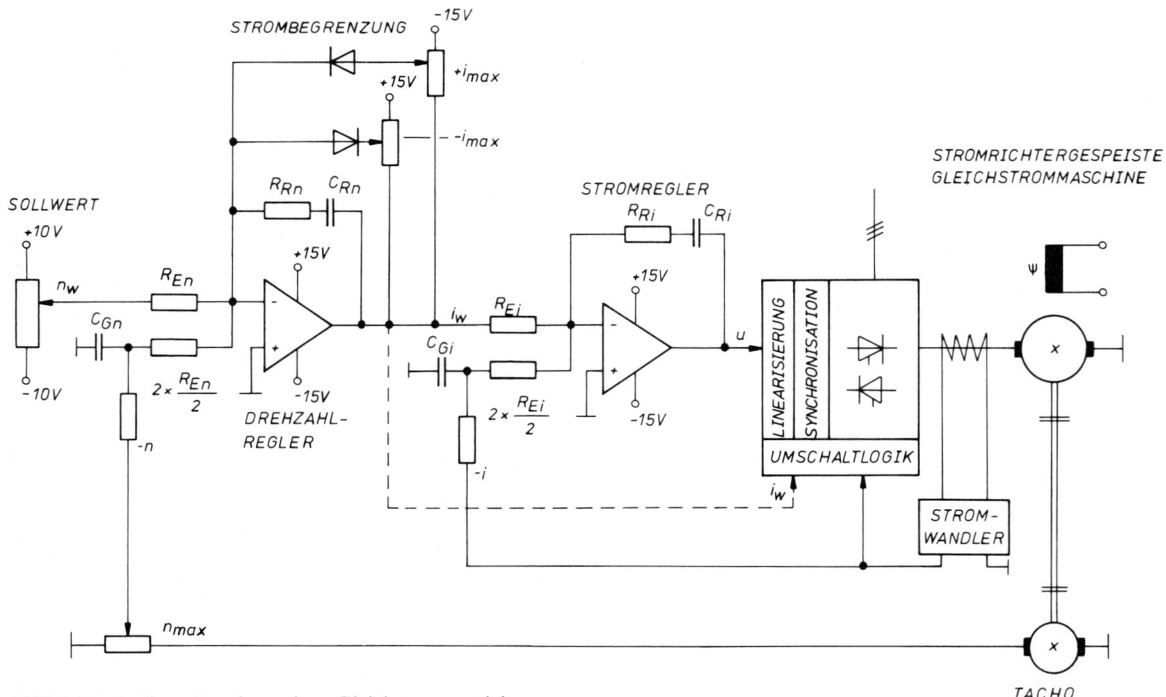

Bild 3-13. Analoge Regelung eines Gleichstromantriebs.

die Rückkopplung des Operationsverstärkers einzufügenden Bauteilen (R_R, C_R) ist gegeben durch die Beziehungen:

$$R_R = k_R \cdot R_E \quad \text{Rückkopplungswiderstand,}$$
$$C_R = \frac{T_R}{R_E} \quad \text{Rückkopplungskondensator.} \tag{3.37}$$

Dabei kann der Eingangswiderstand R_E frei vorgegeben werden. Im Interesse eines störsicheren Betriebes sollte R_E möglichst klein gewählt werden. In der Praxis legt man R_E in die Größenordnung von 50 kΩ. Kleinere Werte würden zwar die Störsicherheit der Regler weiter erhöhen, aber das Netzgerät für die Elektronik unnötig stark belasten. Für den Stromregler nach Gl. (3.21) ergeben sich bei einem Eingangswiderstand von $R_{Ei} = 56$ kΩ die Rückkopplungselemente zu: $R_{Ri} = 6{,}7$ kΩ und $C_{Ri} = 2$ μF. Im Falle des Drehzahlreglers nach Gl. (3.25) und einem Eingangswiderstand von $R_{En} = 94$ kΩ liegen die Rückkopplungselemente bei $R_{Rn} = 883$ kΩ und $C_{Rn} = 1{,}6$ μF. Unter Berücksichtigung von Normwerten (E6, E12, E24-Reihe) müssen diese Größen noch etwas nach oben oder unten korrigiert werden.

Die Glättungsglieder zur Unterdrückung der Störwelligkeit auf den Meßsignalen werden in der Regel durch passive Tiefpässe ($T_G = R_G\, C_G$) berücksichtigt. Die Reglerbezugsspannung liegt üblicherweise bei 10 V, so daß die Sollwerte und Istwerte auf diesen Betrag begrenzt sind. Der Stromsollwert i_W kann über eine sogenannte Strombegrenzung im Rückkopplungszweig des Drehzahlreglers auf Maximalwerte begrenzt werden. Die Einstellung der maximalen Drehzahl wird durch die Anpassung der Tachospannung an die Reglerbezugsspannung mit Hilfe eines Potentiometers vorgenommen.

Diese Struktur ist ausgereift und hat sich in der Praxis bewährt und durchgesetzt, wobei eine Reihe von Zustandsbaugruppen wie z. B. Hochlaufgeber, Überwachungsmodule, Drehmomentregelung, quasipotentialfreie EMK-Regelung usw. eine Anpassung an die verschiedensten Antriebsprobleme ermöglichen. Der Aufwand für die Regelung ist äußerst gering; lediglich die Linearisierung, Synchronisation und Umschaltlogik erfordern einen erhöhten Aufwand an analogen und diskreten Bausteinen.

Mit dem verstärkten Einsatz der geregelten Antriebe in der Prozeßautomatisierung tritt das Schnittstellenproblem beim Datenaustausch zwischen digitaler Prozeßführung und analoger Antriebsregelung mehr und mehr in den Vordergrund. Die Forderung nach einer parallelen oder seriellen Schnittstelle für den digitalen Datenaustausch macht den Einsatz von Mikroprozessoren in elektrischen Antrieben unumgänglich. Die Mikrorechner übernehmen die komplette Regelung, Steuerung und Überwachung und geben im Störfalle eine Rückmeldung zur Fehlerdiagnose ab.

3.4.5.2 Digitale Regelstruktur

Bei der rechnerorientierten Realisierung analoger Regelverfahren müssen einige wichtige Voraussetzungen erfüllt sein, damit die Implementierung der Regelalgorithmen erfolgreich verlaufen kann. So muß die Abtastzeit, die durch die sequentielle Arbeitsweise der Mikrorechner generell auftritt, sehr klein sein gegen die Streckenzeitkonstante. Dann nur darf ein digitaler Regelkreis als quasikontinuierlich betrachtet und der analoge Reglerentwurf in guter Näherung übernommen werden. Als Faustregel gilt, daß die Abtastzeit T_{AB} eines digitalen Reglers 10% der zugehörigen Streckenzeitkonstanten auf keinen Fall überschreiten darf.

Bild 3-14 zeigt die digitale Regelung eines Gleichstromantriebs auf Mikroprozessorbasis. Da die beiden Regelkreise unterschiedliche Streckenzeitkonstanten haben, darf man den zugehörigen Reglern unterschiedliche Abtastzeiten zuordnen. Dies ist bei schnellen, zeitkritischen Regelkreisen wie dem Stromregelkreis wichtig, da der Mikrorechner häufig nicht in der Lage ist, mehrere Regelkreise direkt hintereinander zu bedienen. Hier müssen softwaremäßig Prioritäten vorgesehen werden.

Ein diskret arbeitender PI-Algorithmus wird üblicherweise in rekursiver Form als sogenannter *Geschwindigkeitsalgorithmus* programmiert. Zur Herleitung einer solchen Rechenvorschrift benötigt man die Integralgleichung des PI-Reglers, die z.B. aus der Übertragungsfunktion nach Gl. (3.15) abgeleitet werden kann:

$$y(t) = k_R \left\{ x_d(t) + \frac{1}{T_R} \int_0^t x_d(\tau)\,d\tau \right\}. \tag{3.38}$$

y ist die Stellgröße und x_d die Regelabweichung, d.h. die Differenz zwischen Soll- und Istwert. Mit dem Übergang vom kontinuierlichen Zeitbereich in den zeitdiskreten Abtastbereich wird für kleine Abtastzeiten

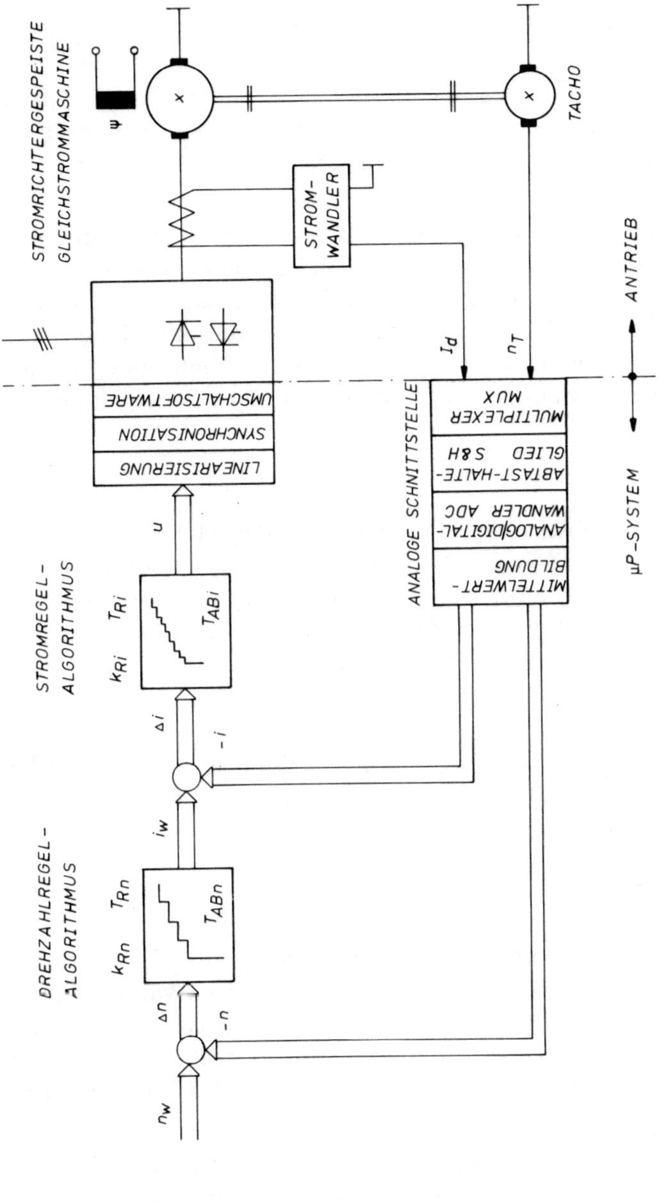

Bild 3-14. Digitale Regelung eines Gleichstromantriebs.

(T_{AB}) aus dem Integral eine Summe:

$$y_K = k_R \left\{ x_{dk} + \frac{T_{AB}}{T_R} \sum_{\upsilon=0}^{K} x_{d\upsilon-1} \right\},$$
$$K = \frac{t}{T_{AB}} = 0, 1, 2 \ldots \quad \text{(diskrete Zeiteinheit).} \tag{3.39}$$

Dieser Regelalgorithmus wird als nicht rekursiver Stellungsalgorithmus bezeichnet und ist für die Implementierung in Rechnersysteme wegen der aufwendigen Summation der $K - 1$ letzten Regeldifferenzen nicht besonders geeignet. Vorteilhafter erweist sich die rekursive Form, die sich aus Gl. (3.39) durch geschickte Zusammenfassung und Umformung gewinnen läßt. Der Geschwindigkeitsalgorithmus für einen PI-Regler lautet:

$$y_K = y_{K-1} + k_R x_{dk} - k_R \left(1 - \frac{T_{AB}}{T_R}\right) x_{dk-1}. \tag{3.40}$$

Setzt man in diese Gleichung eine konstante Regeldifferenz $x_d(K) = x_d(K-1) =$ konst. ein und berechnet die Stellgröße y_K für einige Abtastschritte, so erhält man die Sprungantwort des PI-Reglers in Treppenform (vgl. Bild 3-14). Wendet man den Geschwindigkeitsalgorithmus auf den geregelten Gleichstromantrieb an, so erhält man für den *Drehzahlregelalgorithmus*:

$$i_{W_K} = i_{W_{K-1}} + k_{Rn} \Delta n_K - k_{Rn} \left(1 - \frac{T_{ABn}}{T_{Rn}}\right) \Delta n_{K-1} \tag{3.41}$$

und für den *Stromregelalgorithmus*:

$$u_K = u_{K-1} + k_{Ri} \Delta i_K - k_{Ri} \left(1 - \frac{T_{ABi}}{T_{Ri}}\right) \Delta i_{K-1}. \tag{3.42}$$

Die diskrete Zeiteinheit gibt jetzt lediglich noch an, ob es sich um den neuen Wert (K) oder den davor ($K - 1$) der betreffenden Variablen handelt, so daß von den Regeldifferenzen $\Delta n = n_W - n$ und $\Delta i = i_W - i$ sowie den Stellgrößen i_W und u jeweils nur zwei Werte berücksichtigt werden müssen. Alle Werte, die weiter zurückliegen als $K - 1$, können gelöscht werden.

Die Linearisierung in Bild 3-14 erzeugt aus der Steuergröße (u) den entsprechenden Zündwinkel (α) so, daß stationäre Proportionalität zwischen der Steuergröße und der Ausgangsspannung des Stromrichters besteht. Für den Fall, daß diese Linearisierung nicht vorhanden ist, entspricht die Stellgröße des Stromreglers gleichzeitig dem Steuerwinkel (α). Um auch hier einen einwandfreien Betrieb des Stromreglers zu erhalten, muß die umgekehrte Wirkungsrichtung von netzgeführten Stromrichtern berücksichtigt werden, d. h. eine Vergrößerung der Stellgröße (α) bewirkt jetzt eine Zunahme der Regeldifferenz (Δi). Deshalb muß der Stromregelalgorithmus nach Gl. (3.42) etwas modifiziert werden:

$$\alpha_K = \alpha_{K-1} - k_{Ri}\,\Delta i_K + k_{Ri}\left(1 - \frac{T_{ABi}}{T_{Ri}}\right)\Delta i_{K-1}. \tag{3.43}$$

Da Mikroprozessoren mit ganzen Zahlen rechnen, müssen solche dimensionsbehafteten Regelalgorithmen vor ihrer Implementierung noch in reine Zahlenwertgleichungen bestimmter Bitbreite (Auflösung) umgewandelt werden. Hinzu kommt noch die schaltungstechnische Forderung, daß die analogen Istwerte von Strom (I_d) und Drehzahl (n_T) über eine analoge Schnittstelle in computerverständliche Informationen umgewandelt werden müssen. Dabei entspricht die gewählte Bitbreite der Reglerbezugsspannung in analogen Regelkreisen. Obwohl die Bitbreite der digitalen Daten bzw. die Bezugsspannung der analogen Signale direkt in die Antriebskonstanten k_i, k_n und k_{SR} eingeht, ergeben sich doch für alle denkbaren Bezugswerte die gleichen Reglerparameter. Dies liegt daran, daß die Übertragungsfunktionen der offenen und geschlossenen Regelkreise dimensionslos sind; d. h. die digitalen bzw. analogen Bezugswerte kürzen sich insgesamt heraus.

Die analoge Schnittstelle in Bild 3-14 besteht aus einem Multiplexer, Abtast-Halte-Glied (Sample & Hold), der eigentlichen Analog/Digital-Wandlung und einer Mittelwertbildung, die in der Regel vom Mikroprozessor aus den Abtastwerten vorgenommen wird. Der Multiplexer ermöglicht den wirtschaftlichen Zugriff auf mehrere analoge Signale, und das Abtast-Halte-Glied verhindert Abtastfehler bei schnell veränderlichen, analogen Signalen wie z. B. dem Ankerstrom. Die Analog/Digital-Wandlung muß bei elektrischen Antrieben in der Größenordnung von einigen Mikrosekunden bei einer Auflösung von zehn bis zwölf Bit erfolgen. Solche aufwendigen, analogen Schnittstellen sind im Verhältnis zur restlichen Rechnerhardware sehr teuer.

Neben der Linearisierung muß das Mikroprozessorsystem noch die Erzeugung netzsynchroner Zündimpulse und die Umschaltsoftware zur Realisierung des Vierquantenbetriebs ausführen. Da die Clockfrequenz, die Busströme und Busspannungen der Mikroprozessoren um mehrere

Zehnerpotenzen von den Frequenzen, Strömen und Spannungen der Stromrichter verschieden sind, kommt dem Problem der Störsicherheit (EMC) bei der Synthese von Mikro- und Leistungselektronik besondere Bedeutung zu (vgl. Abschn. 7).

Liegen die Abtastzeiten der digitalisierten Regelkreise in der Größenordnung der Streckenzeitkonstanten, ist eine quasianaloge Betrachtungsweise nicht mehr zulässig. Die mit Hilfe der Frequenzkennlinien ermittelten Reglerparameter dürfen dann nicht mehr übernommen werden. Solche diskreten Regelkreise müssen als Abtastsysteme behandelt werden [32; 33]. Der Entwurf der Abtastregler erfolgt mit Hilfe der z-Transformation.

4. Moderne Antriebsregelungen im Zustandsraum

Während die konventionellen Regelverfahren im Frequenzbereich entwickelt und optimiert werden, arbeiten moderne Regelstrukturen [3] im Zustandsraum (Zeitbereich), d. h. eine Laplace-Transformation der Zustandsdifferentialgleichungen entfällt vollständig. Damit sind diese modernen Verfahren prinzipiell auch für nichtlineare und zeitvariante Systeme geeignet. Mathematisches Hilfsmittel im Zustandsraum ist die Matrizenrechnung. Durch die Matrizendarstellung der Differentialgleichungen und gewöhnlichen Gleichungen eines dynamischen Systems ergibt sich eine einfachere Handhabung; insbesondere bei Systemen höherer Ordnung. Durch die notwendigen Matrizenoperationen sind diese Verfahren auf die Implementierung in Rechnersysteme angewiesen.

Im Gegensatz zu den konventionellen Methoden treten jetzt neue Begriffe wie Steuerbarkeit und Beobachtbarkeit auf, die nur im Zeitbereich durchgeführt werden können. Diese Möglichkeiten sind für die Antriebstechnik besonders interessant, da sie die Realisierung kostengünstiger und betriebssicherer Antriebseinheiten unterstützen [22]. Nachteilig an den modernen Regelstrategien ist die geringere Anschaulichkeit gegenüber den graphischen Methoden im Frequenzbereich. Allerdings ist ein Übergang von der Zustandsdarstellung zur Frequenzdarstellung möglich, so daß man beide Verfahren auch einander ergänzend benutzen kann.

Bild 4-1 zeigt die Struktur moderner Regelverfahren am Beispiel eines dynamischen Prozesses mit einer Eingangsgröße (u) und einer Ausgangsgröße (y). Danach folgt für den dynamischen Prozeß in Matrizenschreibweise:

$$\begin{aligned} \dot{\boldsymbol{x}} &= \boldsymbol{A} \cdot \boldsymbol{x} + \boldsymbol{b}\, u\,, \\ y &= \boldsymbol{c}^{\mathrm{T}} \boldsymbol{x}\,. \end{aligned} \tag{4.1}$$

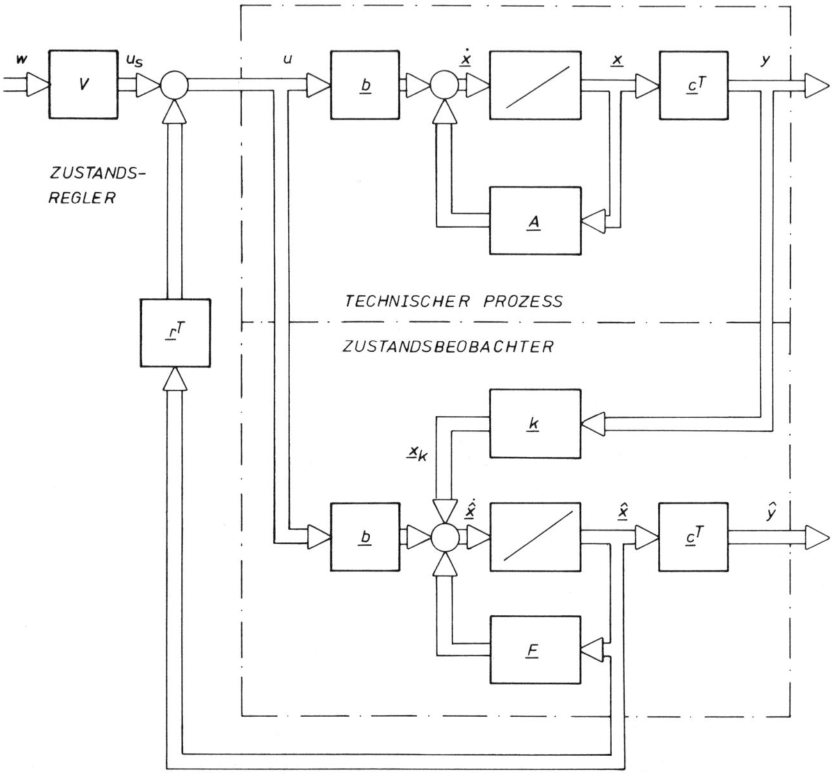

Bild 4-1. Zustandsdarstellung dynamischer Systeme.

Es gelten folgende Bezeichnungen:

$\boldsymbol{x}$ = Zustandsvektor,
u = Steuergröße,
y = Ausgangsgröße,
$\boldsymbol{b}$ = Steuervektor,
$\boldsymbol{A}$ = Systemmatrix,
$\boldsymbol{c}^{\mathrm{T}}$ = Ausgangsvektor (transponiert).

Hat das dynamische System mehrere Eingangs- und Ausgangsgrößen, so werden die skalaren Größen u und y zu Vektoren und die Vektoren $\boldsymbol{b}$ und $\boldsymbol{c}^{\mathrm{T}}$ zu Matrizen:

$$\dot{\boldsymbol{x}} = \boldsymbol{A} \cdot \boldsymbol{x} + \boldsymbol{B}\boldsymbol{u}, \qquad \boldsymbol{y} = \boldsymbol{C}\boldsymbol{x}. \tag{4.2}$$

Die Systemmatrix A besitzt bezüglich Stabilität und Dynamik die gleiche Aussagekraft wie die Übertragungsfunktion im Frequenzbereich.

Die Zustandsdarstellung nach Bild 4-1 ist für alle dynamischen Systeme identisch, d. h. technische Prozesse werden ebenso in dieses Format gepreßt wie biologische Abläufe oder volkswirtschaftliche Vorgänge. Darüber hinaus zeigt das Bild die Zustandsdarstellung eines Zustandsbeobachters, der aus der Steuergröße (u) und der Ausgangsgröße (y) über ein dynamisches Modell den Zustandsvektor ($\boldsymbol{x}$) schätzt und diesen Schätzvektor ($\hat{\boldsymbol{x}}$) für weitere Aufgaben zur Verfügung stellt. Die Stabilität und Dynamik wird über die Beobachtermatrix ($\boldsymbol{F}$) vorgegeben; für stationäre Genauigkeit sorgt der Korrekturvektor ($\boldsymbol{k}$).

Ein Zustandsregler, auch Zustandsvektorrückführung genannt, besteht aus einer Reglermatrix und einem Vorfilter. Im Falle von Systemen mit einer Eingangsgröße und einer Ausgangsgröße ist das Vorfilter ein Skalar (V), und die Reglermatrix wird zu einem transponierten Reglervektor ($\boldsymbol{r}^{\mathrm{T}}$). Ob dem Zustandsregler der Zustandsvektor oder der Schätzvektor zugeführt wird, ist dabei unerheblich.

Aufgabe der folgenden Betrachtungen wird es sein, zunächst den stromrichtergespeisten Gleichstromantrieb in die Zustandsdarstellung zu bringen, um dann einen Zustandsbeobachter und einen Zustandsregler für diesen Antrieb entwerfen zu können.

4.1 Zustandsdarstellung eines Gleichstromantriebs

Ausgangspunkt für die Zustandsdarstellung eines Gleichstromantriebs ist das Gleichungssystem nach Gl. (3.1). Setzt man die elektromechanischen Gleichungen ($U_{\mathrm{i}}, M_{\mathrm{i}}$) in die Ankerspannungsgleichung bzw. in die Bewegungsgleichung ein, so findet man drei lineare Differentialgleichungen erster Ordnung:

$$\begin{aligned}
\frac{dU_{\mathrm{d}}}{dt} &= -\frac{1}{T_{\mathrm{t}}}U_{\mathrm{d}} + \frac{k_{\mathrm{SR}}}{T_{\mathrm{t}}}u && \text{Stromrichter,} \\
\frac{dI_{\mathrm{d}}}{dt} &= \frac{1}{L}U_{\mathrm{d}} - \frac{R}{L}I_{\mathrm{d}} - \frac{\psi}{L}\Omega && \text{Anker,} \qquad (4.3)\\
\frac{d\Omega}{dt} &= \frac{\psi}{J}I_{\mathrm{d}} - \frac{1}{J}M_{\mathrm{L}}. && \text{Mechanik.}
\end{aligned}$$

Für das Totzeitverhalten des Stromrichters soll wieder näherungsweise Verzögerungsverhalten erster Ordnung angesetzt werden. Die Reihenfolge der einzelnen Differentialgleichungen entspricht der physikalischen Wirkungsweise des Antriebes, d. h. die Ankerspannung (U_d) treibt den Ankerstrom (I_d); dieser wiederum erzeugt in der Maschine ein Drehmoment, das den Antrieb in Bewegung (Ω) setzt. Damit folgt für den Zustandsvektor:

$$\boldsymbol{x} = \begin{bmatrix} U_d \\ I_d \\ \Omega \end{bmatrix}. \tag{34}$$

Unter Berücksichtigung der Systemgleichungen findet man durch zeilenweise Entwicklung die Zustandsdarstellung der stromrichtergespeisten Gleichstrommaschine:

$$\begin{bmatrix} \dot{U}_d \\ \dot{I}_d \\ \dot{\Omega} \end{bmatrix} = \begin{bmatrix} -\frac{1}{T_t} & 0 & 0 \\ \frac{1}{L} & -\frac{R}{L} & -\frac{\psi}{L} \\ 0 & \frac{\psi}{J} & 0 \end{bmatrix} \cdot \begin{bmatrix} U_d \\ I_d \\ \Omega \end{bmatrix} + \begin{bmatrix} \frac{k_{SR}}{T_t} & 0 \\ 0 & 0 \\ 0 & -\frac{1}{J} \end{bmatrix} \cdot \begin{bmatrix} u \\ M_L \end{bmatrix} \tag{4.5}$$

$$\dot{\boldsymbol{x}} = \boldsymbol{A} \cdot \boldsymbol{x} + \boldsymbol{B} \cdot \boldsymbol{u}.$$

Da die Systemmatrix ($\boldsymbol{A}$) eine 3×3-Matrix ist, spricht man auch hier von einem System dritter Ordnung. Die Wahl der Ausgangsgröße (y) in Bild 4-1 ist beliebig. Wählt man z. B. die Drehzahl (Ω) als Ausgangsgröße, so folgt sofort:

$$\Omega = [0, 0, 1] \cdot \begin{bmatrix} U_d \\ I_d \\ \Omega \end{bmatrix},$$

$$y = \boldsymbol{c}^T \cdot \boldsymbol{x}, \tag{4.6}$$

Weil das Lastmoment (M_L) als unabhängige Störgröße in den Prozeß eingreift, darf es formal wie eine Steuergröße behandelt und dem Steuervektor ($\boldsymbol{u}$) zugeschlagen werden. Betrachtet man nur das Führungsverhalten des Antriebs, so kann die Störgröße unberücksichtigt bleiben. Die Zustandsdarstellung in Matrizenform vereinfacht sich dann zu:

$$\begin{bmatrix} \dot{U}_d \\ \dot{I}_d \\ \dot{\Omega} \end{bmatrix} = \begin{bmatrix} -\frac{1}{T_t} & 0 & 0 \\ \frac{1}{L} & -\frac{R}{L} & -\frac{\psi}{L} \\ 0 & \frac{\psi}{J} & 0 \end{bmatrix} \cdot \begin{bmatrix} U_d \\ I_d \\ \Omega \end{bmatrix} + \begin{bmatrix} \frac{k_{SR}}{T_t} \\ 0 \\ 0 \end{bmatrix} \cdot u \tag{4.7}$$

$$\dot{\boldsymbol{x}} = \boldsymbol{A} \cdot \boldsymbol{x} + \boldsymbol{b} \cdot u .$$

Die Ausgangsgleichung bleibt davon unberührt. In diesem Falle liegt ein System mit einer Eingangsgröße und einer Ausgangsgröße gemäß Bild 4-1 vor, auf das im folgenden die Methoden der modernen Regelungstechnik im Zustandsraum angewandt werden sollen.

So ist ein dynamisches System genau dann stabil, wenn die *Eigenwerte* der Systemmatrix ($\boldsymbol{A}$) links der imaginären Achse liegen. Die Eigenwerte berechnen sich nach der Beziehung:

$$\det [s\boldsymbol{I} - \boldsymbol{A}] = 0 . \tag{4.8}$$

$\boldsymbol{I}$ ist die Einheitsmatrix. Setzt man die Systemmatrix des Gleichstromantriebs ein, erhält man die Bestimmungsgleichung:

$$\det \begin{bmatrix} s + \frac{1}{T_t} & 0 & 0 \\ -\frac{1}{L} & s + \frac{R}{L} & \frac{\psi}{L} \\ 0 & -\frac{\psi}{J} & s \end{bmatrix} = 0 . \tag{4.9}$$

Die Auswertung dieser Determinanten liefert die drei Eigenwerte des Systems:

$$s_1 = -\frac{1}{T_t};$$

$$s_{1/2} = -\frac{1}{2\,T_a} \pm \sqrt{\frac{1}{4\,T_a^2} - \frac{1}{T_a\,T_M}} . \tag{4.10}$$

Ein Vergleich mit den Übertragungsfunktionen zeigt, daß die Eigenwerte der Systemmatrix den Polen der Übertragungsfunktionen entsprechen, vgl. Gl. (3.13). Allgemeinere Untersuchungen [3] zeigen, daß jeder Pol der Übertragungsfunktion auch ein Eigenwert der Systemmatrix sein muß. Die Umkehrung gilt allerdings nur in Ausnahmefällen, vgl. Abschn. 4.1.2.

4.1.1 Steuerbarkeit

Ein dynamisches System mit mehreren Ein- und Ausgangsgrößen ist genau dann steuerbar, wenn die Steuerbarkeitsmatrix:

$$Q_S = [B, A\,B, \ldots, A^{n-1}\,B] \tag{4.11}$$

nur linear unabhängige Spaltenvektoren enthält [3]. Für den vorliegenden Gleichstromantrieb dritter Ordnung ($n = 3$) folgt unter Berücksichtigung der allgemeinen Produktregel für die Matrizen-Multiplikation:

$$q_{ik} = (a_{ij})_{m,p}\,(b_{jk})_{p,n} = \left(\sum_{j=1}^{p} a_{ij}\,b_{jk}\right)_{m,n} \tag{4.12}$$

für die Steuerbarkeitsmatrix der Ausdruck:

$$Q_S = \begin{bmatrix} \frac{k_{SR}}{T_t} & 0 & -\frac{k_{SR}}{T_t^2} & 0 & \frac{k_{SR}}{T_t^3} & 0 \\ 0 & 0 & \frac{k_{SR}}{T_t L} & \frac{\psi}{L J} & -\frac{k_{SR}}{T_t}\left(\frac{1}{T_t L} + \frac{R}{L^2}\right) & -\frac{\psi R}{L^2 J} \\ 0 & -\frac{1}{J} & 0 & 0 & \frac{k_{SR} \cdot \psi}{L J T_t} & -\frac{\psi^2}{L J^2} \end{bmatrix}. \tag{4.13}$$

Da alle sechs Spaltenvektoren linear unabhängig sind, ist der stromrichtergespeiste Gleichstromantrieb steuerbar. Dies gilt aber nur, wenn alle in Abschn. 2.1 getroffenen Voraussetzungen erfüllt sind. Insbesondere die starken Nichtlinearitäten netzgeführter Stromrichter im Lückbetrieb müssen kompensiert sein. Auf diesen wichtigen Aspekt wird in Abschn. 6.1.1.1 ausführlich eingegangen.

Für Systeme mit einer Eingangs- und Ausgangsgröße lautet die Steuerbarkeitsmatrix:

$$Q_S = [b, A\,b, \ldots, A^{n-1}\,b]\,. \tag{4.14}$$

Genauso formal wie die Prüfung der Steuerbarkeit kann auch die Beobachtbarkeit eines dynamischen Systems nachgewiesen werden.

4.1.2 Beobachtbarkeit

Der Entwurf eines Zustandsbeobachters setzt die Beobachtbarkeit des betreffenden Systems voraus. Ein dynamischer Prozeß mit mehreren Eingangs- und Ausgangsgrößen ist genau dann beobachtbar, wenn die

Beobachtbarkeitsmatrix:

$$Q_{\mathrm{B}} = \begin{bmatrix} C \\ CA \\ \vdots \\ CA^{\mathrm{n}-1} \end{bmatrix} \tag{4.15}$$

nur linear unabhängige Zeilenvektoren enthält [3]. Für den stromrichtergespeisten Gleichstromantrieb ($n = 3$) mit einer Eingangs- und Ausgangsgröße vereinfacht sich Gl. (4.15) zu:

$$\boldsymbol{Q}_{\mathrm{B}} = \begin{bmatrix} \boldsymbol{c}^{\mathrm{T}} \\ \boldsymbol{c}^{\mathrm{T}} \boldsymbol{A} \\ \boldsymbol{c}^{\mathrm{T}} \boldsymbol{A}^2 \end{bmatrix}. \tag{4.16}$$

Setzt man die Ausgangs- und die Systemmatrix des stromrichtergespeisten Gleichstromantriebs nach Gl. (4.6) und (4.7) ein, so erhält man:

$$\boldsymbol{Q}_{\mathrm{B}} = \begin{bmatrix} 0 & 0 & 1 \\ 0 & \dfrac{\psi}{J} & 0 \\ \dfrac{\psi}{L J} & -\dfrac{\psi R}{L J} & -\dfrac{\psi^2}{L J} \end{bmatrix}. \tag{4.17}$$

Da die drei Zeilenvektoren linear unabhängig sind, ist der stromrichtergespeiste Gleichstromantrieb nicht nur steuerbar, sondern auch noch beobachtbar. In solchen Systemen mit einer Eingangs- und Ausgangsgröße tritt die Besonderheit auf, daß durch die Steuerbarkeit und die Beobachtbarkeit alle Eigenwerte der Systemmatrix auch Pole der Übertragungsfunktion sind.

4.1.3 Beobachtungsnormalform

Jedes beobachtbare, aber sonst beliebige dynamische System kann durch die Transformation:

$$\boldsymbol{x} = \boldsymbol{S}\,\boldsymbol{x}_{\mathrm{B}} \tag{4.18}$$

in die sogenannte Beobachtungsnormalform gebracht werden [3]. Dabei ist $\boldsymbol{S}$ eine Transformationsmatrix, die die allgemeine Zustandsbeschreibung nach Gl. (4.1) bzw. (4.2) auf eine für die mathematische Behandlung günstige Form bringt. Setzt man Gl. (4.18) in Gl. (4.1) ein, so findet man die Zustandsdarstellung in Beobachtungsnormalform:

$$\begin{aligned} \boldsymbol{x}_\mathrm{B} &= \boldsymbol{A}_\mathrm{B}\,\boldsymbol{x}_\mathrm{B} + \boldsymbol{b}_\mathrm{B}\,u\,, \\ y &= \boldsymbol{c}_\mathrm{B}^\mathrm{T}\,\boldsymbol{x}_\mathrm{B} \end{aligned} \tag{4.19}$$

mit den Abkürzungen:

$$\begin{aligned} \boldsymbol{x}_\mathrm{B} &= \boldsymbol{S}^{-1}\,\boldsymbol{x}\,, \\ \boldsymbol{A}_\mathrm{B} &= \boldsymbol{S}^{-1}\,\boldsymbol{A}\,\boldsymbol{S}, \\ \boldsymbol{b}_\mathrm{B} &= \boldsymbol{S}^{-1}\,\boldsymbol{b}\,, \\ \boldsymbol{c}_\mathrm{B}^\mathrm{T} &= \boldsymbol{c}^\mathrm{T}\,\boldsymbol{S}\,. \end{aligned} \tag{4.20}$$

Dabei bleiben die Steuergröße (u) und die Ausgangsgröße (y) unverändert. Die Berechnung der Transformationsmatrix für ein System dritter Ordnung erfolgt über den Ausdruck:

$$\boldsymbol{S} = [\boldsymbol{q}_\mathrm{B}, \boldsymbol{A}\,\boldsymbol{q}_\mathrm{B}, \boldsymbol{A}^2\,\boldsymbol{q}_\mathrm{B}]\,. \tag{4.21}$$

Der Vektor $\boldsymbol{q}_\mathrm{B}$ ist die letzte Spalte der inversen Beobachtbarkeitsmatrix, so daß gilt:

$$\boldsymbol{q}_\mathrm{B} = \boldsymbol{Q}_\mathrm{B}^{-1} \begin{bmatrix} 0 \\ 0 \\ 1 \end{bmatrix}. \tag{4.22}$$

Die inverse Beobachtbarkeitsmatrix läßt sich aus der Beobachtbarkeitsmatrix nach dem allgemeinen Gesetz der Matrizeninversion berechnen:

$$\boldsymbol{Q}_\mathrm{B}^{-1} = \frac{1}{\det \boldsymbol{Q}_\mathrm{B}}\,\mathrm{adj.}\,\boldsymbol{Q}_\mathrm{B}, \tag{4.23}$$

d.h. die inverse Matrix ist der Quotient aus der Adjunkten und der Determinanten der zu invertierenden Matrix. Diese Beziehung kann auch benutzt werden, um die inverse Transformationsmatrix zu bestimmen.

Für den stromrichtergespeisten Gleichstromantrieb berechnet sich die inverse Beobachtbarkeitsmatrix wie folgt:

$$\boldsymbol{Q}_\mathrm{B}^{-1} = \begin{bmatrix} \psi & \dfrac{RJ}{\psi} & \dfrac{LJ}{\psi} \\ 0 & \dfrac{J}{\psi} & 0 \\ 1 & 0 & 0 \end{bmatrix}. \tag{4.24}$$

Aus der letzten Spalte folgt für den Vektor $\boldsymbol{q}_B$ der Ausdruck

$$\boldsymbol{q}_B = \begin{bmatrix} \frac{LJ}{\psi} \\ 0 \\ 0 \end{bmatrix}. \tag{4.25}$$

Außerdem kann nun die Transformationsmatrix $\boldsymbol{S}$ nach Gl. (4.21) berechnet werden:

$$\boldsymbol{S} = \begin{bmatrix} \frac{LJ}{\psi} & -\frac{LJ}{\psi T_t} & \frac{LJ}{\psi T_t^2} \\ 0 & \frac{J}{\psi} & -\left(\frac{J}{\psi T_t} + \frac{RJ}{L\psi}\right) \\ 0 & 0 & 1 \end{bmatrix}, \tag{4.26}$$

und mit Hilfe von Gl. (4.23) folgt für die inverse Transformationsmatrix des stromrichtergespeisten Gleichstromantriebs:

$$\boldsymbol{S}^{-1} = \begin{bmatrix} \frac{\psi}{LJ} & \frac{\psi}{JT_t} & \frac{R}{LT_t} \\ 0 & \frac{\psi}{J} & \left(\frac{1}{T_t} + \frac{1}{T_a}\right) \\ 0 & 0 & 1 \end{bmatrix}. \tag{4.27}$$

Jetzt kann die Transformation der Zustandsgleichungen auf Beobachtungsnormalform durchgeführt werden. Nach einigem Rechenaufwand findet man:

$$\begin{aligned} \boldsymbol{A}_B &= \begin{bmatrix} 0 & 0 & -a_0 \\ 1 & 0 & -a_1 \\ 0 & 1 & -a_2 \end{bmatrix}, \\ \boldsymbol{b}_B &= \begin{bmatrix} b_0 \\ b_1 \\ b_2 \end{bmatrix}, \\ \boldsymbol{c}_B^T &= [0, 0, 1] \end{aligned} \tag{4.28}$$

mit den Elementen:

$$
\begin{aligned}
a_0 &= \frac{1}{T_a T_M T_t}, & b_0 &= \frac{k_{SR} \cdot \psi}{L J T_t},\\
a_1 &= \frac{1}{T_a T_t} + \frac{1}{T_a T_M}, & b_1 &= 0,\\
a_2 &= \frac{1}{T_a} + \frac{1}{T_t}, & b_2 &= 0.
\end{aligned} \tag{4.29}
$$

Das Strukturbild der Beobachtungsnormalform ist in *Bild 4-2* für ein System dritter Ordnung dargestellt. Dabei wird ersichtlich, daß diese einfach gegliederte Struktur zwar wünschenswert ist, aber in den seltensten Fällen in technischen Prozessen vorliegen wird; so auch nicht im Falle des stromrichtergespeisten Gleichstromantriebs (vgl. Bild 3-2a).

Vergleicht man die Beobachtungsnormalform des Gleichstromantriebs mit der Führungsübertragungsfunktion der Drehzahl nach Gl. (3.7), so stellt man fest, daß die Elemente von $\boldsymbol{A}_B$ den Koeffizienten des Nennerpolynoms und die Elemente von $\boldsymbol{b}_B$ den Koeffizienten des Zählerpolynoms entsprechen. Dies zeigt wiederum den engen Zusammenhang zwischen der Zustandsdarstellung und der Frequenzdarstellung. Wählt man statt der Drehzahl den Strom als Ausgangsgröße, so ändert sich $\boldsymbol{c}^T$ und damit alle Matrizenelemente der Beobachtungsnormalform. Ein Vergleich muß dann mit der entsprechenden Übertragungsfunktion durchgeführt werden.

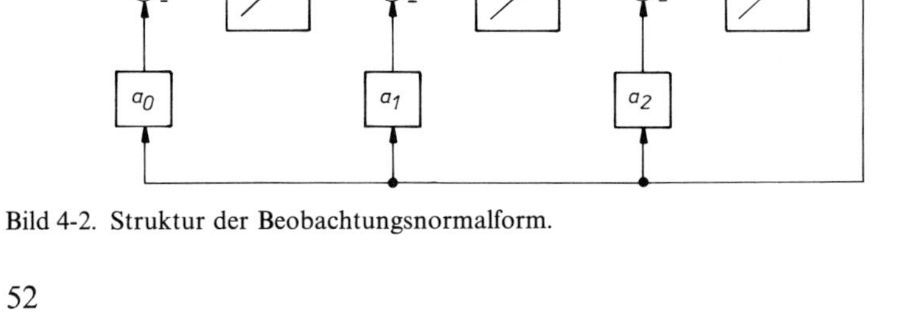

Bild 4-2. Struktur der Beobachtungsnormalform.

Sind die Koeffizienten der Übertragungsfunktion bekannt, so kann die Beobachtungsnormalform direkt angegeben werden, andernfalls müssen die Matrizen wie gezeigt berechnet werden. Möchte man die Berechnung inverser Matrizen umgehen, so gibt es eine dritte Möglichkeit, bei der die Elemente mit Hilfe sogenannter Rekursionsformeln bestimmt werden. Für ein System dritter Ordnung gilt:

$$\begin{aligned} a_2 &= -\boldsymbol{c}^{\mathrm{T}} \boldsymbol{A}^3 \boldsymbol{q}_{\mathrm{B}}, \\ a_1 &= -\boldsymbol{c}^{\mathrm{T}} \boldsymbol{A}^4 \boldsymbol{q}_{\mathrm{B}} - a_2 \boldsymbol{c}^{\mathrm{T}} \boldsymbol{A}^3 \boldsymbol{q}_{\mathrm{B}}, \\ a_0 &= -\boldsymbol{c}^{\mathrm{T}} \boldsymbol{A}^5 \boldsymbol{q}_{\mathrm{B}} - a_2 \boldsymbol{c}^{\mathrm{T}} \boldsymbol{A}^4 \boldsymbol{q}_{\mathrm{B}} - a_1 \boldsymbol{c}^{\mathrm{T}} \boldsymbol{A}^3 \boldsymbol{q}_{\mathrm{B}} \end{aligned} \tag{4.30}$$

und

$$\begin{aligned} b_2 &= \boldsymbol{c}^{\mathrm{T}} \boldsymbol{b}, \\ b_1 &= \boldsymbol{c}^{\mathrm{T}} \boldsymbol{A} \boldsymbol{b} - \boldsymbol{c}^{\mathrm{T}} \boldsymbol{A}^3 \boldsymbol{q}_{\mathrm{B}} b_2, \\ b_0 &= \boldsymbol{c}^{\mathrm{T}} \boldsymbol{A}^2 \boldsymbol{b} - \boldsymbol{c}^{\mathrm{T}} \boldsymbol{A}^3 \boldsymbol{q}_{\mathrm{B}} b_1 - \boldsymbol{c}^{\mathrm{T}} \boldsymbol{A} \boldsymbol{q}_{\mathrm{B}} b_2 . \end{aligned} \tag{4.31}$$

Auch bei der Berechnung der letzten Spalte ($\boldsymbol{q}_{\mathrm{B}}$) der inversen Beobachtbarkeitsmatrix kann die Matrizeninversion umgangen werden. Dazu erweitert man Gl. (4.22) von links mit $\boldsymbol{Q}_{\mathrm{B}}$ und setzt für die Beobachtbarkeitsmatrix Gl. (4.16) ein. Dann folgt für den Vektor $\boldsymbol{q}_{\mathrm{B}}$ ein Berechnungsschema, das ohne inverse Matrizen auskommt:

$$\begin{bmatrix} \boldsymbol{c}^{\mathrm{T}} \boldsymbol{q}_{\mathrm{B}} \\ \boldsymbol{c}^{\mathrm{T}} \boldsymbol{A} \boldsymbol{q}_{\mathrm{B}} \\ \boldsymbol{c}^{\mathrm{T}} \boldsymbol{A}^2 \boldsymbol{q}_{\mathrm{B}} \end{bmatrix} = \begin{bmatrix} 0 \\ 0 \\ 1 \end{bmatrix} . \tag{4.32}$$

Solche alternativen Lösungswege reduzieren bei Systemen höherer Ordnung den Rechenaufwand ganz erheblich und können darüber hinaus bei Kontrollrechnungen vorteilhaft eingesetzt werden.

So einfach die Handhabung von Systemen in der Beobachtungsnormalform auch ist, so aufwendig kann es sein, ein reales System auf diese Form zu bringen. Auf jeden Fall aber weicht die Anschaulichkeit ein weiteres Stück von der technischen Realität ab, da nun auch die physikalischen Zustandsgrößen in der Beobachtungsnormalform künstlichen Zustandsgrößen weichen müssen. Für den Zustandsvektor in Beobachtungsnormalform gilt nämlich:

$$\boldsymbol{x}_{\mathrm{B}} = \boldsymbol{S}^{-1} \boldsymbol{x} . \tag{4.33}$$

Im Falle des stromrichtergespeisten Gleichstromantriebs wird aus dem physikalischen Zustandsvektor gemäß Gl. (4.4) der neue Zustandsvektor in Beobachtungsnormalform:

$$\boldsymbol{x}_\mathrm{B} = \begin{bmatrix} x_{1\mathrm{B}} \\ x_{2\mathrm{B}} \\ x_{3\mathrm{B}} \end{bmatrix} = \begin{bmatrix} \frac{\psi}{L\,J} U_\mathrm{d} + \frac{\psi}{J\,T_\mathrm{t}} I_\mathrm{d} + \frac{R}{L\,T_\mathrm{t}} \Omega \\ \frac{\psi}{J} I_\mathrm{d} + \left(\frac{1}{T_\mathrm{a}} + \frac{1}{T_\mathrm{t}}\right) \Omega \\ \Omega \end{bmatrix}. \tag{4.34}$$

Diese neuen Zustandsgrößen sind in Bild 4-2 eingezeichnet. Auf die Besonderheiten der Beobachtungsnormalform wird bei der Herleitung eines Zustandsbeobachters reduzierter Ordnung nochmals näher eingegangen.

4.2 Entwurf von Zustandsbeobachtern

Bei den konventionellen Regelverfahren geht man nach der Systembeschreibung direkt zum Reglerentwurf über, wobei die meßtechnische Erfassung der Regelgrößen vorausgesetzt wird; d.h. nur was gemessen wird, kann auch geregelt werden. Diese Einschränkung gilt bei modernen Regelverfahren nicht, so daß sich durch eine Zustandsgrößenbeobachtung neue Anwendungsgebiete erschließen. Diese Zustandsgrößenbeobachtung kann dort vorteilhaft eingesetzt werden, wo der Zustandsvektor nicht vollständig gemessen werden kann; man denke z.B. an große Drücke, hohe Temperaturen oder komplizierte Mengenströme. Häufig stehen auch wirtschaftliche Gesichtspunkte im Vordergrund, die eine aufwendige Messung von Zustandsgrößen verbieten; wie z.B. die Drehzahlerfassung in einfachen elektrischen Antrieben. In diesen Fällen müssen einzelne Zustandsgrößen durch Modellbildung aus meßbaren Systemgrößen ermittelt werden. Man spricht deshalb von Zustandsgrößenbeobachtung bzw. Zustandsgrößenschätzung mit Hilfe von Zustandsbeobachtern. Diese Zustandsbeobachter werden auch nach ihrem Erfinder als Luenberger-Beobachter [7] bezeichnet.

Betrachtet man zunächst wieder dynamische Systeme mit einer Eingangs- und Ausgangsgröße, so ist der Entwurf von Zustandsbeobachtern sehr übersichtlich und rasch durchgeführt. Die gewonnenen Erkenntnisse können dann auf Systeme mit mehreren Eingangs- und Ausgangs-

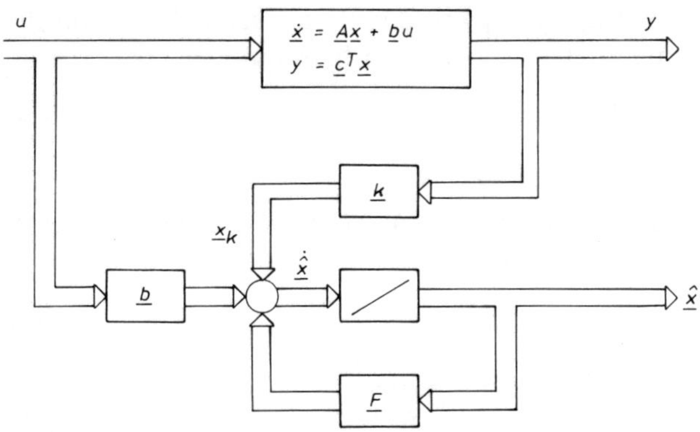

Bild 4-3. Zustandsbeobachter voller Ordnung.

größen übertragen werden. *Bild 4-3* zeigt die Ankopplung des Zustandsbeobachters an einen dynamischen Prozeß gemäß Gl. (4.1). Danach darf der Zustandsbeobachter wie folgt angesetzt werden:

$$\dot{\hat{\boldsymbol{x}}} = \boldsymbol{F}\,\hat{\boldsymbol{x}} + \boldsymbol{b}\,u + \boldsymbol{k}\,y\,. \tag{4.35}$$

Dabei gelten die Bezeichnungen:

$\hat{\boldsymbol{x}}$ = geschätzter Zustandsvektor,
$\boldsymbol{F}$ = Beobachtermatrix,
$\boldsymbol{k}$ = Korrekturvektor.

Dem Zustandsbeobachter müssen die Eingangsgröße (u) und die Ausgangsgröße (y) als fehlerfrei gemessene Systemgrößen zugeführt werden. Der Beobachter selbst stellt ein Modell des dynamischen Systems dar, das durch einen Schätzfehler gesteuert wird; d. h. über einen Korrekturvektor ($\boldsymbol{k}$) wird ein Korrekturzustandsvektor ($\boldsymbol{x}_{\mathrm{k}}$) erzeugt, so daß im Falle der Konvergenz die Modellzustandsgrößen des Beobachters den Prozeßzustandsgrößen exakt folgen [3].

Die Eigenwerte der Beobachtermatrix ($\boldsymbol{F}$) bestimmen die Stabilität und das dynamische Verhalten des Beobachters. Prinzipiell dürfen die Eigenwerte des Beobachters frei in der linken Hälfte der komplexen s-Ebene vorgegeben werden. Da der Anfangszustand des Beobachters im allgemeinen nicht mit dem Anfangszustand des zu beobachtenden Prozesses übereinstimmt und auch bei dynamischen Vorgängen Abweichungen zwischen Beobachter und Prozeß auftreten können, legt man die Eigenwerte des Beobachters (s_{B1}, s_{B2}, s_{B3}) in der Praxis etwas links von den Eigenwerten der Systemmatrix (s_1, s_2, s_3); d.h. es muß gelten:

$$- |\mathrm{re}\{s_{Bi}\}| < - |\mathrm{re}\{s_i\}| . \qquad (4.36)$$

$$i = 1, 2, 3, \ldots .$$

Hat man die Eigenwerte der Beobachtermatrix auf diese Weise festgelegt, so darf man nach Gl. (4.8) schreiben:

$$\det [s\boldsymbol{I} - \boldsymbol{F}] = (s - s_{B1})(s - s_{B2})(s - s_{B3}) , \qquad (4.37)$$

bzw. nach Ausmultiplikation der Faktoren:

$$\det [s\boldsymbol{I} - \boldsymbol{F}] = s^3 + f_2 s^2 + f_1 s + f_0 . \qquad (4.38)$$

Ein Vergleich dieser beiden charakteristischen Gleichungen liefert den Zusammenhang zwischen den Koeffizienten und den Eigenwerten:

$$\begin{aligned} f_0 &= - s_{B1} s_{B2} s_{B3} , \\ f_1 &= s_{B1} s_{B2} + s_{B2} s_{B3} + s_{B3} s_{B1} , \\ f_2 &= - (s_{B1} + s_{B2} + s_{B3}) . \end{aligned} \qquad (4.39)$$

Mit diesen Koeffizienten läßt sich aber die Beobachtermatrix noch nicht eindeutig bestimmen, da es unendlich viele Matrizen gibt, die diese Eigenwerte annehmen können. Erforderlich ist eine weitere Bedingung, die gleichzeitig für stationäre Genauigkeit des Beobachters sorgt:

$$\boldsymbol{F} = \boldsymbol{A} - \boldsymbol{k}\,\boldsymbol{c}^{\mathrm{T}} . \qquad (4.40)$$

Liegt die Zustandsbeschreibung des zu beobachtenden Systems in Beobachtungsnormalform vor, so reichen diese Bedingungen bereits für den Entwurf eines Zustandsbeobachters aus. Da in diesem Fall der Beobachter selbst in Beobachtungsnormalform angesetzt werden darf, legen die Koeffizienten f_0, f_1, f_2 die Beobachtermatrix fest. Der Korrekturvektor kann aus Gl. (4.40) bestimmt werden. Da aber technische Systeme praktisch nie in Beobachtungsnormalform vorliegen, muß das zu beobachtende System entweder auf diese Form transformiert werden, oder es muß eine weitere Bedingung hinzutreten. Für dynamische Systeme dritter Ordnung, die nicht in Beobachtungsnormalform vorliegen, kann der Korrekturvektor aus der Beziehung:

$$\boldsymbol{k} = f_0 \boldsymbol{q}_B + f_1 \boldsymbol{A} \boldsymbol{q}_B + f_2 \boldsymbol{A}^2 \boldsymbol{q}_B + \boldsymbol{A}^3 \boldsymbol{q}_B \qquad (4.41)$$

bestimmt werden. Dabei entspricht der Vektor $\boldsymbol{q}_B$ wieder der letzten Spalte der inversen Beobachtbarkeitsmatrix. Der Entwurf eines Zustandsbeobachters für ein beliebiges dynamisches System mit einer Eingangs- und Ausgangsgröße gliedert sich somit in fünf Schritte:

1. Vorgabe der Eigenwerte der Beobachtermatrix in Abhängigkeit von den Eigenwerten der Systemmatrix gemäß Gl. (4.36);
2. Berechnung der Koeffizienten der charakteristischen Gleichung des Beobachters nach Gl. (4.39);
3. Ermittlung der letzten Spalte der inversen Beobachtbarkeitsmatrix nach Gl. (4.22);
4. Bestimmung des Korrekturvektors gemäß Gl. (4.41);
5. Festlegung der Beobachtermatrix mit Gl. (4.40).

Sollte sich das dynamische Verhalten des Beobachters als unbefriedigend herausstellen, so kann eine Verbesserung durch die Vorgabe neuer Beobachtereigenwerte erfolgen. Aus diesem Grunde ist es vorteilhaft, nach dem Beobachterentwurf zunächst eine Simulation und Optimierung auf einem Digitalrechner durchzuführen. Der Entwurf eines Zustandsbeobachters für den stromrichtergespeisten Gleichstromantrieb soll im folgenden durchgeführt und diskutiert werden.

4.2.1 Zustandsbeobachter voller Ordnung

Bei den bisherigen Betrachtungen wurde die Ordnung der Beobachtermatrix gleich der Ordnung des zu beobachtenden Systems gesetzt. In diesen Fällen spricht man von Zustandsbeobachtern n-ter oder voller Ordnung. Ein Zustandsbeobachter für den stromrichtergespeisten Gleichstromantrieb hat somit die Ordnung drei:

$$\begin{bmatrix} \dot{\hat{U}}_d \\ \dot{\hat{I}}_d \\ \dot{\hat{\Omega}} \end{bmatrix} = \begin{bmatrix} f_{11} & f_{12} & f_{13} \\ f_{21} & f_{22} & f_{23} \\ f_{31} & f_{32} & f_{33} \end{bmatrix} \cdot \begin{bmatrix} \hat{U}_d \\ \hat{I}_d \\ \hat{\Omega} \end{bmatrix} + \begin{bmatrix} \frac{k_{SR}}{T_t} \\ 0 \\ 0 \end{bmatrix} u + \begin{bmatrix} k_1 \\ k_2 \\ k_3 \end{bmatrix} \Omega , \tag{4.42}$$

$$\dot{\hat{\boldsymbol{x}}} = \boldsymbol{F} \cdot \hat{\boldsymbol{x}} + \boldsymbol{b} u + \boldsymbol{k} \cdot y .$$

Die Zustandsgrößen $\hat{U}_d$, $\hat{I}_d$ und $\hat{\Omega}$ sind die Schätzwerte der tatsächlichen Zustandsgrößen U_d, I_d und Ω. Die Elemente der Beobachtermatrix und des Korrekturvektors sind unbekannt und müssen bestimmt werden.

Außerdem ist angenommen, daß die Messung von u und Ω absolut erfolgt, d.h. Einflüsse von Meßeinrichtungen müssen bei Bedarf entsprechend berücksichtigt werden.

Zunächst legt man gemäß den Entwurfskriterien die Eigenwerte der Beobachtermatrix so fest, daß die Bedingungen:

$$
\begin{aligned}
& s_{B1} < -\frac{1}{T_t}, \\
& -|\mathrm{re}\{s_{B2/3}\}| < -\left|\mathrm{re}\left\{-\frac{1}{2T_a} \pm \sqrt{\frac{1}{4T_a^2} - \frac{1}{T_a T_M}}\right\}\right|
\end{aligned}
\tag{4.43}
$$

erfüllt sind. Über Gl. (4.39) folgen dann sofort die Koeffizienten der charakteristischen Beobachtergleichung, mit deren Hilfe über den Vektor $\boldsymbol{q}_B$ der Korrekturvektor berechnet werden kann:

$$
\begin{bmatrix} k_1 \\ k_2 \\ k_3 \end{bmatrix} = f_0 \begin{bmatrix} \frac{LJ}{\psi} \\ 0 \\ 0 \end{bmatrix} + f_1 \begin{bmatrix} -\frac{LJ}{\psi T_t} \\ \frac{J}{\psi} \\ 0 \end{bmatrix} + f_2 \begin{bmatrix} \frac{LJ}{\psi T_t^2} \\ -\frac{J}{\psi T_t} - \frac{RJ}{L\psi} \\ 1 \end{bmatrix} +
$$

$$
\boldsymbol{k} = f_0 \cdot \boldsymbol{q}_B + f_1 \cdot \boldsymbol{A}\,\boldsymbol{q}_B + f_2 \cdot \boldsymbol{A}^2\,\boldsymbol{q}_B
$$

$$
+ \frac{LJ}{\psi} \begin{bmatrix} -\frac{1}{T_t^3} \\ \frac{1}{T_t^2 L} + \frac{R}{T_t L^2} + \frac{R^2}{L^3} - \frac{\psi^2}{L^2 J} \\ -\frac{\psi}{LJT_t} - \frac{\psi R}{L^2 J} \end{bmatrix}
$$

$$
+ \boldsymbol{A}^3 \cdot \boldsymbol{q}_B . \tag{4.44}
$$

Gemäß Gl. (4.40) sind mit diesen Beziehungen die Elemente der Beobachtermatrix bestimmbar:

$$
\boldsymbol{F}=\begin{bmatrix} -\dfrac{1}{T_\mathrm{t}} & 0 & -k_1 \\ \dfrac{1}{L} & -\dfrac{R}{L} & -\left(\dfrac{\psi}{L}+k_2\right) \\ 0 & \dfrac{\psi}{J} & -k_3 \end{bmatrix} \tag{4.45}
$$

mit den Korrekturkoeffizienten k_1, k_2 und k_3 nach Gl. (4.44).

Die Struktur des entworfenen Zustandsbeobachters ist in *Bild 4-4* dargestellt. Eingangsgrößen sind in diesem Fall die Steuergröße (u) und die Drehzahl (Ω). Über ein dynamisches Modell des Antriebs ermittelt der Beobachter Schätzwerte der Ankerspannung, des Ankerstroms und der Drehzahl. Dieser Schätzvektor bleibt erhalten, auch wenn man statt der Drehzahl z. B. den Ankerstrom als Ausgangsgröße wählt; allerdings ändern sich dann die Beobachtermatrix und der Korrekturvektor (vgl. Abschn. 6.1.2.1).

Setzt man diesen Beobachter auf ein Mikroprozessorsystem ab, so muß die Integration wieder in eine Summation überführt werden (vgl. Abschn. 3.4.5.2). Die praktischen Ergebnisse, die sich mit dem Zustandsbeobachter in stromrichtergespeisten Gleichstromantrieben erzielen lassen, sind in Abschn. 6.1 gemeinsam mit dem dynamischen Verhalten eines sensorlosen Stromregelkreises aufgezeichnet. Angaben zur Genauigkeit finden sich in einem gesonderten Abschnitt.

Betrachtet man sich den Zustandsbeobachter in Bild 4-4 etwas genauer, so stellt man fest, daß er auch einen Schätzwert für die Drehzahl bildet, obwohl ihm diese als Meßgröße zugeführt wird. Diese Schätzung ist eigentlich überflüssig, so daß der Gedanke an einen reduzierten Beobachter nahe liegt.

4.2.2 Zustandsbeobachter reduzierter Ordnung

Zustandsbeobachter voller Ordnung schätzen den kompletten Zustandsvektor, obwohl dem Beobachter über die Ausgangsgröße des Systems eine Zustandsgröße zugeführt wird, deren Schätzung entfallen kann. Im Falle des Zustandsbeobachters dritter Ordnung nach Bild 4-4 ist eine Beobachtung der Ankerspannung und des Ankerstroms vollkommen ausreichend, wodurch die Ordnung des Beobachters um Eins

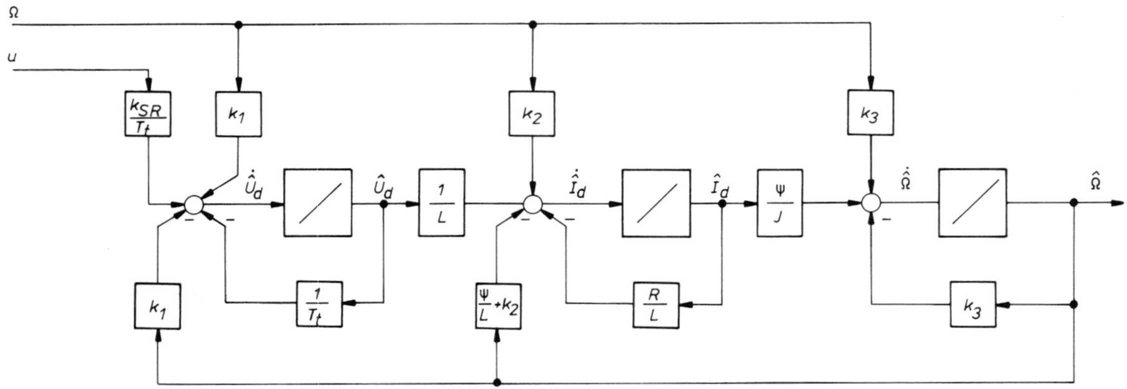

Bild 4-4. Zustandsbeobachter für Gleichstromantriebe.

auf $n = 2$ reduziert werden kann. Man spricht dann vom Zustandsbeobachter reduzierter Ordnung [3] oder vom reduzierten Zustandsbeobachter.

Besonders anschaulich wird der Entwurf des Zustandsbeobachters reduzierter Ordnung, wenn man von der Beobachtungsnormalform eines dynamischen Systems ausgeht:

$$\begin{bmatrix} \dot{x}_{1B} \\ \dot{x}_{2B} \\ \dot{x}_{3B} \end{bmatrix} = \begin{bmatrix} 0 & 0 & -a_0 \\ 1 & 0 & -a_1 \\ 0 & 1 & -a_2 \end{bmatrix} \cdot \begin{bmatrix} x_{1B} \\ x_{2B} \\ x_{3B} \end{bmatrix} + \begin{bmatrix} b_0 \\ b_1 \\ b_2 \end{bmatrix} u, \tag{4.46}$$

$$\dot{\boldsymbol{x}}_B = \boldsymbol{A}_B \cdot \boldsymbol{x}_B + \boldsymbol{b}_B \cdot u$$

und

$$x_{3B} = [0, 0, 1] \begin{bmatrix} x_{1B} \\ x_{2B} \\ x_{3B} \end{bmatrix}, \tag{4.47}$$

$$y = \boldsymbol{c}_B^T \cdot \boldsymbol{x}_B .$$

Da die Ausgangsgröße (y) der Zustandsgröße x_{3B} entspricht, kann die letzte Zeile der Zustandsdarstellung weggelassen werden, d.h. es folgt eine reduzierte Systembeschreibung.

$$\begin{bmatrix} \dot{x}_{1B} \\ \dot{x}_{2B} \end{bmatrix} = \begin{bmatrix} 0 & 0 \\ 1 & 0 \end{bmatrix} \cdot \begin{bmatrix} x_{1B} \\ x_{2B} \end{bmatrix} - \begin{bmatrix} a_0 \\ a_1 \end{bmatrix} x_{3B} + \begin{bmatrix} b_0 \\ b_1 \end{bmatrix} u, \tag{4.48}$$

$$\dot{\boldsymbol{x}}_R = \boldsymbol{A}_R \cdot \boldsymbol{x}_R - \boldsymbol{a} \cdot y + \boldsymbol{b}_R \cdot u .$$

Dieses reduzierte System liegt nicht mehr in Beobachtungsnormalform vor, so daß ein reduzierter Beobachter nach den allgemeinen Entwurfskriterien in Abschn. 4.2 entwickelt werden muß. Unter Berücksichtigung, daß für den reduzierten Beobachter x_{2B} die Ausgangsgröße des Systems ist, folgt der Ansatz:

$$\dot{\hat{\boldsymbol{x}}}_R = \boldsymbol{F}_R \hat{\boldsymbol{x}}_R - \boldsymbol{a}\, y + \boldsymbol{b}_R\, u + \boldsymbol{k}\, x_{2B} . \tag{4.49}$$

Der Korrekturvektor errechnet sich zu:

$$\boldsymbol{k} = f_0\, \boldsymbol{q}_{BR} + f_1\, \boldsymbol{A}_R\, \boldsymbol{q}_{BR} + \boldsymbol{A}_R^2\, \boldsymbol{q}_{BR} = \begin{bmatrix} f_0 \\ f_1 \end{bmatrix}. \tag{4.50}$$

f_0 und f_1 sind die Koeffizienten der charakteristischen Gleichung der reduzierten Beobachtermatrix ($\boldsymbol{F}_R$), die wiederum in Abhängigkeit von den Eigenwerten des Systems gewählt werden müssen. Die Zustandsgröße x_{2B} in der reduzierten Beobachtergleichung (4.49) läßt sich eleminieren, indem man die dritte Zeile der Zustandsdarstellung nach Gl. (4.46) berücksichtigt. Für den reduzierten Beobachter folgt:

$$\dot{\hat{\boldsymbol{x}}}_R = F_R\,\hat{\boldsymbol{x}}_R - \boldsymbol{a}\,y + \boldsymbol{b}_R\,u + \boldsymbol{k}\,(\dot{y} + a_2\,y - b_2\,u)\,. \tag{4.51}$$

Die Differentiation der ursprünglichen Ausgangsgröße (y) läßt sich durch Einführung eines neuen Zustandsvektors (z) vermeiden.

$$\begin{bmatrix} z_1 \\ z_2 \end{bmatrix} = \begin{bmatrix} \hat{x}_{1B} \\ \hat{x}_{2B} \end{bmatrix} - \begin{bmatrix} f_0 \\ f_1 \end{bmatrix} \Omega\,, \tag{4.52}$$

$$\boldsymbol{z} \quad = \quad \hat{\boldsymbol{x}}_R \quad - \quad \boldsymbol{k} \cdot y$$

Damit folgt für den Zustandsbeobachter reduzierter Ordnung in endgültiger Form:

$$\dot{\boldsymbol{z}} = \boldsymbol{F}_R\,z + \{\boldsymbol{F}_R\,\boldsymbol{k} + a_2\,\boldsymbol{k} - \boldsymbol{a}\}\,y + \{\boldsymbol{b} - b_2\,\boldsymbol{k}\}\,u\,, \tag{4.53}$$

bzw. in Komponentenschreibweise:

$$\begin{aligned} \dot{z}_1 &= -\,f_0\,z_2 + \{(a_2 - f_1)\,f_0 - a_0\}\,\Omega + b_0\,u\,, \\ \dot{z}_2 &= \quad z_1 - f_1\,z_2 + \{(a_2 - f_1)\,f_1 + f_0 - a_1\}\,\Omega\,. \end{aligned} \tag{4.54}$$

Berücksichtigt man schließlich noch den Zusammenhang zwischen den Zustandsgrößen in Beobachtungsnormalform und diesen Hilfszustandsgrößen:

$$\begin{aligned} \hat{x}_{1B} &= z_1 + f_0\,\Omega\,, \\ \hat{x}_{2B} &= z_2 + f_1\,\Omega\,, \end{aligned} \tag{4.55}$$

so kann die Struktur des Zustandsbeobachters reduzierter Ordnung angegeben werden. *Bild 4-5* zeigt, daß der Beobachter die Ordnung zwei hat und lediglich die beiden unbekannten Zustandsgrößen schätzt. Die Systemgrößen des stromrichtergespeisten Gleichstromantriebs sind über Gl. (4.29) festgelegt. Um aus den Schätzwerten des reduzierten Zustandsvektors Aussagen über die physikalischen Zustandsgrößen treffen zu können, muß noch die Rücktransformation gemäß Gl. (4.18) vorgenommen werden.

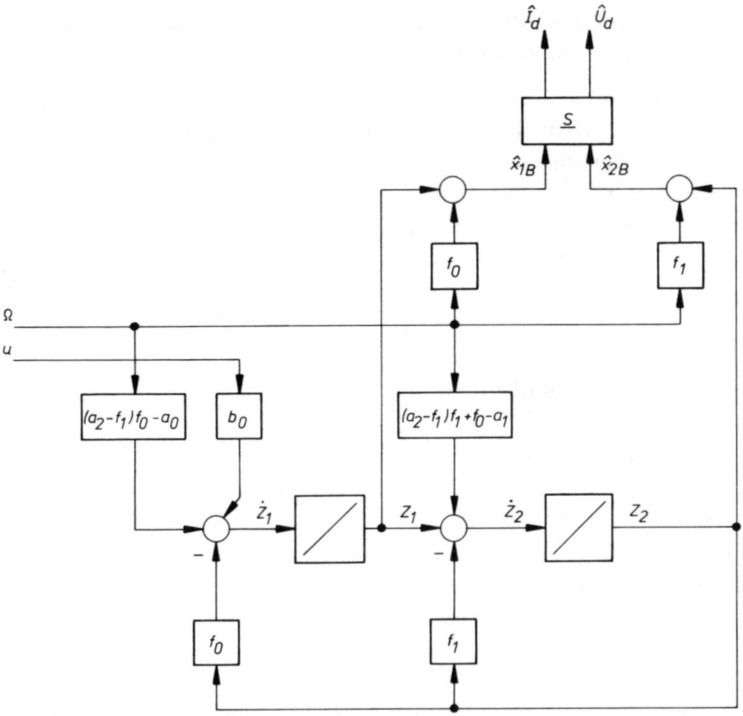

Bild 4-5. Zustandsbeobachter reduzierter Ordnung.

Werden weitere Zustandsgrößen gemessen und dem Beobachter zugeführt, so kann die Ordnung weiter reduziert werden. Vergleicht man den reduzierten Zustandsbeobachter mit dem voller Ordnung, so wird zwar eine einfachere Struktur erreicht, aber der erhöhte Rechenaufwand bei der Rücktransformation hebt diesen Vorteil praktisch wieder auf.

Bei den bisherigen Betrachtungen wurde bewußt das Lastmoment, das als Störgröße an elektrischen Antrieben angreift, als konstant angesetzt, so daß sein Einfluß bei dynamischen Betrachtungen unberücksichtigt bleiben konnte. Dadurch lag ein technisches System mit einer Eingangs- und Ausgangsgröße vor, dessen mathematische Behandlung im Zustandsraum geeignet war, die Methoden der modernen Regelungstechnik einfach und anschaulich darzustellen. Die Ergebnisse spiegeln das Führungsverhalten des stromrichtergespeisten Gleichstromantriebs wider. Dies soll auch im folgenden beim Entwurf eines Zustandsreglers für Gleichstromantriebe beibehalten werden.

Wird das Lastmoment in der Zustandsbeschreibung berücksichtigt, so ist für die Antriebspraxis der Entwurf eines Störgrößenbeobachters von Interesse, da das Lastmoment eines Antriebes in der Regel nicht gemessen werden kann. Die Kenntnis des Lastmoments in Form eines Schätzwertes bringt nämlich regelungstechnische Vorteile für die Antriebsdynamik, da der Drehzahlregler durch eine sogenannte Störgrößenaufschaltung entlastet werden kann.

4.3 Zustandsvektorrückführung

Die Aufgabe einer Zustandsvektorrückführung [3] besteht darin, das zu regelnde System von einem beliebigen Anfangszustand in endlicher Zeit in den vorgegebenen Betriebszustand zu überführen; d.h. der Ausgangsvektor soll einen bestimmten Sollvektor stationär annehmen. Der gemessene oder geschätzte Zustandsvektor wird dazu über eine Reglermatrix zurückgeführt. Im Falle von Systemen mit einer Eingangs- und Ausgangsgröße vereinfachen sich der Soll- und Ausgangsvektor zu skalaren Größen, und aus der Reglermatrix wird ein transponierter Reglervektor. Wie *Bild 4-6* zeigt, liegen Zustandsregler üblicherweise im Rückkopplungszweig, was aber für den Reglerentwurf ohne Bedeutung ist.

Die geeignete Formung des Führungsverhaltens wird einem Vorfilter (V) übertragen, das über die Beziehung:

$$V = [\boldsymbol{c}^{\mathrm{T}} (\boldsymbol{b}\,\boldsymbol{r}^{\mathrm{T}} - \boldsymbol{A})^{-1}\,\boldsymbol{b}]^{-1} \tag{4.56}$$

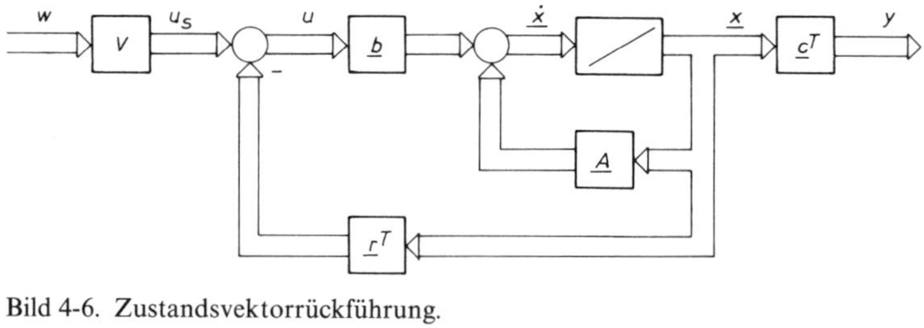

Bild 4-6. Zustandsvektorrückführung.

festgelegt wird. Bei Systemen mit mehreren Eingangs- und Ausgangsgrößen wird aus diesem Skalar eine Matrix.

Im Gegensatz zur konventionellen Regelung im Frequenzbereich werden dem Zustandsregler nach Bild 4-6 über den Zustandsvektor sämtliche Zustandsgrößen zugeführt. Welche Zustandsgröße vom Sollwert gezielt beeinflußt werden soll, wird im Vorfilter festgelegt. Der Zustandsregler ($\boldsymbol{r}^{\mathrm{T}}$) in der Zustandsvektorrückführung kann nach drei Verfahren entwickelt werden:

1. Bei der Polvorgabe werden die Pole des geschlossenen Regelkreises vorgegeben und der Reglervektor ($\boldsymbol{r}^{\mathrm{T}}$) so bestimmt, daß die Zustandsregelung diese Pole annimmt.
2. Der Entwurf auf endliche Einstellzeit (dead beat response) ist ein Sonderfall der Polvorgabe, indem sämtliche Pole eines geschlossenen Abtastregelkreises in den Nullpunkt gelegt werden.
3. Die modale Regelung eignet sich für Systeme mit mehreren Eingangsgrößen.

Am Beispiel der Polvorgabe soll im folgenden der Entwurf eines Zustandsreglers näher erläutert werden, wobei das Prinzip der Polvorgabe bereits beim Entwurf der Zustandsbeobachter angewandt wurde.

4.3.1 Reglerentwurf durch Polvorgabe

Betrachtet man die Reaktion eines dynamischen Systems auf eine Auslenkung aus der Ruhelage ($\boldsymbol{x}_0$), so darf man die Sollgröße gleich null setzen ($u_S = 0$). Diese Annahme vereinfacht den Reglerentwurf erheblich, bedeutet aber keine Einschränkung. Für die Zustandsbeschreibung des Regelkreises nach *Bild 4-7* folgt:

$$\begin{aligned} \dot{\boldsymbol{x}} &= \boldsymbol{A}\,\boldsymbol{x} + \boldsymbol{b}\,u \quad \text{System,} \\ u &= -\,\boldsymbol{r}^{\mathrm{T}} \cdot \boldsymbol{x} \quad \text{Regler,} \end{aligned} \tag{4.57}$$

bzw. durch Zusammenfassung findet man für die Zustandsdarstellung des geschlossenen Regelkreises:

$$\dot{\boldsymbol{x}} = (\boldsymbol{A} - \boldsymbol{b}\,\boldsymbol{r}^{\mathrm{T}})\,\boldsymbol{x}\,. \tag{4.58}$$

Für ein System dritter Ordnung hat der transponierte Reglervektor drei Elemente:

$$\boldsymbol{r}^{\mathrm{T}} = [r_1, r_2, r_3]\,. \tag{4.59}$$

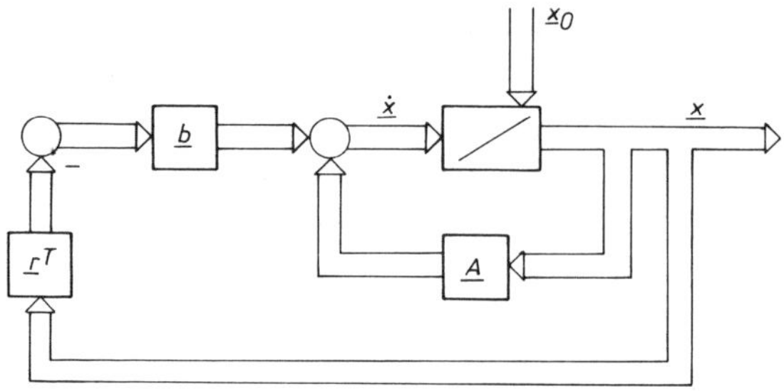

Bild 4-7. Reglerentwurf im Zustandsraum.

Durch Vorgabe der Pole (s_{R1}, s_{R2}, s_{R3}) des geschlossenen Regelkreises folgt in Analogie zu Gl. (4.39) für die Koeffizienten der charakteristischen Gleichung:

$$\begin{aligned} p_0 &= -s_{R1}\, s_{R2}\, s_{R3}\,, \\ p_1 &= s_{R1}\, s_{R2} + s_{R2}\, s_{R3} + s_{R3}\, s_{R1}\,, \\ p_2 &= -(s_{R1} + s_{R2} + s_{R3})\,. \end{aligned} \tag{4.60}$$

Setzt man diese Koeffizienten in die charakteristische Gleichung des Regelkreises ein, so erhält man eine Bestimmungsgleichung für die Elemente des Reglervektors:

$$\det[s\boldsymbol{I} - \boldsymbol{A} + \boldsymbol{b}\,\boldsymbol{r}^{\mathrm{T}}] = s^3 + p_2\, s^2 + p_1\, s + p_0\,. \tag{4.61}$$

Durch Auswerten der Determinanten findet man die gewünschten Abhängigkeiten der Reglerelemente von den Systemparametern und den Polen des geschlossenen Regelkreises. Sollte sich das dynamische Verhalten der Zustandsregelung als unbefriedigend herausstellen, so kann eine Verbesserung durch die Vorgabe neuer Pole erfolgen. Aus diesem Grunde ist es vorteilhaft, nach dem Reglerentwurf eine Simulation und Optimierung auf einem Digitalrechner durchzuführen.

Obwohl der Reglerentwurf für Sollwert Null durchgeführt wurde, gilt er auch dann, wenn eine Führungsgröße aufgeschaltet wird. Das liegt daran, daß die Auslenkung aus einer Ruhelage dynamisch den gleichen Effekt hat, wie die Vorgabe eines neuen Sollwertes.

4.3.2 Zustandsregelung eines Gleichstromantriebs

Für den stromrichtergespeisten Gleichstromantrieb mit der Steuergröße (u) und der Ausgangsgröße (Ω) folgt nach Gl. (4.61) die Determinante:

$$\det \begin{bmatrix} s + \frac{1}{T_t} + \frac{k_{SR}}{T_t} r_1 & \frac{k_{SR}}{T_t} r_2 & \frac{k_{SR}}{T_t} r_3 \\ -\frac{1}{L} & s + \frac{R}{L} & \frac{\psi}{L} \\ 0 & -\frac{\psi}{J} & s \end{bmatrix} = s^3 + p_2 s^2 + p_1 s + p_0 . \tag{4.62}$$

Die Auswertung liefert die drei Reglerkoeffizienten:

$$\begin{aligned} r_1 &= \frac{T_t}{k_{SR}} \left(p_2 - \frac{1}{T_t} - \frac{R}{L} \right), \\ r_2 &= \frac{L\,T_t}{k_{SR}} p_1 - \frac{R\,T_t}{k_{SR}} p_2 + \frac{R^2\,T_t}{k_{SR}\,L} - \frac{\psi^2\,T_t}{k_{SR}\,J}, \\ r_3 &= \frac{L\,J\,T_t}{k_{SR}\,\psi} \left(p_0 - \frac{\psi^2}{L\,J} p_2 + \frac{R\,\psi^2}{L^2\,J} \right). \end{aligned} \tag{4.63}$$

Und schließlich folgt noch nach Gl. (4.56) für das Vorfilter der Ausdruck:

$$V = \frac{\psi\,T_a\,T_M\,T_t}{k_{SR}} \cdot p_0 . \tag{4.64}$$

Die Zustandsregelung der Drehzahl eines stromrichtergespeisten Gleichstromantriebs ist in *Bild 4-8* als Strukturbild dargestellt. Die Zuordnung der einzelnen Reglerkoeffizienten zu den entsprechenden Zustandsgrößen kann aus Gl. (4.57) abgeleitet werden:

$$u = -[r_1, r_2, r_3] \cdot \begin{bmatrix} U_d \\ I_d \\ \Omega \end{bmatrix}, \tag{4.65}$$

so daß die Ankerspannung mit dem Koeffizienten r_1, der Ankerstrom mit r_2 und die Drehzahl mit r_3 rückgekoppelt werden müssen. Bei dieser Regelstruktur ist zu beachten, daß die Zustandsgrößen absolut eingesetzt werden. Veränderungen durch Sensoren und Wandler sind bei Bedarf zu berücksichtigen, wobei die Meßwerte der Sensoren auch durch die Schätzwerte eines Zustandsbeobachters ersetzt sein können.

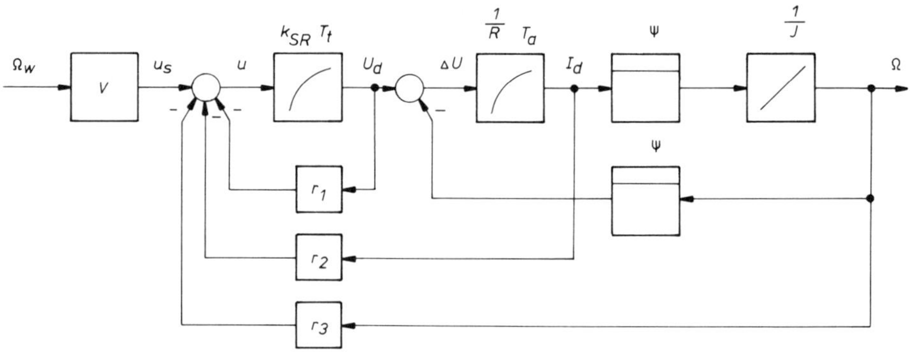

Bild 4-8. Zustandsregelung eines Gleichstromantriebs.

Wie bei den konventionellen Antriebsregelungen muß auch bei der modernen Regelung nach Bild 4-8 Linearität in den Antriebskomponenten vorausgesetzt werden, damit der Zustandsregler in allen Betriebsbereichen zufriedenstellend arbeiten kann. Dies setzt bei stromrichtergespeisten Gleichstromantrieben ein dreidimensionales Kennlinienglied für die Linearisierung des Lückbetriebs voraus (vgl. Abschn. 6.1.1.1).

Weil die Rückkopplungselemente des Zustandsreglers Proportionalverhalten haben, ist diese Zustandsregelung empfindlich gegen Parameterschwankungen der Strecke, so daß durch Modellabweichungen bleibende Regelabweichungen auftreten können. Darüber hinaus bietet die Zustandsregelung der Drehzahl nach Bild 4-8 keine Möglichkeit, bei dynamischen Vorgängen den Ankerstrom in der Gleichstrommaschine auf zulässige Werte zu begrenzen. Da die Strombegrenzung in elektrischen Antrieben aber unerläßlich ist, muß man zur Zustandsregelung mit Kaskadenstruktur [8] übergehen, d.h. einem Zustandsregler für die Drehzahl wird ein Zustandsregler für den Ankerstrom unterlagert.

Bei der Programmierung der Algorithmen müssen die Matrizengleichungen in Komponentenform angeschrieben und vorhandene Differentialgleichungen in Integralgleichungen überführt werden, die dann nach Gl. (3.39) durch eine Summenbildung angenähert werden können. Als Abtastzeit ist der Zeitabstand einzusetzen, mit dem der entsprechende Algorithmus periodisch aufgerufen wird.

Die Implementierung dieser modernen Regelverfahren in Mikroprozessorsysteme setzt voraus, daß die Beobachter- und Regelalgorithmen in Zeitabständen abgearbeitet werden, die deutlich kleiner als die zugehörigen Streckenzeitkonstanten sind, damit eine quasikontinuierliche Betrachtungsweise zulässig ist. Läßt sich diese Bedingung nicht einhalten, so liegen zeitdiskrete Regelkreise vor, die als Abtastsysteme behandelt werden müssen [32; 33].

5. Sensorlose Antriebsregelungen im Binärmode

Sensorlose Antriebsregelungen im Binärmode sind dadurch gekennzeichnet, daß erstens ausschließlich binäre Schnittstellen zwischen der Steuer- und Regeleinrichtung sowie der Regelstrecke auftreten und daß zweitens analoge Sensoren sowie analoge Signalverarbeitungselemente nicht vorhanden sind. Diese enormen Vereinfachungen werden möglich durch die Istwertbildung mit Hilfe von *Binären Beobachtern* [4], die aus den Schaltinformationen des Stellgliedes die Mittelwerte von welligen Zustandsgrößen, wie Motorströme und Motorspannungen, berechnen.

Bild 5-1 zeigt die Struktur einer sensorlosen Antriebsregelung in allgemeiner Form, wobei je nach Stromrichtertyp eine oder mehrere der binären Schaltinformationen rückgekoppelt werden. Die positiven Eigenschaften binärer Schnittstellen bestehen darin, daß sie rechnerfreundlich sind und eine galvanische Trennung mit einfachsten Mitteln ermöglichen. Dies ist gerade bei elektrischen Antrieben von großem Vorteil. Da die Stromrichterstellglieder auf hohem Potential arbeiten, muß aus Sicherheitsgründen immer eine Potentialtrennung zwischen Mikro- und Leistungselektronik stattfinden. Der Informationsgehalt der binären Stromrichtersignale läßt sich über programmierbare Zählerbausteine auswerten, so daß die zugehörigen Aussteuerwinkel im Mikroprozessorsystem als digitale Zahlenwerte zur Verfügung stehen.

Herzstück der sensorlosen Antriebsregelungen ist eine Beobachterkaskade, bestehend aus einem Binären Beobachter für die elektrischen Zustandsgrößen und einem Zustandsbeobachter für die mechanischen Zustandsgrößen, so daß der komplette Zustandsvektor ausschließlich von Beobachtern gebildet wird. Die Drehzahl- und Stromregelung kann entweder konventionell im Frequenzbereich oder modern im Zustandsraum erfolgen. Die Umschaltlogik zur Realisierung des Vierquadrantenbetriebs, die Linearisierungsstufe und die Zündimpulserzeugung gehören ebenfalls in diesen Steuer- und Regelblock. Durch die Implementierung in ein Microcomputersystem können über einen bidirektionalen

Datenverkehr sowohl Soll- und Grenzwerte angenommen als auch aktuelle Prozeßdaten rückgemeldet werden. Diese Möglichkeit ist insbesondere in der Prozeßautomatisieurng von Bedeutung, da die Prozeßführung verfeinert und die Stillstandszeit bei Störungen durch eine gezielte Fehleranalyse verkürzt werden kann.

Weil in sensorlosen Antriebsregelungen keine analogen Prozeßgrößen mehr zu erfassen, zu wandeln und zu verarbeiten sind, ist der Hardwareaufwand für die Realisierung dieser Regelstrategie äußerst gering, so daß sich ihr Einsatz in der *Low-Cost-Automatisierung* anbietet. Eine Verknüpfung der sensorlosen Antriebsregelungen mit den konventionellen bzw. modernen Antriebsregelungen gestattet, die redundante Regelung elektrischer Antriebe, wie sie in einigen Anwendungsbereichen aus Sicherheitsgründen vorgeschrieben ist. Ferner können die Schätzwerte der Binären Beobachter zur Überwachung und für Schutzfunktionen herangezogen werden.

Für die Genauigkeit sensorloser Antriebsregelungen sind in erster Linie die beiden Beobachter verantwortlich, wobei in Zustandsbeobachtern

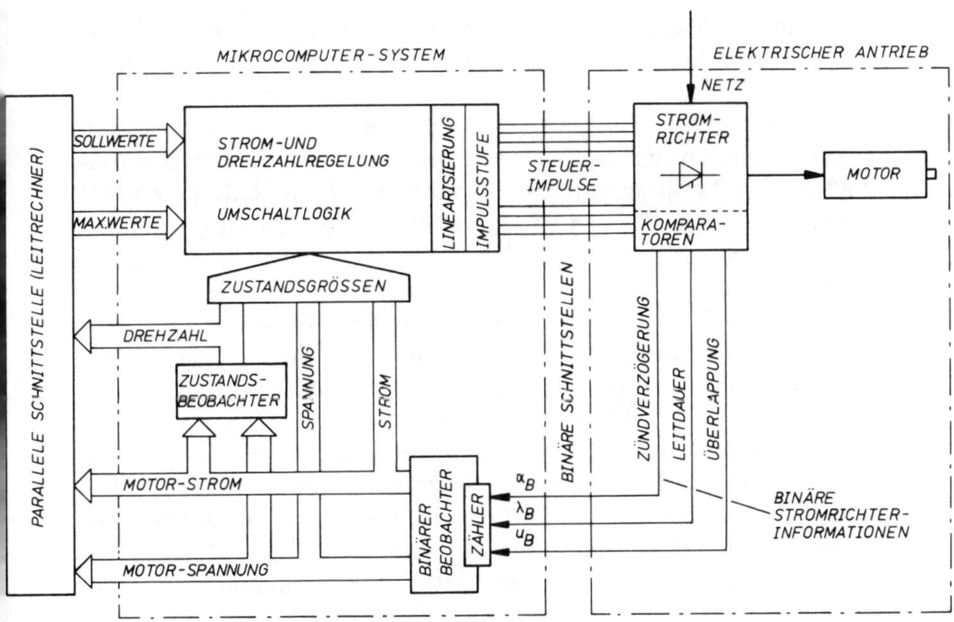

Bild 5-1. Sensorlose Regelung elektrischer Antriebe.

temperaturabhängige Modellfehler auftreten und in Binären Beobachtern Spannungsschwankungen Grenzen vorgeben. Durch diesen Genauigkeitsverlust infolge Istwertschätzung werden die Einsatzmöglichkeiten begrenzt; d. h. sensorlose Antriebsregelungen können überall dort vorteilhaft eingesetzt werden, wo an die dynamischen Eigenschaften des Antriebs keine allzu hohen Anforderungen gestellt werden und geringe stationäre Abweichungen vom Sollwert in Kauf genommen werden können. Dies trifft für eine ganze Reihe von Anwendungen zu, insbesondere auch dort, wo sensorlosen Regelkreisen weitere sensorbehaftete Regelkreise (z. B. Lageregelungen) überlagert werden. Auf die stationäre und dynamische Genauigkeit Binärer Beobachter wird an Hand konkreter Antriebsbeispiele in den folgenden Abschnitten noch näher eingegangen und zwar, wenn die entsprechenden Beobachtergleichungen zur Verfügung stehen.

Bevor der Entwurf Binärer Beobachter durchgeführt wird, sollen noch einige wichtige Aspekte bezüglich der Wirkungsweise und Klassifizierung von Stromrichterstellgliedern [2] erläutert werden. Im Interesse hoher Wirkungsgrade arbeiten alle Stromrichter im Schaltbetrieb. Fließt ein Strom durch ein Halbleiterventil, so ist die Spannung am Ventil praktisch Null (Leitphase). Fällt eine Spannung am Ventil ab, so fließt kein Strom (Sperrphase). Damit bleibt die Verlustleistung in den Ventilen gering und der Wirkungsgrad des Stromrichters groß. Der Mittelwert der Stromrichterausgangsgrößen wird durch periodisches Ein- und Ausschalten der Leistungshalbleiter kontinuierlich verändert, weshalb Stromrichterstellglieder den Charakter eines Digital/Analog-Wandlers haben. Der Schaltzustand der Ventile kann durch charakteristische Stromrichtergrößen beschrieben werden, die in *Bild 5-2* für die drei wichtigsten Stromrichtergruppen angegeben sind. Im Falle der netzgeführten Stromrichter sind dies drei Variable, nämlich der Steuerwinkel (α), der Stromflußwinkel (λ) sowie die Überlappung (u), wobei α und λ den Lückbetrieb und α und u den nichtlückenden Betrieb des Stromrichters abdecken. Im Gegensatz hierzu arbeiten kommutierungslose Stromrichter ausschließlich im Lückbetrieb. Da Kommutierungen definitionsgemäß nicht auftreten dürfen, sind hier die beiden Variablen Steuerwinkel (α) und Stromflußwinkel (λ) für die Beschreibung des Stromrichters ausreichend. Die Gruppe der selbstgeführten oder zwangskommutierten Stromrichterschaltungen enthält löschfähige Leistungshalbleiter, die den Stromfluß zu beliebigen Zeitpunkten ein- und ausschalten können. Da-

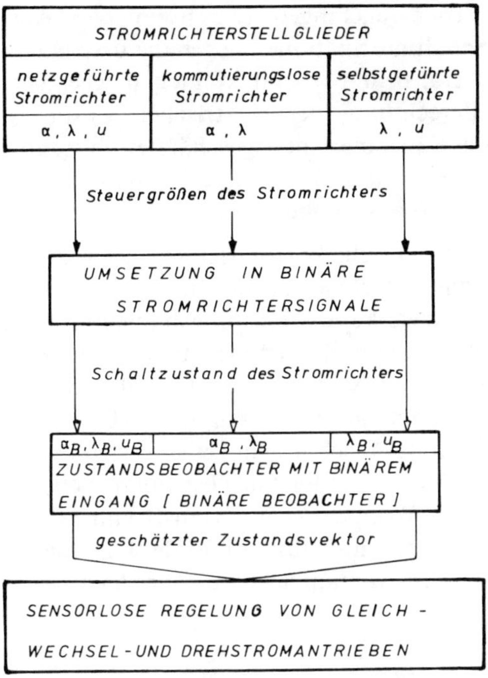

Bild 5-2. Binäre Beobachter in Stromrichterantrieben.

durch entfällt jegliche Abhängigkeit bezüglich Aussteuergrenzen durch das speisende Netz, weshalb in selbstgeführten Stromrichtern der Steuerwinkel (α) nicht existiert.

Alle drei charakteristischen Stromrichtergrößen entsprechen elektrischen Winkeln, wobei der Steuerwinkel (α) angibt, wie lange die Zündung gegenüber dem natürlichen Zündzeitpunkt verzögert wird. Der Stromflußwinkel (λ) zeigt an, mit welcher Leitdauer die Ventile arbeiten, und der Überlappungswinkel (u) sagt aus, in welcher Zeitspanne die Kommutierungsvorgänge ablaufen. Da sich die Schaltvorgänge in Stromrichtern fortlaufend wiederholen, sind α, λ und u periodische Variable, die sich durch binäre, pulsbreitenmodulierte Signale (α_B, λ_B, u_B) darstellen lassen. Das heißt solange die Zündung verzögert wird, bleibt α_B auf logisch Eins; solange ein Strom fließt, bleibt λ_B auf logisch Eins; und solange ein Kommutierungsvorgang stattfindet, geht u_B auf logisch Eins. Auf dieser Informationsgewinnung durch binäre Signale basiert die

Innovation der sensorlosen Antriebsregelungen. Durch einfaches Auszählen der einzelnen binären Schaltinformationen liegen die ursprünglichen Winkel bereits in digitaler Form vor und können in geeignete Beobachteralgorithmen zur Berechnung der elektrischen Zustandsgrößen direkt eingesetzt werden. Führt man diese geschätzten Zustandsgrößen den Reglern als Istwertersatz zu, so liegt die senorlose Regelung von Gleich-, Wechsel- und Drehstromantrieben vor.

Das prinzipielle Zusammenwirken zwischen Stromrichterantrieben und Binären Beobachtern ist in *Bild 5-3* etwas ausführlicher dargestellt. Stromrichter sind elektrische Netzwerke aus Leistungshalbleitern, wie z. B. Thyristoren, Leistungstransistoren und Leistungsdioden, die wegen ihres Schaltbetriebs symbolisch durch Schalter ersetzt werden dürfen. Die Stromrichterventile schalten nämlich die Eingangsseite (Leistungseinspeisung) periodisch für bestimmte Abschnitte auf eine Ausgangsseite (Lastkreis). Im Falle des stromrichtergespeisten Gleichstromantriebs besteht die Eingangsseite aus dem Wechsel- bzw. Drehstromnetz, der Stromrichter aus einer Thyristorbrückenschaltung und die Last aus einer Gleichstrommaschine. Bei Drehstromantrieben entspricht die Ein-

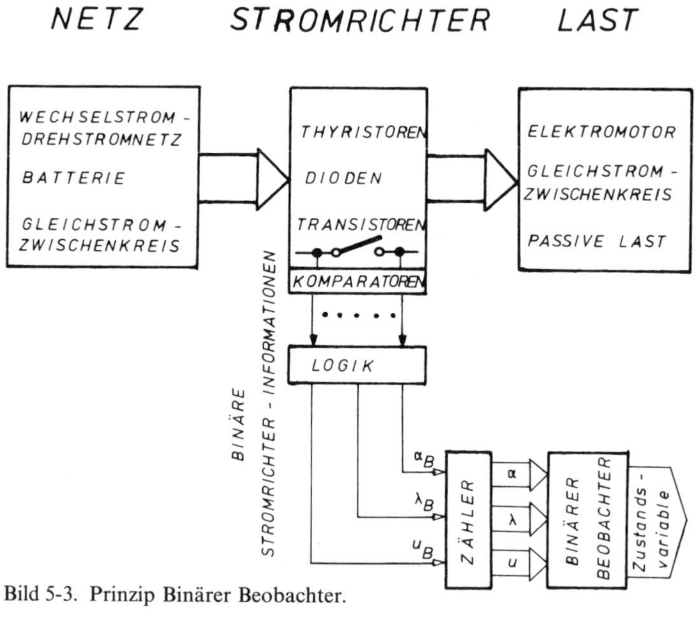

Bild 5-3. Prinzip Binärer Beobachter.

gangsseite einer Batterie oder einem Gleichstromzwischenkreis, der Stromrichter z. B einem transistorisierten Wechselrichter und die Last einer Drehstromasynchronmaschine.

Der Schaltzustand des betreffenden Stromrichters kann direkt aus den Sperrspannungen der Ventile mit Hilfe von Komparatoren generiert werden. Solche Komparatoren sind im einfachsten Fall aus schnellen Optokopplern aufgebaut, so daß eine galvanische Trennung zwischen Mikro- und Leistungselektronik automatisch gegeben ist. Verknüpft man sämtliche Schaltzustände der einzelnen Ventile über eine einfache Logik, so können die erforderlichen binären Stromrichterinformationen gewonnen werden. Eine Oder-Verknüpfung aller Zündimpulse bzw. Leitdauern liefert das binäre Signal α_B bzw. λ_B. Die Und-Verknüpfung der Leitdauern jeweils zweier miteinander kommutierender Ventile ergibt das binäre Signal u_B. Wie bereits erwähnt, kann die Digitalisierung dieser pulsbreitenmodulierten, binären Signale mit freiprogrammierbaren 16-bit-Zählerbausteinen erfolgen, so daß eine hohe Auflösung der charakteristischen Stromrichtergrößen in digitaler Form gewährleistet ist. Diese einfache Erzeugung von digitalen Prozeßgrößen für die rechnerorientierte Signalverarbeitung ist ein großer Vorteil gegenüber den sensorbehafteten Methoden. Mit Hilfe geeigneter Algorithmen berechnen Binäre Beobachter die elektrischen Zustandsgrößen des Lastkreises, so daß deren Messung und Analog/Digital-Wandlung überflüssig wird. Dabei werden die Sensoren der konventionellen Messung durch Komparatoren und die A/D-Wandler durch Zähler ersetzt.

Das dynamische Verhalten Binärer Beobachter kann durch ein Verzögerungsglied erster Ordnung beschrieben werden, wobei die Zeitkonstante durch die Erfassung der binären Eingangsinformationen bestimmt wird und im Falle elektrischer Antriebe in der Größenordnung der Stromrichtertotzeit liegt. Damit weisen Binäre Beobachter die gleiche Dynamik auf wie die Istwerterfassung mit Sensoren plus der zugehörigen Istwertglättung, so daß der Einsatz Binärer Beobachter für das Strukturbild und den Reglerentwurf keinerlei Veränderungen mit sich bringt.

5.1 Entwurf Binärer Beobachter

Das Ziel beim Entwurf Binärer Beobachter muß es sein, Beschreibungsfunktionen für die Mittelwerte von welligen Zustandsgrößen zu finden;

unabhängige Variable sollen die charakteristischen Stromrichtergrößen sein. Die Herleitung der Beobachterfunktionen für die arithmetischen Mittelwerte (Gleichanteile) und die effektiven Mittelwerte (Grund- und Oberschwingungen) der periodischen Zustandsgrößen in Stromrichtern erfolgt zweckmäßigerweise mit Hilfe der Fourier-Transformation bzw. Fourier-Reihenentwicklung [9]. Dabei finden die charakteristischen Stromrichtergrößen über die Funktionsbeschreibung und die Integrationsgrenzen Zugang zu den endgültigen Beobachterfunktionen.

Da die Stromrichterstellglieder die Eingangsspannung ausschnittsweise auf den Ausgang schalten, ist der zeitliche Verlauf der Stromrichterausgangsspannung in allen Abschnitten einer Periode bekannt, so daß das Spektrum der welligen Ausgangsspannung für jeden Stromrichter durch eine *Harmonische Analyse* berechnet werden kann. Über die elektrischen Gegebenheiten auf der Ausgangsseite können aus dem Spannungsspektrum in der Regel die Spektren der Motorströme und Netzströme abgeleitet werden.

Die Besonderheit der Binären Beobachter besteht nun darin, daß sie die für die Regelung erforderlichen Teile des Spektrums ohne analoge Zwischenschritte berechnen, indem sie ein Fenster über eine bekannte Zeitfunktion legen, dessen Lage und Breite durch den beobachteten Prozeß ständig verändert werden. Eine weitere positive Eigenschaft liegt darin, daß sich die Beobachterfunktionen graphisch darstellen lassen. Damit kann jede beliebige Zustandsgröße des Spektrums als dreidimensionale Graphik aufgetragen werden, wodurch zum einen die komplizierten Beobachterfunktionen transparenter und verständlicher werden und man zum anderen einen tiefen Einblick in das Systemverhalten der Stromrichter erhält.

Um die beobachteten Zustandsgrößen als Istwertersatz verwenden zu können, muß die Bearbeitungszeit der Beobachteralgorithmen deutlich unter der Totzeit des betreffenden Stromrichters liegen, d.h. im Bereich von einigen Mikrosekunden bis zu einer Millisekunde. Dies läßt sich mit 8-bit-Mikroprozessoren jedoch in den seltensten Fällen erreichen, so daß Binäre Beobachter wegen ihres hohen Rechenaufwandes von vornherein auf 16-bit-Prozessoren abgesetzt werden sollten.

5.1.1 Spektrum periodischer, pulsbreitenmodulierter Zustandsgrößen

Periodische Vorgänge treten in vielen Bereichen der Physik, Biologie und Technik auf; z. B. das Pendeln einer Uhr, der rhythmische Schlag des Herzens oder das Oszillieren elektrischer Schwingkreise. Charakteristisches Merkmal eines periodischen Funktionsablaufs ist die Wiederkehr der Funktionswerte nach der Periodendauer (T):

$$f(t+T) = f(t). \tag{5.1}$$

Für die Periodendauer einer solchen Funktion definiert man den Zusammenhang:

$$T = \frac{2\pi}{\omega_1}. \tag{5.2}$$

Somit kann Gl. (5.1) auch im Winkelmaß dargestellt werden, wobei ω_1 als Kreisfrequenz der Grundschwingung oder kurz als Grundfrequenz bezeichnet wird:

$$f(\omega_1 t + \omega_1 T) = f(\omega_1 t). \tag{5.3}$$

Abgesehen von der Periodizität dürfen diese Funktionen ansonsten einen beliebigen Verlauf aufweisen; man spricht deshalb von periodischen, nichtsinusförmigen Funktionen. Dies trifft bei allen Stromrichterstellgliedern in besonderem Maße zu, da die Zündzeitpunkte im stationären Betrieb äquidistant sind und der Schaltbetrieb stark verzerrte Kurvenverläufe hervorruft. Darüber hinaus erfolgt in elektrischen Antrieben eine Anpassung an den Energiebedarf über die Leitdauer (Tastverhältnis) der Ventile, so daß die elektrischen Zustandsgrößen in Stromrichterantrieben periodisch, nichtsinusförmig und pulsbreitenmoduliert sind.

Für die mathematische Behandlung zerlegt man die Beschreibungsfunktionen periodischer Vorgänge nach Gl. (5.3) in einen Gleichanteil, in eine sinusförmige Grundschwingung mit der Frequenz ω_1 und in sinusförmige Oberschwingungen mit Vielfachen der Grundfrequenz, d. h. man setzt eine sogenannte Fourierreihe [10] an:

$$f(\omega_1 t) = \frac{a_0}{2} + \sum_{m=1}^{\infty} \{a_m \cos(m\,\omega_1 t) + b_m \sin(m\,\omega_1 t)\}. \tag{5.4}$$

In Anlehnung an den Begriff der harmonischen Obertöne in der Akustik bezeichnet man eine Schwingung der Form:

$$g_m(\omega_1 t) = a_m \cos(m\,\omega_1 t) + b_m \sin(m\,\omega_1 t) \tag{5.5}$$

als die $(m-1)$-te harmonische Oberschwingung zur Grundschwingung $(m=1)$, wobei die Grundschwingung und die Oberschwingungen in ihrer Gesamtheit die Harmonischen einer periodischen Funktion darstellen. Häufig wird deshalb auch die $(m-1)$-te Oberschwingung als die m-te Harmonische und die Grundschwingung als die erste Harmonische bezeichnet. Für Gl. (5.4) darf somit vereinfacht geschrieben werden:

$$f(\omega_1 t) = \frac{a_0}{2} + g_1(\omega_1 t) + \sum_{m=2}^{\infty} g_{\mathrm{m}}(m\,\omega_1 t)\,. \tag{5.6}$$

Die Fourierreihe der Funktion $f(\omega_1 t)$ setzt sich aus einem Gleichanteil $(a_0/2)$, einer Grundschwingung $g_1(\omega_1 t)$ und harmonischen Oberschwingungen $g_{\mathrm{m}}(m\,\omega_1 t)$ für $m \geq 2$ durch Superposition zusammen.

Zum besseren Verständnis sei daran erinnert, daß bei einer ideal glatten Gleichspannung nur der Gleichanteil auftritt und bei einer ideal sinusförmigen Wechselspannung nur die Grundschwingung vorhanden ist. Je stärker ein periodischer Kurvenverlauf von diesen beiden Sonderfällen abweicht, desto größer wird der Einfluß der Oberschwingungen. Betrachtet man den rechteckförmigen Verlauf einer zerhackten Gleichspannung, so treten neben einem Gleichanteil und einer Grundschwingung sämtliche Oberschwingungen auf, wobei die Amplituden umgekehrt proportional zur Ordnungszahl abnehmen, d.h. die 50. Harmonische (49. Oberschwingung) ist mit zwei Prozent der Grundschwingung im Spektrum vorhanden.

Bei einer harmonischen Analyse nach Gl. (5.6) muß vorausgesetzt werden, daß der Verlauf der periodischen Funktion bekannt ist bzw. durch eine Näherung möglichst genau beschrieben werden kann. Außerdem ist eine Reihendarstellung nur dann möglich, wenn die Funktion innerhalb einer Periode nur endlich viele Ecken und endlich viele Sprungstellen im Verlauf aufweist. Das heißt, der Funktionsverlauf und dessen Ableitung müssen stückweise stetig sein, damit die Konvergenz der Reihe sichergestellt ist. Ferner treten bei der Berechnung der Fourierkoeffizienten a_{m} und b_{m} Integrale auf, deren Existenz vorausgesetzt werden muß. Da die Koeffizienten unter einem Summenzeichen stehen, ergibt sich außerdem die Bedingung, daß die Fourierreihe gliedweise integriert werden darf, d.h. daß das Integral über die Summe gleich der Summe über die Integrale ist.

Eine Beschreibungsfunktion für die Berechnung der Fourierkoeffizienten erhält man, indem man die Zeitfunktion nach Gl. (5.4) mit $\cos(m\,\omega_1 t)$

bzw. $\sin(m\,\omega_1\,t)$ multipliziert und beide Seiten über die Periode von $-\pi$ bis $+\pi$ integriert. Für den Koeffizienten a_m ergibt sich die Beziehung:

$$\int_{-\pi}^{+\pi} f(\omega_1\,t)\cos(m\,\omega_1\,t)\,d\omega_1\,t = \frac{a_0}{2}\int_{-\pi}^{+\pi}\cos(m\,\omega_1\,t)\,d\omega_1\,t + \tag{5.7}$$

$$+\sum_{m=1}^{\infty}\left\{a_m\int_{-\pi}^{+\pi}\cos^2(m\,\omega_1\,t)\,d\omega_1\,t + b_m\int_{-\pi}^{+\pi}\sin(m\,\omega_1\,t)\cos(m\,\omega_1\,t)\,d\omega_1\,t\right\}.$$

Wertet man diesen Ausdruck aus, so folgt der Zusammenhang:

$$a_m = \frac{1}{\pi}\int_{-\pi}^{+\pi} f(\omega_1\,t)\cos(m\,\omega_1\,t)\,d\omega_1\,t\,. \tag{5.8}$$

Analog findet man den Koeffizienten b_m. Wird noch die Periodendauer durch Gl. (5.2) ersetzt, so erhält man die bekannten Ausdrücke:

$$\begin{aligned} a_m &= \frac{1}{\pi}\int_0^{\omega_1 T} f(\omega_1\,t)\cos(m\,\omega_1\,t)\,d\omega_1\,t\,; \quad m = 0, 1, 2, \ldots \infty,\\ b_m &= \frac{1}{\pi}\int_0^{\omega_1 T} f(\omega_1\,t)\sin(m\,\omega_1\,t)\,d\omega_1\,t\,; \quad m = 1, 2, 3, \ldots \infty. \end{aligned} \tag{5.9}$$

Bevor man diese Koeffizienten in den Entwurf Binärer Beobachter einbringen kann, muß noch berücksichtigt werden, daß in Stromrichterstellgliedern sehr viele Schaltvorgänge während einer Periode auftreten können; insbesondere in zwangskommutierten Stromrichterschaltungen und in Direktumrichtern. Damit ergeben sich entsprechend viele Abschnitte, die die Funktion $f(\omega_1\,t)$ beschreiben:

$$f(\omega_1\,t) = \begin{cases} f_1(\omega_1\,t; \alpha_1, \lambda_1, u_1) & \text{im Bereich } 0 \le \omega_1\,t \le x_1\\ f_2(\omega_1\,t; \alpha_2, \lambda_2, u_2) & \text{im Bereich } x_1 \le \omega_1\,t \le x_2\\ \vdots & \qquad\quad \vdots \quad \vdots \qquad \vdots\\ f_j(\omega_1\,t; \alpha_j, \lambda_j, u_j) & \text{im Bereich } x_{j-1} \le \omega_1\,t \le x_j \end{cases} \tag{5.10}$$

Hierbei ist j die Anzahl der Intervalle, in die die Periode ($x_j = \omega_1\,T = 2\,\pi$) auf Grund des Kurvenverlaufs aufgeteilt wird. Die Parameter α_j, λ_j und u_j (Zündverzögerung, Leitdauer und Überlappung) sind die Aussteuergrößen der Stromrichterventile in dem entsprechenden Intervall. Setzt sich der zeitliche Verlauf einer periodischen Funktion aus mehreren Abschnitten zusammen, so spalten sich auch die Fourierkoeffizienten in mehrere Teilkoeffizienten auf:

$$a_m = \frac{1}{\pi} \int_0^{x_1} f_1(\omega_1 t; \alpha_1, \lambda_1, u_1) \cos(m\,\omega_1 t)\, d\omega_1 t + \\ + \frac{1}{\pi} \int_{x_1}^{x_2} f_2(\omega_1 t; \alpha_2, \lambda_2, u_2) \cos(m\,\omega_1 t)\, d\omega_1 t + \ldots + \\ + \frac{1}{\pi} \int_{x_{j-1}}^{x_j} f_j(\omega_1 t; \alpha_j, \lambda_j, u_j) \cos(m\,\omega_1 t)\, d\omega_1 t, \tag{5.11}$$

bzw. abgekürzt:

$$a_m = a_{m1} + a_{m2} + \ldots + a_{mj}. \tag{5.12}$$

Entsprechend muß auch der Fourierkoeffizient b_m in seine Teilkoeffizienten der verschiedenen Intervalle aufgespalten werden:

$$b_m = \frac{1}{\pi} \int_0^{x_1} f_1(\omega_1 t; \alpha_1, \lambda_1, u_1) \sin(m\,\omega_1 t)\, d\omega_1 t + \\ + \frac{1}{\pi} \int_{x_1}^{x_2} f_2(\omega_1 t; \alpha_2, \lambda_2, u_2) \sin(m\,\omega_1 t)\, d\omega_1 t + \ldots + \\ + \frac{1}{\pi} \int_{x_{j-1}}^{x_j} f_j(\omega_1 t; \alpha_j, \lambda_j, u_j) \sin(m\,\omega_1 t)\, d\omega_1 t, \tag{5.13}$$

bzw. abgekürzt:

$$b_m = b_{m1} + b_{m2} + \ldots + b_{mj}. \tag{5.14}$$

Mit Hilfe dieser Zusammenhänge lassen sich die Beobachtergleichungen für wellige Ströme und Spannungen dann herleiten, wenn man noch einige spezielle Definitionen für die elektrische Energietechnik einführt. Diese sind für den Entwurf Binärer Beobachter deshalb wichtig, da der Beobachter nicht die Fourierkoeffizienten selbst, sondern Mittelwerte an die Regler als Istwertersatz abgeben muß.

5.1.2 Mittelwerte welliger Zustandsgrößen

Bei der Betrachtung der Spektren von periodischen, nichtsinusförmigen Strömen und Spannungen [11], sogenannten Mischgrößen, sind in der elektrischen Energietechnik ausschließlich die Effektivwerte (F_m) der Harmonischen sowie eventuell vorhandene Gleichanteile (F_0) von Interesse. Darum bringt man die Fourierreihe nach Gl. (5.4) zweckmäßigerweise auf die Form:

$$f(\omega_1 t) = F_0 + \sum_{m=1}^{\infty} \sqrt{2}\, F_m \cos(m\,\omega_1 t + \varphi_m)\,. \tag{5.15}$$

Ein Vergleich dieser beiden gleichwertigen Darstellungsformen liefert einen Zusammenhang zwischen den Fourierkoeffizienten und den Mittelwerten der elektrischen Zustandsgrößen:

$$F_0 = \frac{a_0}{2} \qquad \text{Gleichanteil,} \tag{5.16}$$

$$F_m = \sqrt{\frac{a_m^2 + b_m^2}{2}} \qquad \text{Effektivwert des Harmonischen,} \tag{5.17}$$

$$\varphi_m = -\operatorname{arctg}\left(\frac{b_m}{a_m}\right) \qquad \text{Phasenverschiebung,} \tag{5.18}$$

$$m = 1, 2, 3, \ldots \infty \qquad \text{Ordnungszahl.} \tag{5.19}$$

Über die Fourierkoeffizienten, die von den charakteristischen Stromrichtergrößen (α, λ, u) abhängen, bieten Gl. (5.16) und (5.17) die Möglichkeit, sämtliche Mittelwerte von welligen Zustandsgrößen ohne deren Messung zu bestimmen. Da die charakteristischen Stromrichtergrößen sich wiederum aus binären Signalen gewinnen lassen, sollen die Gleichungen für Mittelwerte und Gleichanteile in Verbindung mit den Gl. (5.12) und (5.14) als Zustandsbeobachter mit binären Eingangsgrößen oder kurz als *Binäre Beobachter* bezeichnet werden. Je nachdem, ob der Entwurf für eine Spannung oder einen Strom durchgeführt werden soll, sind die Bezeichnungen $f(\omega_1 t)$, F_0, F_m durch $u(\omega_1 t)$, U_0, U_m bzw. durch $i(\omega_1 t)$, I_0, I_m zu ersetzen.

Somit gliedert sich der Entwurf Binärer Beobachter in drei Schritte:

1. Beschreibung des zeitlichen Verlaufs von welligen Zustandsgrößen in allen Intervallen einer Periode gemäß Gl. (5.10). Dabei dürfen sowohl in den Teilfunktionen als auch in den Intervallgrenzen charakteristische Systemgrößen auftauchen.
2. Berechnung der Fourierkoeffizienten gemäß Gl. (5.11) und (5.13). Es gilt die Besonderheit, daß die Ordnungszahl $m = 0$ nur für den Koeffizienten a_0 einen Wert ungleich null liefert.
3. Einsetzen der Fourierkoeffizienten in die Gleichungen für Mittel-

werte. Für arithmetische Mittelwerte (Gleichanteile) gemäß Gl. (5.16) und für effektive Mittelwerte (Harmonische) gemäß Gl. (5.17).

Die so gewonnenen Beobachterfunktionen gestatten die sensorlose Istwertbildung der elektrischen Zustandsgrößen eines Antriebs. Der Entwurf Binärer Beobachter wird im folgenden für die verschiedenen Stromrichtervarianten noch ausführlich durchgeführt und diskutiert werden.

Selbstverständlich kann auch ein Binärer Beobachter für die Phasenverschiebung der Harmonischen zur Grundperiode gemäß Gl. (5.18) angegeben werden, wenn diese Systemgröße für die Prozeßführung von Interesse ist. Aus den Gl. (5.16) und (5.17) resultieren weitere nützliche Definitionen, für die bei Bedarf ebenfalls ein Binärer Beobachter angesetzt werden kann:

$$F = \sqrt{F_0^2 + \sum_{m=1}^{\infty} F_m^2} \quad \text{Gesamter Effektivwert von Mischgrößen;} \tag{5.20}$$

bzw. der Sonderfall ($F_0 = 0$):

$$F = \sqrt{\sum_{m=1}^{\infty} F_m^2} \quad \text{Gesamter Effektivwert von Wechselgrößen;} \tag{5.21}$$

$$g = \frac{F_1}{F} \quad \text{Grundschwingungsgehalt;} \tag{5.22}$$

$$k = \sqrt{1 - g^2} \quad \text{Oberschwingungsgehalt (Klirrfaktor);} \tag{5.23}$$

$$w = \frac{F}{F_0} \quad \text{Welligkeit.} \tag{5.24}$$

Betrachtet man die in elektrischen Antrieben umgesetzte Leistung bei nichtsinusförmigen Strom- und Spannungsverläufen [11], so muß man von den Fourierreihen für Strom und Spannung gemäß Gl. (5.15) ausgehen:

$$\begin{aligned} u(\omega_1 t) &= U_0 + \sum_{k=1}^{\infty} \sqrt{2}\, U_k \cos(k\,\omega_1 t + \varphi_k), \\ i(\omega_1 t) &= I_0 + \sum_{e=1}^{\infty} \sqrt{2}\, I_e \cos(e\,\omega_1 t + \varphi_e). \end{aligned} \tag{5.25}$$

Das Spektrum der Leistung erhält man durch Multiplikation der beiden Einzelspektren, so daß für die Augenblickswerte der Leistung folgt:

$$
\begin{aligned}
p(\omega_1 t) = {} & U_0 I_0 + \sum_{e=k=1}^{\infty} U_k I_e \cos(\varphi_k - \varphi_e) + \\
& + U_0 \sum_{e=1}^{\infty} \sqrt{2}\, I_e \cos(e\,\omega_1 t + \varphi_e) + I_0 \sum_{k=1}^{\infty} \sqrt{2}\, U_k \cos(k\,\omega_1 t + \varphi_k) + \\
& + \sum_{k=1}^{\infty} \sum_{e=1}^{\infty} U_k I_e \cos\{(k+e)\,\omega_1 t + \varphi_k + \varphi_e\} + \\
& + \sum_{\substack{k=1 \\ (k=e)}}^{\infty} \sum_{e=1}^{\infty} U_k I_e \cos\{(k-e)\,\omega_1 t + \varphi_k - \varphi_e\} .
\end{aligned}
\tag{5.26}
$$

Das Produkt der Gleichanteile von Strom und Spannung ist eine Wirkleistung, die sogenannte Gleichleistung. Die erste Summe enthält nur diejenigen Summanden, bei denen $e = k$ ist und stellt eine Wirkleistung dar, wobei der Anteil $e = k = 1$ die Grundschwingungsleistung und die Anteile $e = k = 2, 3, 4 \ldots$ die Oberschwingungsleistung bilden. Die restlichen Summen geben die schwingende Leistung an. Damit können auch für die einzelnen Anteile des Leistungsspektrums Binäre Beobachter angesetzt werden, so daß die sensorlose Bestimmung der aktuellen Leistung eines Antriebs ebenfalls möglich ist.

5.2 Vergleich von Binären Beobachtern und Zustandsbeobachtern

Die Zustandsbeobachter der modernen Regelungstechnik schätzen den Zustandsvektor eines dynamischen Systems in Abhängigkeit von den Systemmatrizen sowie den Steuer- und Ausgangsvektoren (vgl. Abschn. 4.2). Um das dynamische System mit gewöhnlichen Gleichungen und Differentialgleichungen beschreiben zu können, müssen in der Regel Vereinfachungen eingeführt werden, die die Nichtlinearitäten und Zeitvarianz näherungsweise berücksichtigen. Dies führt zwangsläufig zu Modellfehlern, die die Genauigkeit des Beobachters festlegen. Im Falle der elektrischen Antriebe treten sowohl im Stromrichter als auch in der Maschine z. T. erhebliche Nichtlinearitäten und zeitabhängige Temperatureinflüsse auf, so daß der Entwurf von Zustandsbeobachtern nur in Verbindung mit geeigneten Kompensationseinrichtungen sinnvoll ist [12]. Eine zuverlässige und exakte Beobachtung von Motorströmen und Motorspannungen ist mit Zustandsbeobachtern nicht möglich.

Darüber hinaus müssen in Zustandsbeobachtern die analogen Steuer- und Ausgangsgrößen mit Sensoren gemessen und durch eine analoge

Schnittstelle digitalisiert werden. Wegen der Welligkeit der Meßgrößen in Stromrichterantrieben muß diese Schnittstelle aus einem Multiplexer, Abtast-Halteglied (S & H), Analog/Digital-Wandler (ADC) sowie einer Mittelwertbildung bestehen. Führt man dem Zustandsbeobachter nach *Bild 5-4* die Spannung und den Strom einer elektrischen Maschine zu, so kann er Schätzwerte für die Drehzahl liefern, weshalb man solche Beobachter auch als Drehzahlbeobachter bezeichnet.

Vergleicht man die Merkmale der Zustandsbeobachter mit der Wirkungsweise der Binären Beobachter gemäß Bild 5-4, so fällt auf, daß den Sensoren auf der einen Seite einfache Komparatoren auf der anderen Seite gegenüberstehen. Während die analogen Sensorsignale über eine aufwendige Schnittstelle digitalisiert werden müssen, kann dies bei den binären Komparatorsignalen durch preiswerte Zählerbausteine erfolgen. Nichtlinearitäten im Stellglied und der Strecke werden beim Entwurf Binärer Beobachter voll berücksichtigt und stellen keinerlei Probleme dar, so daß die Beobachterfunktionen selbst stark nichtlinear sind. Obwohl die Methoden zur Beschreibung der beiden Beobachtertypen gänzlich verschieden sind, ist doch der mathematische Aufwand für die Matrizenoperationen bei den Zustandsbeobachtern und für die Harmonische Analyse bei den Binären Beobachtern in etwa gleich. Während der Zustandsbeobachter $n - 1$ Zustandsgrößen schätzen kann, liefert der

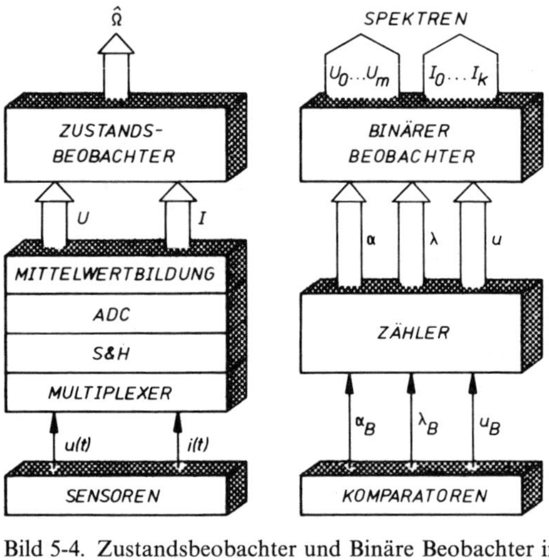

Bild 5-4. Zustandsbeobachter und Binäre Beobachter im Vergleich.

Binäre Beobachter mindestens zwei Spektren, d.h. theoretisch zweimal unendlich viele Zustandsgrößen.

Eine ideale Lösung bietet die bereits angedeutete Kombination von Zustandsbeobachtern und Binären Beobachtern in Form einer Beobachterkaskade, wobei Binäre Beobachter die elektrischen Zustandsgrößen und Zustandsbeobachter die mechanischen Zustandsgrößen schätzen. Die daraus resultierenden sensorlosen Antriebsregelungen werden in Abschn. 6 beschrieben.

5.3 Binäre Beobachter in netzgeführten Stromrichtern

Für geregelte Vierquadranten-Gleichstromantriebe, die hohen dynamischen Anforderungen genügen müssen, kommen als Stellglieder netzgeführte Stromrichter zum Einsatz, die als Gleichrichter oder Wechselrichter arbeiten können. Das sind ein- oder mehrphasige Stromrichterschaltungen [13; 14; 24], deren Leistungshalbleiter ausschließlich aus steuerbaren Ventilen bestehen. Arbeiten netzgeführte Stromrichter außerhalb des Lückbetriebs, ergibt sich ein einfacher Zusammenhang zwischen dem arithmetischen Mittelwert der Ausgangsgleichspannung (U_d) und dem Steuerwinkel (α):

$$U_d = U_{di} \cos\alpha \,. \tag{5.27}$$

Diese Steuerkennlinie gilt strenggenommen nur für den Betrieb des Stromrichters an der sogenannten Lückgrenze. Die ideelle Leerlaufgleichspannung (U_{di}) des Stromrichters hängt vom Effektivwert (U) der Phasenspannung des Netzes und der Stromrichterschaltung wie folgt ab:

$$U_{di} = s\frac{q}{\pi}\sqrt{2}\,U \sin\frac{\pi}{q}, \tag{5.28}$$

wobei s die Anzahl der in Reihe geschalteten Kommutierungsgruppen und q die Anzahl der während einer Netzperiode auftretenden Kommutierungsvorgänge innerhalb einer Gruppe von miteinander kommutierenden Ventilen ist [2].

Arbeitet der Stromrichter im Lückbetrieb, finden keine Kommutierungen mehr statt, so daß die netzgeführten Stromrichter für diesen Betriebszustand der Gruppe der kommutierungslosen Stromrichter zuzuordnen sind [12]. Der einfache Zusammenhang nach Gl. (5.27) geht dabei verloren, da eine starke Kopplung zwischen der Gleichstrom- und Wechselstromseite auftritt. Dies drückt sich durch enorme Nichtlinearitäten in der Steuerfunktion des Stromrichters aus. Es muß neben dem Steuerwinkel ein weiterer Parameter eingeführt werden, der den Lückzustand berücksichtigt. Hierfür hat sich die Leitdauer bestens bewährt. Arbeitet der Stromrichter netzgeführt, d.h. es finden Kommutierungen zwischen den Ventilen statt, so muß neben dem Steuerwinkel auch der Überlappungswinkel in die Steuerkennlinie mit einbezogen werden. Für die drei Aussteuerbereiche gilt:

$$
\begin{aligned}
&0 \leq \alpha \leq \frac{(1+p)}{p}\pi; \quad 0 \leq \lambda \leq \frac{2\pi}{p}; \quad u = 0 \quad \text{Lückbereich,}\\
&0 \leq \alpha \leq \pi; \qquad\qquad\quad \lambda = \frac{2\pi}{p}; \quad u = 0 \quad \text{Lückgrenze,}\\
&0 < \alpha < \pi - \gamma; \qquad\quad\; \lambda = \frac{2\pi}{p}; \quad u > 0 \quad \text{nichtlückender Bereich.}
\end{aligned}
\tag{5.29}
$$

Dabei ist γ der Löschwinkel [2] und p die Pulszahl der Stromrichterschaltung. Die Pulszahl gibt die Anzahl der periodischen Vorgänge in der Gleichspannung während einer Periode des Wechselstromnetzes an. So ist für Drehstrombrückenschaltungen $p = 6$, für Drehstrommittelpunktschaltungen $p = 3$ und für Wechselstrombrückenschaltungen $p = 2$. Um Verwechslungen zwischen der Netzfrequenz ($\omega = 2\pi f$) und der Grundschwingungsfrequenz (ω_1) zu vermeiden, muß man sich für eine Frequenz als Bezugsgröße entscheiden. Dabei gelten die Beziehungen:

$$
\begin{aligned}
&\omega_1 = p\,\omega \quad \text{Gleichstromkreis,}\\
&\omega_1 = \omega \qquad \text{Wechselstromkreis.}
\end{aligned}
\tag{5.30}
$$

Üblicherweise wählt man die Netzfrequenz als Bezugsfrequenz.

Wendet man die Entwurfskriterien für Binäre Beobachter auf netzgeführte Stromrichter an, so lassen sich die in *Bild 5-5* dargestellten Zustandsgrößen schätzen. Dies sind die Gleichanteile der pulsierenden Gleichspannung (U_{d0}) und des welligen Gleichstroms (I_{d0}) sowie sämtliche Harmonischen der Gleichspannung ($U_{d1} \ldots U_{dm}$), des Gleichstroms ($I_{d1} \ldots I_{dk}$) und des Wechselstroms ($I_{w1} \ldots I_{wi}$) auf der Netzseite. Am Beispiel der Wechselstrombrückenschaltung (B2) werden im folgenden die Beobachterfunktionen für sämtliche elektrischen Zustandsgrößen hergeleitet. Die Ergebnisse für Drehstrommittelpunktschaltungen und

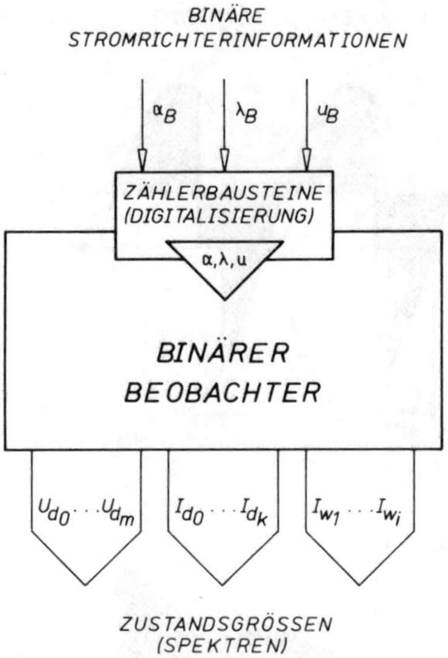

Bild 5-5. Binäre Beobachter in netzgeführten Stromrichtern.

Drehstrombrückenschaltungen werden der Vollständigkeit halber mit angegeben.

Die dabei gewonnenen Erkenntnisse können auf Direktumrichter, die Hochspannungsgleichstromübertragung (HGÜ) und untersynchrone Stromrichterkaskaden übertragen bzw. erweitert werden, da diese Stellglieder ebenfalls vollgesteuerte, netzgeführte Stromrichter enthalten. Auch lassen sich entsprechende Beobachterfunktionen für halbgesteuerte, netzgeführte Stromrichter angeben [15].

5.3.1 Wechselstrom-Brückenschaltung (B2)

In *Bild 5-6* ist der zeitliche Verlauf der Gleichspannung (u_d), des Gleichstroms (i_d) und des Wechselstroms (i_W) graphisch aufgetragen; und zwar für eine fremderregte Gleichstrommaschine [25], die aus einer einphasigen, vollgesteuerten Brückenschaltung (B2) gespeist wird. Solche Zweiquadranten-Antriebseinheiten können für den motorischen Rechtslauf und den generatorischen Linkslauf eingesetzt werden; sie finden in der Praxis im Leistungsbereich bis zu einigen kW z. B. in Hebezeugen Verwendung. Für Vierquadrantenantriebe schaltet man zwei vollgesteuerte Brückenschaltungen antiparallel zusammen [2].

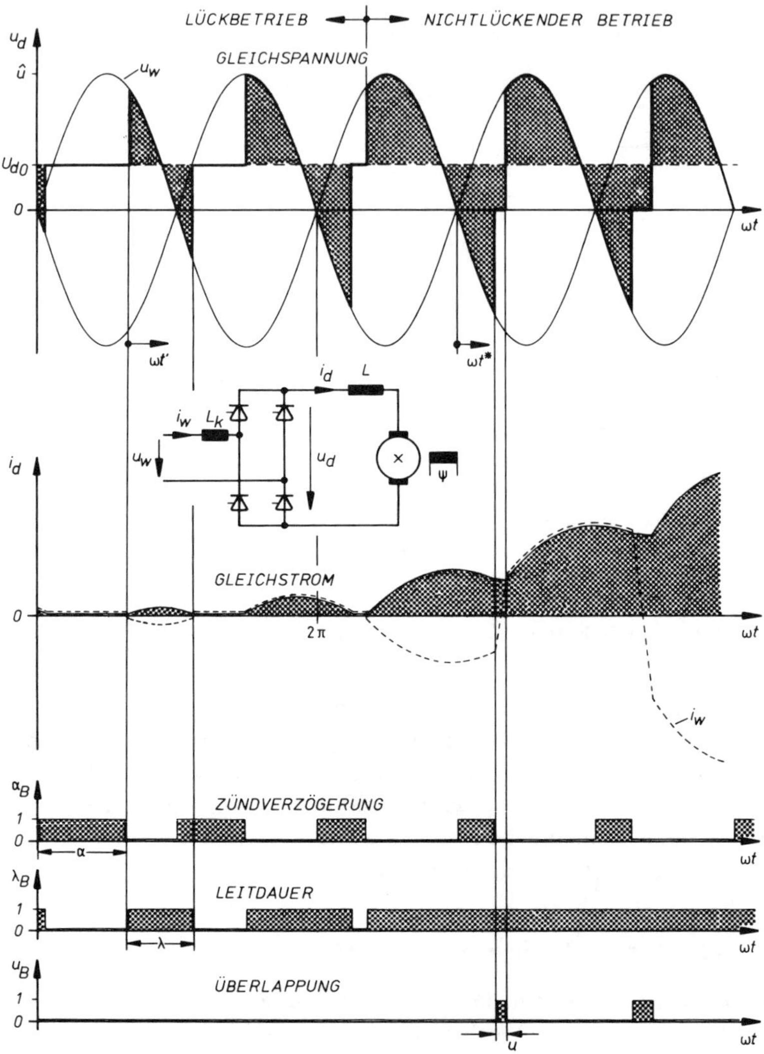

Bild 5-6. Spannungen und Ströme in B2-Stromrichtern.

Die charakteristischen Stromrichtergrößen (α, λ, u) sowie deren zugehörige, binären Signale (α_B, λ_B, u_B) sind ebenfalls in Bild 5-6 zu erkennen. Der Stromrichter arbeitet zunächst im Lückbetrieb ($\lambda < \pi$, $u = 0$) und geht dann über die Lückgrenze ($\lambda = \pi$, $u = 0$) in den nichtlückenden

Betrieb ($\lambda = \pi$, $u > 0$) hinein. Die Aussteuergrenzen der B2-Schaltung lassen sich aus Gl. (5.29) für eine Pulszahl von zwei ableiten [28].

Vor der Herleitung der Beobachterfunktionen muß noch Klarheit bezüglich der Frequenzverhältnisse geschaffen werden. Gemäß Gl. (5.30) gilt für die verschiedenen Spektren der Wechselstrombrückenschaltung ($p = 2$) im Gleichstromkreis $\omega_1 = 2\,\omega$ und im Wechselstromkreis $\omega_1 = \omega$. Im Gegensatz zum Gleichstromkreis treten im Wechselstromkreis bei Brückenschaltungen keine Gleichanteile auf.

5.3.1.1 Binärer Gleichspannungsbeobachter

Gemäß den Entwurfskriterien in Abschn. 5.1.2 gilt es, zunächst den zeitlichen Verlauf der periodischen und pulsbreitenmodulierten Gleichspannung in allen Intervallen einer Periode ($\omega_1\,T$) anzuschreiben. Durch die unterschiedlichen Frequenzen kann es leicht zu Verwechslungen kommen, wenn man sich nicht konsequent auf die Netzfrequenz (ω) festlegt. Man darf auf keinen Fall beide Frequenzen in ein und dasselbe Diagramm eintragen, da die Periode ($2\,\pi$) des Netzes für die Harmonische Analyse im Gleichstromkreis zwei Perioden ($4\,\pi$) bedeutet.

Nach Bild 5-6 folgen drei Intervalle für die Beschreibung der Zeitfunktion. In der Lückphase sind alle Stromrichterventile gesperrt, so daß der Verlauf der pulsierenden Gleichspannung von der Gegenspannung (EMK) der Gleichstrommaschine bestimmt wird. Während der Leitphase ist abwechselnd eines der beiden Thyristorquerpaare durchgeschaltet, wodurch der Verlauf der pulsierenden Gleichspannung von der Netzspannung festgelegt wird. In der Kommutierungsphase sind alle vier Thyristoren leitend, wodurch das Wechselstromnetz während dieser Zeitspanne kurzgeschlossen wird. Für den zeitlichen Verlauf der pulsierenden Gleichspannung darf man damit schreiben:

$$u_{\mathrm{d}}(\omega\,t) = \begin{cases} \hat{u}\sin\omega\,t; & (\text{im Bereich } \alpha \leq \omega\,t \leq \alpha + \lambda) \\ U_{\mathrm{d0}}\,(\text{EMK}); & (\text{im Bereich } \alpha + \lambda - \pi \leq \omega\,t \leq \alpha) \\ 0; & (\text{im Bereich } \alpha \leq \omega\,t^* < \alpha + u)\,. \end{cases} \tag{5.31}$$

Setzt man für diesen Verlauf eine Fourierreihe nach Gl. (5.4) an, so folgt für den Koeffizienten a_0 im Lückbetrieb unmittelbar der Ansatz:

$$a_0 = a_{01} + a_{02} = \frac{1}{\pi}\int\limits_{\alpha+\lambda-\pi}^{\alpha} U_{\mathrm{d0}}\,d\omega_1\,t + \frac{\hat{u}}{\pi}\int\limits_{\alpha}^{\alpha+\lambda} \sin\omega\,t\,d\omega_1\,t\,. \tag{5.32}$$

Die Auswertung dieser Integralgleichung liefert unter Berücksichtigung von Gl. (5.16) die gewünschte Beobachterfunktion für den arithmetischen Mittelwert der pulsierenden Gleichspannung als Funktion der charakteristischen Stromrichtergrößen:

$$U_{d0} = \frac{\hat{u}}{\lambda}\{\cos\alpha - \cos(\alpha + \lambda)\}\,. \tag{5.33}$$

Diese Beobachterfunktion gestattet die sensorlose Ermittlung der Ankerspannung im Lückbetrieb, d.h. wenn keine Kommutierungen zwischen den Ventilen stattfinden. An der Lückgrenze ($\lambda = \pi$) findet man:

$$U_{d0} = \frac{2\,\hat{u}}{\pi}\cos\alpha\,, \tag{5.34}$$

wobei der konstante Term $2\,\hat{u}/\pi$ der ideellen Leerlaufgleichspannung U_{di} entspricht. Dieser Sonderfall ist die aus der Literatur bekannte Beziehung nach Gl. (5.27). *Bild 5-7* zeigt die Beobachterfunktion für den Gleichanteil der pulsierenden Gleichspannung als dreidimensionale Graphik. Die waagerechten Flächen sind verbotene Aussteuerbereiche für den Stromrichter, da dort die Stromrichterausgangsspannung größer als die ideelle Leerlaufgleichspannung wird. Der positive Bereich ($U_{d0} > 0$) entspricht dem Gleichrichterbetrieb und der negative Bereich ($U_{d0} < 0$) dem Wechselrichterbetrieb des Stromrichters. Während an der Lückgrenze ($\lambda = \pi$) der Steuerwinkel zwischen 0 und π variieren darf, ändern sich diese Aussteuergrenzen, je weiter man in den Lückbetrieb kommt. Über eine Grenzwertbetrachtung erhält man für extrem lückende Ströme ($\lambda = 0$):

$$\lim_{\lambda \to 0} U_{d0} = \hat{u}\sin\alpha\,. \tag{5.35}$$

Daraus errechnet sich eine Steuerwinkelbegrenzung von 2,44 rad. (140° el.) im Gleichrichterbetrieb ($+\,U_{di}$) und von 3,84 rad. (220° el.) im Wechselrichterbetrieb ($-\,U_{di}$). Diese starken Nichtlinearitäten im Lückbereich zeigen sehr anschaulich, daß die Annahme stationärer Proportionalität bei der Zustandsbeschreibung in konventionellen und modernen Antriebsregelungen nur bei entsprechender Linearisierung zulässig ist (vgl. Abschn. 6.1.1.1). Der Lückbetrieb tritt bei stromrichtergespeisten Gleichstromantrieben immer im Leerlauf und bei geringer Belastung auf. Er kann zwar durch zusätzliche Glättungsmittel im Ankerkreis eingeengt werden, was aber auf Kosten der Dynamik im Stromregelkreis geht.

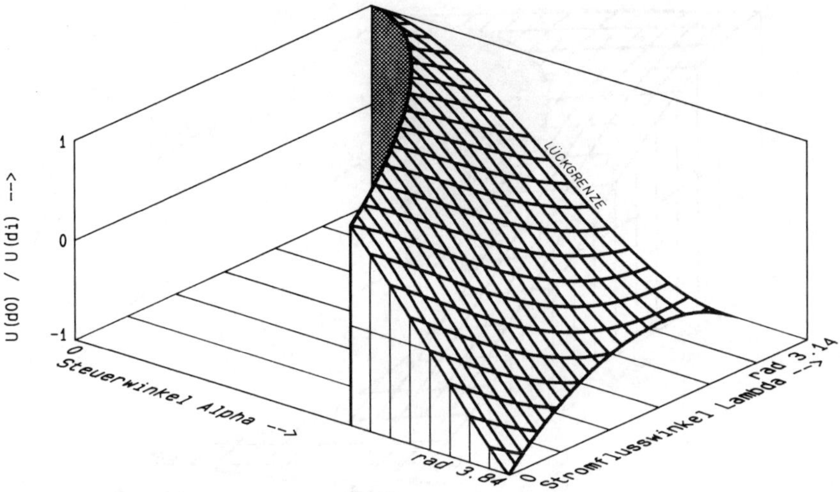

Bild 5-7. Beobachterfunktion für den Gleichanteil ($m = 0$) der Gleichspannung im Lückbetrieb.

Verläßt der Stromrichter den Lückbetrieb, so finden Kommutierungen statt, wobei bei B2-Stromrichtern die Ausgangsspannung während der Überlappungszeit kurzgeschlossen wird. Für den arithmetischen Mittelwert U_{d0} findet man mit Gl. (5.31) den Ansatz:

$$U_{d0} = \frac{1}{\pi} \int_{\alpha+u}^{\alpha+\pi} \hat{u} \sin \omega t^* \, d\omega t^*. \tag{5.36}$$

Daraus folgt nach einigen Umrechnungen die Beobachterfunktion für den Gleichanteil der pulsierenden Gleichspannung im nichtlückenden Betrieb:

$$U_{d0} = \frac{\hat{u}}{\pi} \{\cos \alpha + \cos (\alpha + u)\} \tag{5.37}$$

Diese Beobachterfunktion ist in *Bild 5-8* dreidimensional aufgetragen. Dabei wurde die Überlappung aus Darstellungsgründen etwas größer als in Wirklichkeit angenommen. An der Lückgrenze erfolgt ein kontinuierlicher Übergang in die Beobachterfunktion nach Gl. (5.33). Der Einfluß der Überlappung auf den Gleichanteil ist gering, da die Kommutierungsphasen im Verhältnis zu den Leitphasen sehr kurz sind. Hinzu kommt, daß die Überlappung selbst vom Steuerwinkel abhängig ist [2], weshalb nur der markierte Bereich für die Beobachtung von Interesse ist.

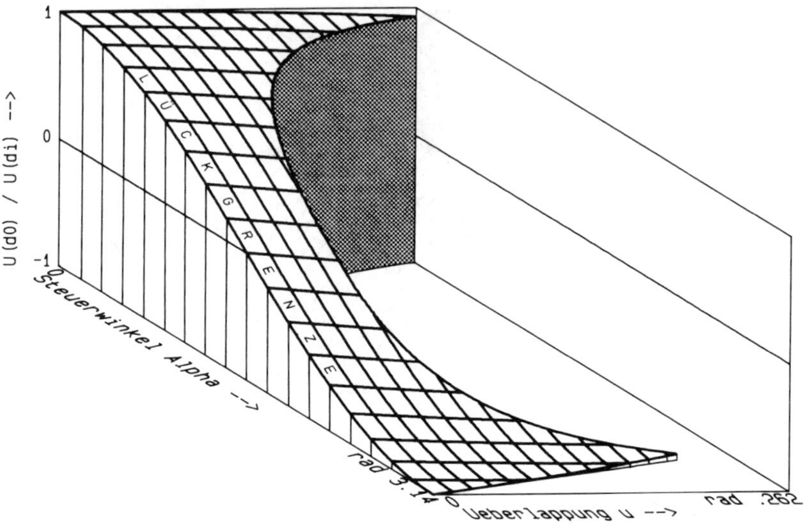

Bild 5-8. Beobachterfunktion für den Gleichanteil ($m = 0$) der Gleichspannung im nichtlückenden Betrieb.

Fügt man beide Beobachterfunktionen zusammen, so ist der Gleichanteil der pulsierenden Gleichspannung in allen Betriebsbereichen des Stromrichters berechenbar; d.h. zusammenfassend darf man anschreiben:

$$U_{d0} = \begin{cases} \dfrac{\hat{u}}{\lambda}\{\cos\alpha - \cos(\alpha+\lambda)\} & \text{Lückbetrieb,} \\ \dfrac{2\,\hat{u}}{\pi}\cos\alpha = U_{di}\cos\alpha & \text{Lückgrenze,} \\ \dfrac{\hat{u}}{\pi}\{\cos\alpha + \cos(\alpha+u)\} & \text{nichtlückender Betrieb.} \end{cases} \tag{5.38}$$

Die Beobachterfunktionen für die effektiven Mittelwerte der Harmonischen entwickelt man nach Gl. (5.17) über den Zusammenhang:

$$U_{dm} = \sqrt{\frac{a_m^2 + b_m^2}{2}}. \tag{5.39}$$

Für die Herleitung der Fourierkoeffizienten a_m und b_m setzt man den zeitlichen Verlauf der pulsierenden Gleichspannung in die Gl. (5.11) und

(5.13) ein. Bezieht man sämtliche Frequenzangaben auf die Netzseite, so folgt für die Koeffizienten im Lückbetrieb des Stromrichters der Ansatz:

$$a_{\mathrm{m}} = \frac{2\,\hat{u}}{\pi} \int_{\alpha}^{\alpha+\lambda} \sin\omega t \cos(2\,m\,\omega\,t)\,d\omega\,t + \frac{2\,U_{\mathrm{d0}}}{\pi} \int_{\alpha+\lambda-\pi}^{\alpha} \cos(2\,m\,\omega\,t)\,d\omega\,t\,; \tag{5.40}$$

und in Analogie:

$$b_{\mathrm{m}} = \frac{2\,\hat{u}}{\pi} \int_{\alpha}^{\alpha+\lambda} \sin\omega t \sin(2\,m\,\omega\,t)\,d\omega\,t + \frac{2\,U_{\mathrm{d0}}}{\pi} \int_{\alpha+\lambda-\pi}^{\alpha} \sin(2\,m\,\omega\,t)\,d\omega\,t\,. \tag{5.41}$$

Die Auswertung dieser Integralgleichungen ist sehr umfangreich und führt nach einigen zusätzlichen trigonometrischen Umformungen zu Ausdrücken, die von α und λ sowie der Ordnungszahl m abhängen. Der Gleichanteil U_{d0} in den Ausdrücken muß durch Gl. (5.33) substituiert werden, damit die Fourierkoeffizienten in der gewünschten Form vorliegen:

$$\begin{aligned} a_{\mathrm{m}} = \frac{\hat{u}}{\pi} \Big\{ & \frac{\cos(2m+1)\alpha}{2m+1} - \frac{\cos(2m+1)(\alpha+\lambda)}{2m+1} - \\ & - \frac{\cos(2m-1)\alpha}{2m-1} + \frac{\cos(2m-1)(\alpha+\lambda)}{2m-1} \Big\} + \\ & + \frac{\hat{u}}{\pi\,m} \frac{\cos\alpha - \cos(\alpha+\lambda)}{\lambda} \{\sin(2\,m\,\alpha) - \sin(2\,m(\alpha+\lambda))\} \end{aligned} \tag{5.42}$$

und

$$\begin{aligned} b_{\mathrm{m}} = \frac{\hat{u}}{\pi} \Big\{ & \frac{\sin(2m+1)\alpha}{2m+1} - \frac{\sin(2m+1)(\alpha+\lambda)}{2m+1} - \\ & - \frac{\sin(2m-1)\alpha}{2m-1} + \frac{\sin(2m-1)(\alpha+\lambda)}{2m-1} \Big\} + \\ & + \frac{\hat{u}}{\pi\,m} \frac{\cos\alpha - \cos(\alpha+\lambda)}{\lambda} \{\cos(2\,m(\alpha+\lambda)) - \cos(2\,m\,\alpha)\}\,. \end{aligned} \tag{5.43}$$

Durch Variieren der Ordnungszahl $m = 1, 2, 3, \ldots \infty$ lassen sich die Beobachterfunktionen für jede einzelne Harmonische explizit als Funktion von α und λ angeben. Einen Überblick gewinnt man bei solch komplizierten Zusammenhängen nur durch die graphische Darstellung. In den folgenden Bildern sind einige Harmonische abgebildet, wobei in allen Fällen die Aussteuergrenzen nach Bild 5-7 zu beachten sind.

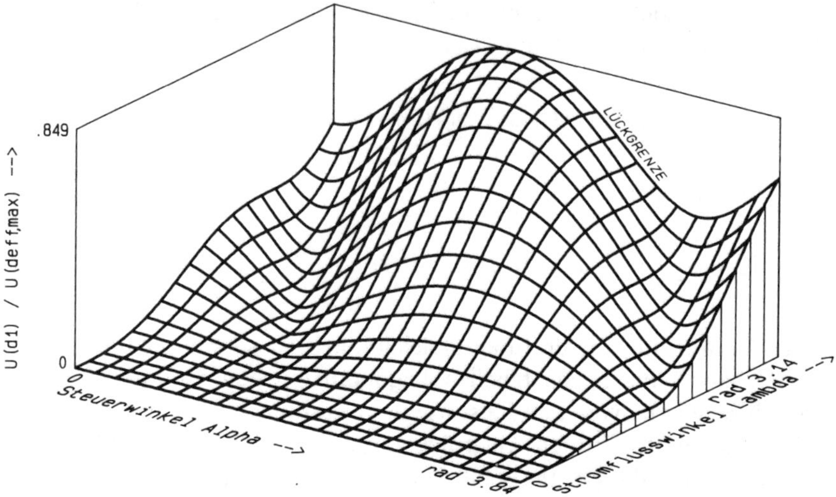

Bild 5.9. Beobachterfunktion für die Grundschwingung ($m = 1$) des Gleichspannungsspektrums.

Bild 5-9 zeigt die Beobachterfunktion für den Effektivwert der Grundschwingung ($m = 1$). Bezogen auf den gesamten Effektivwert des Spannungsspektrums hat die Grundschwingung einen Anteil von maximal 85% (Grundschwingungsgehalt des Wechselanteils). Die Beobachterfunktion der ersten Oberschwingung ($m = 2$) ist in *Bild 5-10* aufgetragen. Diese zweite Harmonische des Spannungspektrums bringt es im ungünstigsten Aussteuerbereich auf 40% der Grundschwingung. Damit nimmt das Spektrum etwas rascher ab, als dies bei einer reinen Rechteckspannung der Fall wäre. Das gilt auch für die zweite Oberschwingung ($m = 3$), die in *Bild 5-11* dargestellt ist. Diese dritte Harmonische des Spannungsspektrums hat im ungünstigsten Fall einen Effektivwert von 26% bezogen auf den Grundschwingungseffektivwert. Berechnet man das Spektrum weiter, so stellt man fest, daß die dritte Oberschwingung ($m = 4$) mit 19,1%, die vierte ($m = 5$) mit 15,2%, die fünfte ($m = 6$) mit 12,6%, die sechste ($m = 7$) mit 10,8%, die siebte ($m = 8$) mit 9,4%, die achte ($m = 9$) mit 8,4%, die neunte ($m = 10$) mit 7,5%, die zehnte ($m = 11$) mit 6,8% und die elfte ($m = 12$) mit 6,3% bezogen auf die Grundschwingung auftritt. Erst ab der sechsundvierzigsten Oberschwingung wird die 2-%-Marke und ab der vierundsiebzigsten die 1-%-Marke unterschritten.

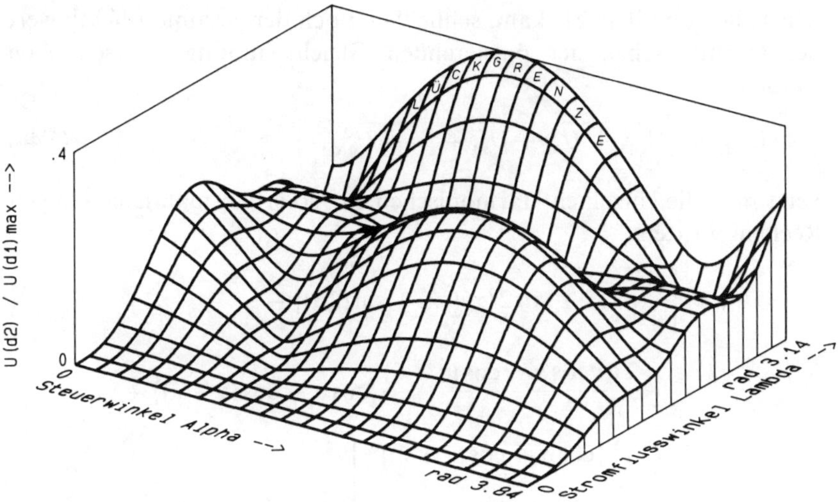

Bild 5-10. Beobachterfunktion für die zweite Harmonische ($m = 2$) des Gleichspannungsspektrums.

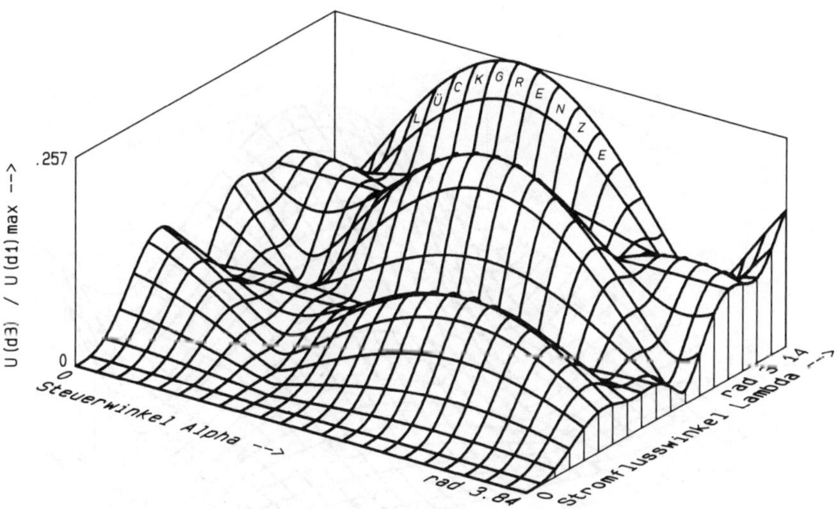

Bild 5-11. Beobachterfunktion für die dritte Harmonische ($m = 3$) des Gleichspannungsspektrums.

Mit Hilfe von Gl. (5.21) kann schließlich noch der gesamte Effektivwert der Harmonischen der pulsierenden Gleichspannung angeschrieben werden:

$$U_{\mathrm{d\,eff}} = \sqrt{U_{\mathrm{d}1}^2 + U_{\mathrm{d}2}^2 + U_{\mathrm{d}3}^2 + \ldots + U_{\mathrm{d}\infty}^2}\,. \tag{5.44}$$

Setzt man die einzelnen Harmonischen ein, so erhält man nach einigen Rechenschritten:

$$U_{\mathrm{d\,eff}} = \left[\frac{\hat{u}^2}{4\pi}\{2\lambda - \sin 2(\alpha + \lambda) + \sin(2\alpha)\} - \right.$$
$$- \frac{2\hat{u}^2}{\pi}\frac{\cos\alpha - \cos(\alpha+\lambda)}{\lambda}\{\cos\alpha - \cos(\alpha+\lambda)\} +$$
$$\left. + \frac{\hat{u}^2}{\pi}\frac{\{\cos\alpha - \cos(\alpha+\lambda)\}^2}{\lambda}\right]^{1/2}. \tag{5.45}$$

Diese Beobachtergleichung beschreibt den Effektivwert des Wechselanteils der pulsierenden Gleichspannung als Funktion der charakteristischen Stromrichtergrößen. *Bild 5-12* zeigt diese nichtlinearen Zusam-

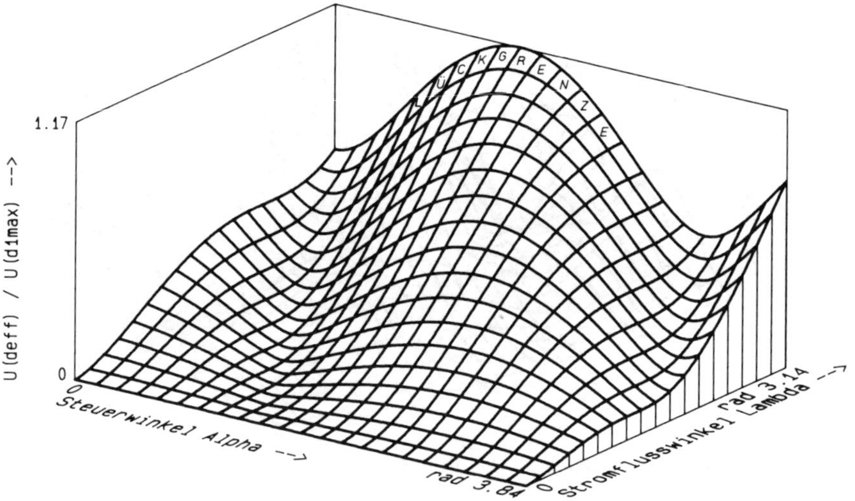

Bild 5-12. Beobachterfunktion für den Effektivwert aller Harmonischen des Gleichspannungsspektrums.

menhänge als 3D-Plot. Durch den hohen Grundschwingungsgehalt stellt sich qualitativ derselbe Verlauf wie bei der Grundschwingung ein. Sämtliche Beobachterfunktionen für die Harmonischen des Spannungsspektrums können selbstverständlich auf den nichtlückenden Betrieb des Stromrichters erweitert werden. Auf die Herleitung der entsprechenden Beobachtergleichungen soll aus zweierlei Gründen an dieser Stelle verzichtet werden. Zum einen arbeiten B2-Stromrichter in Gleichstromantrieben wegen ihrer geringen Pulszahl meistens bis zum Nennpunkt im Lückbetrieb, so daß der nichtlückende Betrieb unberücksichtigt bleiben darf. Und zum anderen sind für die Regelung von Gleichstromantrieben in erster Linie die Gleichanteile von Interesse. Die Herleitung der Beobachterfunktionen für die Harmonischen des Spannungsspektrums außerhalb des Lückbetriebs kann bei Bedarf in Analogie zu Gl. (5.36) durchgeführt werden.

5.3.1.2 Binärer Gleichstrombeobachter

Für die Herleitung der Beobachterfunktionen des welligen Gleichstroms (i_d) muß gemäß den Entwurfskriterien für Binäre Beobachter zunächst der zeitliche Verlauf abschnittsweise angegeben werden. Dies ist für den Lückbetrieb des Stromrichters sehr einfach, da der Gleichstrom nur während der Leitphase von Null verschieden ist (vgl. Bild 5.6). Im Lückbetrieb darf der Ohmsche Widerstand im Gleichstromkreis in guter Näherung vernachlässigt werden, so daß die Spannungsdifferenz zwischen der Stromrichterausgangsspannung (u_d) und der EMK der Maschine an der Induktivität (L) abfällt. Über einen Maschenumlauf folgt für den zeitlichen Verlauf des Gleichstroms im Lückbetrieb:

$$i_d(\omega t') = \frac{1}{\omega L} \int_{\alpha}^{\alpha+\omega t'} \{\hat{u} \sin \omega t - U_{d0}\} \, d\omega t, \tag{5.46}$$

wobei die neue Zeitachse $\omega t' = \omega t - \alpha$ zu beachten ist.

Finden Kommutierungen statt, so wird der Netzsinus über die Kommutierungsinduktivität (L_K) kurzgeschlossen. Damit folgt für den zeitlichen Verlauf in diesem Bereich:

$$i_d(\omega t^*) = \frac{1}{\omega L_K} \int_{\alpha}^{\alpha+u} \hat{u} \sin \omega t^* \, d\omega t^*. \tag{5.47}$$

Nach Auswerten dieser Integrale findet man für den welligen Gleichstrom die Zeitfunktionen:

$$i_{\mathrm{d}}(\omega t) = \begin{cases} \dfrac{\hat{u}}{\omega L}\{\cos\alpha - \cos(\alpha + \omega t')\} - \dfrac{U_{\mathrm{d0}}}{\omega L}\omega t'; \\ \quad \text{(im Bereich } \alpha \leq \omega t \leq \alpha + \lambda) \\ 0; \quad \text{(im Bereich } \alpha + \lambda - \pi \leq \omega t \leq \alpha) \\ \dfrac{\hat{u}}{\omega L_{\mathrm{K}}}\{\cos\alpha - \cos(\omega t^*)\} \\ \quad \text{(im Bereich } \alpha \leq \omega t^* \leq \alpha + u). \end{cases} \tag{5.48}$$

Setzt man für diesen periodischen Verlauf eine Harmonische Reihe an, so erhält man die entsprechenden Beobachterfunktionen für die arithmetischen und effektiven Mittelwerte. Ersetzt man schließlich noch den Gleichanteil der Spannung U_{d0} durch Gl. (5.33), so stellt sich nach einigen Rechenoperationen die Beobachterfunktion für den Gleichanteil des welligen Gleichstroms im Lückbetrieb folgendermaßen dar:

$$I_{\mathrm{d0}} = \frac{\hat{u}}{\pi\omega L}\left\{\sin\alpha - \sin(\alpha + \lambda) + \frac{\lambda}{2}\{\cos\alpha + \cos(\alpha + \lambda)\}\right\}. \tag{5.49}$$

Diese Beobachterfunktion erlaubt die sensorlose Ermittlung des Ankerstroms in Gleichstromantrieben ohne analoge Zwischenschritte. In *Bild 5-13* sind die Abhängigkeiten dieser Beobachterfunktion vom Steuerwinkel und der Leitdauer dreidimensional aufgetragen. Bezüglich der Bereichsgrenzen gelten die gleichen Einschränkungen wie bei den Beobachterfunktionen der Gleichspannung. An der Lückgrenze ist der Gleichanteil des welligen Gleichstroms nur noch eine Funktion des Steuerwinkels:

$$I_{\mathrm{d0}} = \frac{2\hat{u}}{\pi\omega L}\sin\alpha. \tag{5.50}$$

Der Steuerwinkel darf an der Lückgrenze zwischen 0 und π variieren. Verläßt der Stromrichter den Lückbetrieb, so erhält der arithmetische Mittelwert ab der Lückgrenze nach Gl. (5.50) noch eine von der Überlappung (u) abhängige Gleichkomponente (Offset), die sich aus Gl. (5.48) ebenfalls ableiten läßt. Dieser Offset entspricht gerade dem Augenblickswert des Kommutierungsstroms an der Stelle $\omega t^* = \alpha + u$. Setzt man diese Randbedingung ein, so findet man für die Beobachterfunktion des

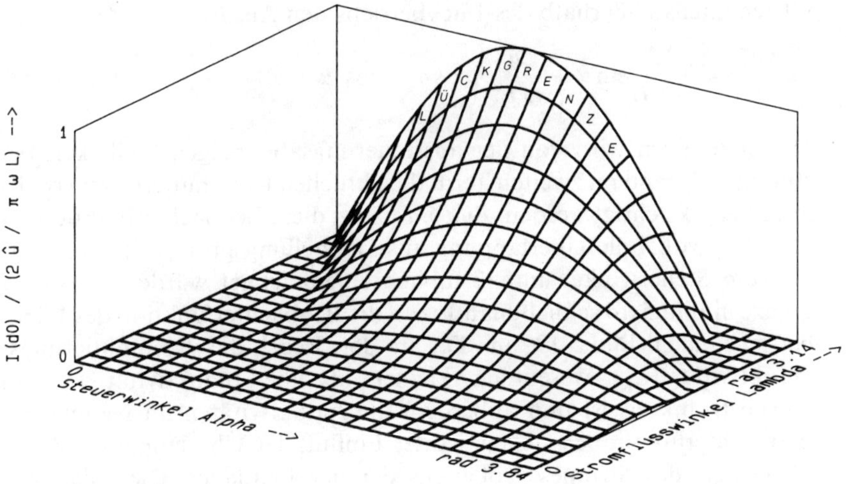

Bild 5-13. Beobachterfunktion für den Gleichanteil ($k = 0$) des Gleichstroms im Lückbetrieb.

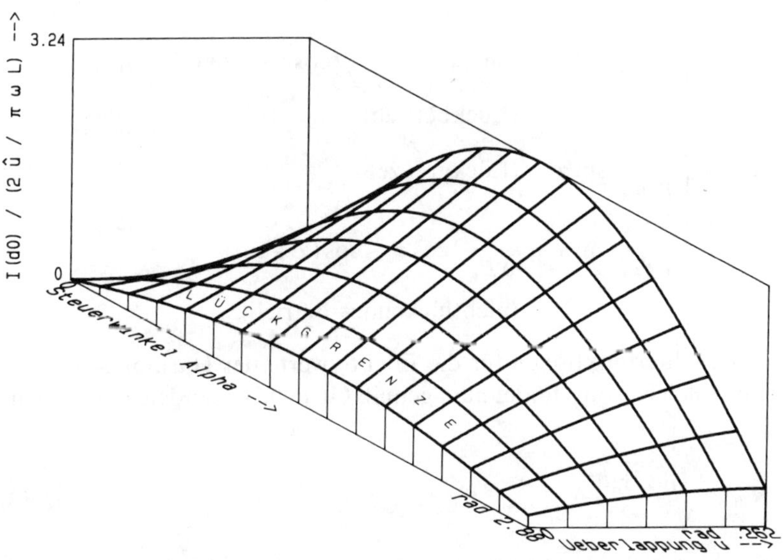

Bild 5-14. Beobachterfunktion für den Gleichanteil ($k = 0$) des Gleichstroms im nichtlückenden Betrieb.

Gleichanteils außerhalb des Lückbetriebs den Ausdruck:

$$I_{d0} = \frac{2\hat{u}}{\pi\,\omega\,L}\sin\alpha + \frac{\hat{u}}{\omega\,L_K}\{\cos\alpha - \cos(\alpha + u)\}\,. \tag{5.51}$$

Der erste Term wird von der aussteuerungsabhängigen Welligkeit bestimmt, während im zweiten Term die aktuellen Kommutierungsverhältnisse berücksichtigt werden. *Bild 5-14* zeigt diese Beobachterfunktion als 3D-Plot, wobei die Überlappung aus Darstellungsgründen im Verhältnis zum Steuerwinkel unmaßstäblich eingezeichnet wurde. Die Lückgrenze in Bild 5-14 schließt nahtlos an die Beobachterfunktion des Lückbetriebs nach Bild 5-13 an. Da in der Regel die Kommutierungsinduktivität (L_K) wesentlich kleiner als die Induktivität (L) im Gleichstromkreis ist und außerdem die Induktivitäten im Nenner der Beobachterfunktionen stehen, ist der Einfluß der Überlappung auf den Mittelwert des Stromes größer als der der Leitdauer. Die zulässigen Aussteuergrenzen der Stromrichtergrößen können Bild 5-8 entnommen werden. Fügt man die Beobachterfunktionen des Lückbetriebs und des nichtlückenden Betriebs zusammen, so folgt zusammenfassend für den arithmetischen Mittelwert des welligen Gleichstroms in allen drei Betriebsbereichen:

$$I_{d0} = \begin{cases} \dfrac{\hat{u}}{\pi\,\omega\,L}\left\{\sin\alpha - \sin(\alpha+\lambda) + \dfrac{\lambda}{2}\{\cos\alpha + \cos(\alpha+\lambda)\}\right\}; \\ \qquad\qquad \text{(Lückbetrieb)} \\ \dfrac{2\hat{u}}{\pi\,\omega\,L}\sin\alpha; \quad \text{(Lückgrenze)} \\ \dfrac{2\hat{u}}{\pi\,\omega\,L}\sin\alpha + \dfrac{\hat{u}}{\omega\,L_K}\{\cos\alpha - \cos(\alpha+u)\}; \\ \qquad\qquad \text{(nichtlückender Betrieb).} \end{cases} \tag{5.52}$$

Die Beobachterfunktionen für die Effektivwerte der Harmonischen des welligen Gleichstroms findet man gemäß Gl. (5-17) über den Zusammenhang:

$$I_{dk} = \sqrt{\frac{a_k^2 + b_k^2}{2}}\,. \tag{5.53}$$

Setzt man für die Herleitung der Fourierkoeffizienten a_k und b_k den zeitlichen Verlauf des welligen Gleichstroms in Gl. (5.11) und (5.13) ein, so folgt unmittelbar der Ansatz:

$$a_k = \frac{2\hat{u}}{\pi\omega L}\int_{\alpha}^{\alpha+\lambda}\{\cos\alpha - \cos(\alpha + \omega t')\}\cos(2k\omega t)\,d\omega t -$$

$$-\frac{2U_{d0}}{\pi\omega L}\int_{\alpha}^{\alpha+\lambda}\omega t'\cos(2k\omega t)\,d\omega t \tag{5.54}$$

und in Analogie

$$b_k = \frac{2\hat{u}}{\pi\omega L}\int_{\alpha}^{\alpha+\lambda}\{\cos\alpha - \cos(\alpha + \omega t')\}\sin(2k\omega t)\,d\omega t -$$

$$-\frac{2U_{d0}}{\pi\omega L}\int_{\alpha}^{\alpha+\lambda}\omega t'\sin(2k\omega t)\,d\omega t\,. \tag{5.55}$$

Die Berechnung dieser bestimmten Integrale ist sehr umfangreich und sollte deshalb mit Hilfe von Integraltafeln und trigonometrischen Umrechnungen [10] vorgenommen werden. Nach vielen Zwischenschritten und unter Berücksichtigung von Gl. (5.33) erhält man die Fourierkoeffizienten in der gewünschten Form als Funktion von α und λ sowie der Ordnungszahl k:

$$a_k = \frac{\hat{u}}{\pi\omega L}\left\{\frac{\cos\alpha\sin(2k\lambda)}{k} - \frac{\sin\alpha + \sin\{(2k-1)\lambda - \alpha\}}{2k-1} +\right.$$

$$\left. + \frac{\sin\alpha - \sin\{(2k+1)\lambda + \alpha\}}{2k+1}\right\} + \tag{5.56}$$

$$+ \frac{\hat{u}}{\pi\omega L}\,\frac{\cos\alpha - \cos(\alpha+\lambda)}{k\lambda}\left\{\frac{1-\cos(2k\lambda)}{2k} - \lambda\sin(2k\lambda)\right\}$$

und:

$$b_k = \frac{\hat{u}}{\pi\omega L}\left\{\frac{(\cos\alpha)\{1-\cos(2k\lambda)\}}{k} + \frac{\cos\{(2k+1)\lambda+\alpha\} - \cos\alpha}{(2k+1)} +\right.$$

$$\left. + \frac{\cos\{(2k-1)\lambda - \alpha\} - \cos\alpha}{2k-1}\right\} + \tag{5.57}$$

$$+ \frac{\hat{u}}{\pi\omega L}\,\frac{\cos\alpha - \cos(\alpha+\lambda)}{k\lambda}\left\{\lambda\cos 2k\lambda - \frac{\sin(2k\lambda)}{2k}\right\}.$$

Durch Variieren der Ordnungszahl $k = 1, 2, 3, \ldots \infty$ können die Beobachterfunktionen für die Effektivwerte jeder einzelnen Harmonischen angegeben werden; dabei sind die Aussteuergrenzen des Stromrichters nach Bild 5-7 zu beachten. Im folgenden sind die drei ersten Harmonischen des welligen Gleichstroms für den Lückbetrieb dargestellt. Auf die Herleitung der Beobachterfunktionen außerhalb des Lückbetriebs darf aus den in Abschn. 5.3.1.1 genannten Gründen verzichtet werden.

Bild 5-15 zeigt die Beobachterfunktion für den Effektivwert der Grundschwingung ($k = 1$) des welligen Gleichstroms. Bezogen auf den gesamten Effektivwert des Spektrums hat die Grundschwingung einen Anteil von maximal 97,5% (Grundschwingungsgehalt des Wechselanteils). Daraus kann man bereits erkennen, daß die Oberschwingungen des welligen Gleichstroms wesentlich schwächer in Erscheinung treten als dies beim Spektrum der pulsierenden Gleichspannung der Fall ist, deren zeitlicher Verlauf, bedingt durch Sprungstellen, auch stärker von der idealen Sinusform abweicht.

Die Beobachterfunktion für den Effektivwert der ersten Oberschwingung ($k = 2$) ist in *Bild 5-16* dargestellt. Diese zweite Harmonische des Stromspektrums bringt es im ungünstigsten Fall lediglich noch auf 20%

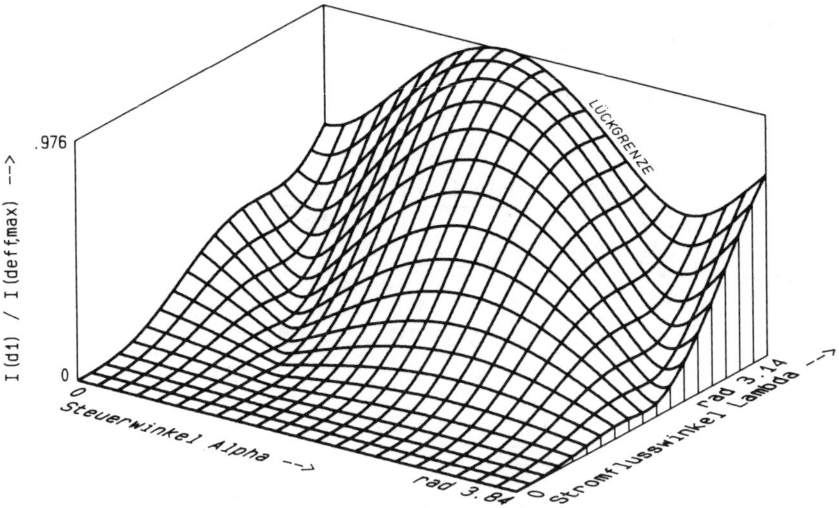

Bild 5-15. Beobachterfunktion für die Grundschwingung ($k = 1$) des Gleichstromspektrums.

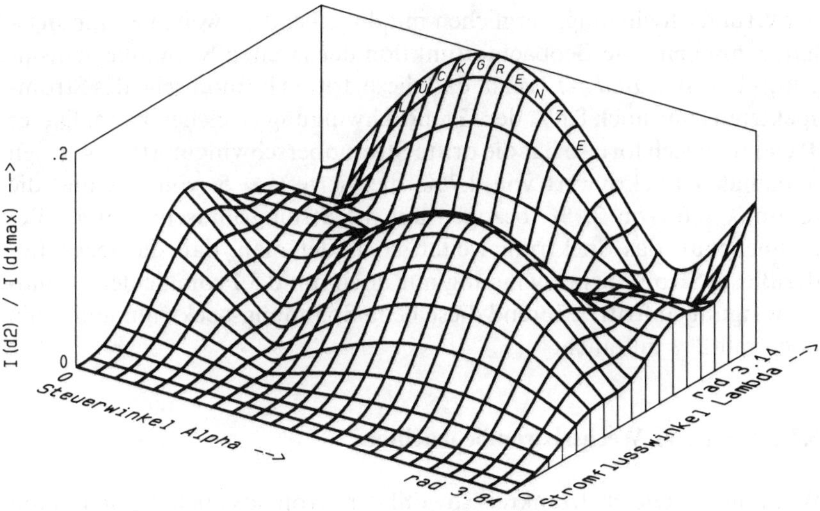

Bild 5-16. Beobachterfunktion für die zweite Harmonische ($k = 2$) des Gleichstromspektrums.

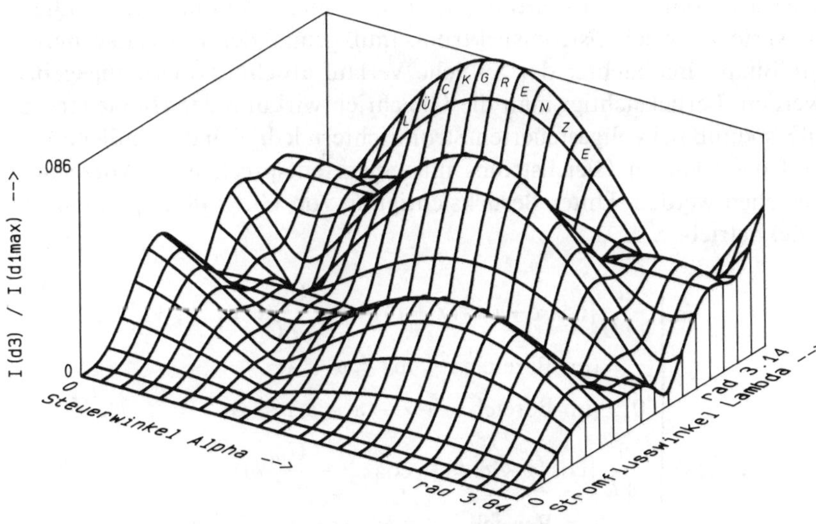

Bild 5-17. Beobachterfunktion für die dritte Harmonische ($k = 3$) des Gleichstromspektrums.

der Grundschwingung, verglichen mit 40% bei der zweiten Spannungsharmonischen. Die Beobachterfunktion der zweiten Stromoberschwingung ($k = 3$) in *Bild 5-17* zeigt, daß diese dritte Harmonische des Stromspektrums nur noch 8,6% der Grundschwingung erreichen kann. Dieser Trend setzt sich fort; so hat die dritte Stromoberschwingung ($k = 4$) einen maximalen Effektivwert von 4,7%, die vierte ($k = 5$) von 3% und die fünfte ($k = 6$) von 2,1%, bezogen auf die Stromgrundschwingung. Berechnet man das Spektrum weiter, so findet man, daß die sechsunddreißigste Stromoberschwingung nur noch mit 0,5 Promille der Grundschwingung auftritt, während diese beim Spannungsspektrum immerhin noch mit 2% auftaucht.

5.3.1.3 Binärer Wechselstrombeobachter

Während im Gleichstromkreis sowohl der Strom als auch die Spannung nichtsinusförmige Mischgrößen sind, liegt auf der Netzseite eine sinusförmige Spannung und ein nichtsinusförmiger Wechselstrom (i_w) vor, d.h. die Netzspannung besitzt keine Oberschwingungen und der Netzstrom keinen Gleichanteil. Damit beschränkt sich die Harmonische Analyse im Wechselstromkreis auf die Zerlegung des oberwellenbehafteten Wechselstroms. Zur Ermittlung der Beobachterfunktionen für die Effektivwerte des Wechselstromspektrums muß gemäß den Entwurfskriterien für Binäre Beobachter der zeitliche Verlauf abschnittsweise angegeben werden. Berücksichtigt man die Gleichrichtwirkung der Halbleiterventile, so muß bei vollgesteuerten Stromrichtern lediglich der zeitliche Verlauf des welligen Gleichstroms mit einem entsprechenden Vorzeichen versehen werden. Unter Berücksichtigung von Gl. (5.48) folgt somit im Lückbetrieb:

$$i_w(\omega t) = \begin{cases} \dfrac{\hat{u}}{\omega L}\{\cos\alpha - \cos(\alpha + \omega t')\} - \dfrac{U_{d0}}{\omega L}\omega t'; \\ \quad \text{(im Bereich } \alpha \le \omega t \le \alpha + \lambda) \\ 0; \quad \text{(im Bereich } \alpha + \lambda - \pi \le \omega t \le \alpha) \\ \dfrac{\hat{u}}{\omega L}\{\cos(\alpha + \omega t') - \cos\alpha\} + \dfrac{U_{d0}}{\omega L}\omega t'; \\ \quad \text{(im Bereich } \pi + \alpha \le \omega t \le \alpha + \lambda + \pi) \\ 0; \quad \text{(im Bereich } \alpha + \lambda \le \omega t \le \alpha + \pi) \end{cases} \tag{5.58}$$

Der Zusammenhang zwischen den Beobachterfunktionen für die Effektivwerte der Harmonischen und den Fourierkoeffizienten lautet:

$$I_{\mathrm{Wi}} = \sqrt{\frac{a_{\mathrm{i}}^2 + b_{\mathrm{i}}^2}{2}} \tag{5.59}$$

Um Verwechslungen zu vermeiden, soll die Ordnungszahl im Wechselstromkreis mit i bezeichnet werden. Da der Netzstrom im allgemeinen ein reiner Wechselstrom ist, tritt kein Gleichglied auf; eine Ausnahme bilden die Mittelpunktschaltungen (vgl. Abschn. 5.3.2). Für die Herleitung der Fourierkoeffizienten a_{i} und b_{i} setzt man die Zeitfunktion in Gl. (5.11) und (5.13) ein. Im Gegensatz zum Gleichstromkreis stimmt im Wechselstromkreis die Grundschwingungsfrequenz mit der Netzfrequenz überein. Behält man auch weiterhin die Netzfrequenz als Bezugsfrequenz bei, so folgt für die beiden ersten Teilkoeffizienten der Ansatz:

$$\begin{aligned} a_{\mathrm{i}1} = {} & \frac{\hat{u}}{\pi \omega L} \int\limits_{\alpha}^{\alpha+\lambda} \{\cos\alpha - \cos(\alpha + \omega t')\} \cos(i \omega t)\, d\omega t - \\ & - \frac{U_{\mathrm{d}0}}{\pi \omega L} \int\limits_{\alpha}^{\alpha+\lambda} \omega t' \cos(i \omega t)\, d\omega t \end{aligned} \tag{5.60}$$

und:

$$\begin{aligned} b_{\mathrm{i}1} = {} & \frac{\hat{u}}{\pi \omega L} \int\limits_{\alpha}^{\alpha+\lambda} \{\cos\alpha - \cos(\alpha + \omega t')\} \sin(i \omega t)\, d\omega t - \\ & - \frac{U_{\mathrm{d}0}}{\pi \omega L} \int\limits_{\alpha}^{\alpha+\lambda} \omega t' \sin(i \omega t)\, d\omega t\,. \end{aligned} \tag{5.61}$$

Unter Berücksichtigung von Gl. (5.33) für den arithmetischen Mittelwert der Gleichspannung können nach einigen Zwischenrechnungen die Teilkoeffizienten in der gewünschten Form als Funktion von α und λ angeschrieben werden. Berechnet man die zweiten Teilkoeffizienten $a_{\mathrm{i}2}$ und $b_{\mathrm{i}2}$ für den nächsten von null verschiedenen Term in Gl. (5.58), so findet man auf Grund der Symmetrieeigenschaften des Funktionsverlaufs, daß sich die zweiten Koeffizienten lediglich im Vorzeichen von den ersten Koeffizienten unterscheiden:

$$\begin{aligned} a_{\mathrm{i}2} &= \begin{cases} a_{\mathrm{i}1} & \text{für} \quad i = 1, 3, 5, 7, \ldots \infty \\ -\,a_{\mathrm{i}1} & \text{für} \quad i = 2, 4, 6, 8, \ldots \infty \end{cases}, \\ b_{\mathrm{i}2} &= \begin{cases} b_{\mathrm{i}1} & \text{für} \quad i = 1, 3, 5, 7, \ldots \infty \\ -\,b_{\mathrm{i}1} & \text{für} \quad i = 2, 4, 6, 8, \ldots \infty \end{cases}. \end{aligned} \tag{5.62}$$

Addiert man die Teilkoeffizienten gemäß Gl. (5.12) und (5.14) zu den Fourierkoeffizienten a_i und b_i zusammen, so tritt je nach Ordnungszahl eine Auslöschung oder Verstärkung auf:

$$\begin{aligned} a_i &= a_{i1} + a_{i2} = \begin{cases} 2\,a_{i1} & \text{für} \quad i = 1, 3, 5, 7, \ldots \infty \\ 0 & \text{für} \quad i = 2, 4, 6, 8, \ldots \infty \end{cases}, \\ b_i &= b_{i1} + b_{i2} = \begin{cases} 2\,b_{i1} & \text{für} \quad i = 1, 3, 5, 7, \ldots \infty \\ 0 & \text{für} \quad i = 2, 4, 6, 8, \ldots \infty \end{cases}. \end{aligned} \tag{5.63}$$

Diese Besonderheit im Wechselstromkreis muß durch eine Einschränkung des Laufindex berücksichtigt werden, d.h. es treten nur Harmonische mit ungeradzahligen Vielfachen der Netzfrequenz auf. Wertet man unter diesen Voraussetzungen die bestimmten Integrale nach Gl. (5.60) und (5.61) aus, so berechnen sich die Fourierkoeffizienten für ungerade Ordnungszahlen $i = 1, 3, 5, 7, \ldots \infty$ zu:

$$\begin{aligned} a_i = \frac{2\,\hat{u}}{\pi\,\omega\,L} \Bigg\{ &\frac{\cos\alpha \sin(i\,\lambda)}{i} - \frac{\sin\alpha + \sin\{(i-1)\,\lambda - \alpha\}}{2\,(i-1)} + \\ &+ \frac{\sin\alpha - \sin\{(i+1)\,\lambda + \alpha\}}{2\,(i+1)} \Bigg\} + \\ &+ \frac{2\,\hat{u}}{\pi\,\omega\,L} \frac{\cos\alpha - \cos(\alpha+\lambda)}{i\,\lambda} \left\{ \frac{1 - \cos(i\,\lambda)}{i} - \lambda \sin(i\,\lambda) \right\}, \end{aligned} \tag{5.64}$$

und analog erhält man für b_i:

$$\begin{aligned} b_i = \frac{2\,\hat{u}}{\pi\,\omega\,L} \Bigg\{ &\frac{(\cos\alpha)\{1 - \cos(i\,\lambda)}{i} + \frac{\cos\{(i+1)\,\lambda + \alpha\} - \cos\alpha}{2\,(i+1)} + \\ &+ \frac{\cos\{(i-1)\,\lambda - \alpha\} - \cos\alpha}{2\,(i-1)} \Bigg\} + \\ &+ \frac{2\,\hat{u}}{\pi\,\omega\,L} \frac{\cos\alpha - \cos(\alpha+\lambda)}{i\,\lambda} \left\{ \lambda \cos(i\,\lambda) - \frac{\sin(i\,\lambda)}{i} \right\}. \end{aligned} \tag{5.65}$$

Durch Variieren der Ordnungszahl $i = 1, 3, 5, 7, \ldots \infty$ können die Beobachterfunktionen für die Effektivwerte der Harmonischen explizit gewonnen werden. Die zulässigen Aussteuergrenzen der charakteristischen Stromrichtergrößen sind aus Bild 5-7 zu entnehmen. Anders als bei den Beobachterfunktionen im Gleichstromkreis tritt in den Fourierkoeffizienten des Wechselstromkreises für die Grundschwingung ($i = 1$) ein unbestimmter Ausdruck auf. Dieser kann über eine Grenzwertbetrachtung nach l'HOSPITAL beseitigt werden, so daß für die Koeffizienten a_1 und b_1 folgt:

$$a_1 = \lim_{i \to 1} a_i = \frac{2\hat{u}}{\pi \omega L} \left\{ \cos\alpha \sin\lambda - \frac{\lambda \cos\alpha}{2} + \frac{\sin\alpha - \sin(2\lambda + \alpha)}{4} \right\} +$$

$$+ \frac{2\hat{u}}{\pi \omega L} \frac{\cos\alpha - \cos(\alpha + \lambda)}{\lambda} \{1 - \cos\lambda - \lambda \sin\lambda\} \tag{5.66}$$

sowie

$$b_1 = \lim_{i \to 1} b_i = \frac{2\hat{u}}{\pi \omega L} \left\{ (\cos\alpha)(1 - \cos\lambda) + \right.$$

$$\left. + \frac{\lambda \sin\alpha}{2} + \frac{\cos(2\lambda + \alpha) - \cos\alpha}{4} \right\} + \tag{5.67}$$

$$+ \frac{2\hat{u}}{\pi \omega L} \frac{\cos\alpha - \cos(\alpha + \lambda)}{\lambda} \{\lambda \cos\lambda - \sin\lambda\}.$$

Im folgenden sind stellvertretend die vier ersten Harmonischen des nichtsinusförmigen Netzstroms für den Lückbetrieb graphisch dargestellt. Auf die Herleitung der Beobachterfunktionen außerhalb des Lückbetriebs soll aus den in Abschn. 5.3.1.1 genannten Gründen verzichtet werden.

Bild 5-18 zeigt die Beobachterfunktion für den Effektivwert der Grundschwingung ($i = 1$) des Netzstroms. Bezogen auf den gesamten Effektivwert der Stromharmonischen hat die Grundschwingung einen Anteil von maximal 100%. Auffallend ist, daß die Maxima im Wechselstromkreis bei anderen Aussteuerparametern auftreten als im Gleichstromkreis. Da die zweite Harmonische ($i = 2$) oder erste Oberschwingung im Wechselstrom nicht enthalten ist, folgt als nächster existierender Effektivwert des Spektrums die dritte Harmonische ($i = 3$), deren Beobachterfunktion in *Bild 5-19* dreidimensional aufgezeichnet ist. Diese zweite Oberschwingung kann noch 13,8% der Grundschwingung im ungünstigsten Fall erreichen. Die vierte Harmonische ($i = 4$) ist wieder nicht im Spektrum enthalten. Die Beobachterfunktion der fünften Harmonischen ($i = 5$) in *Bild 5-20* zeigt, daß diese vierte Oberschwingung nur noch mit maximal 5,0% bezogen auf die Grundschwingung auftreten kann. Die sechste Harmonische ($i = 6$) ist wieder geradzahlig und damit nicht existent. *Bild 5-21* zeigt schließlich noch die Beobachterfunktion der siebten Harmonischen ($i = 7$). Diese sechste Ober-

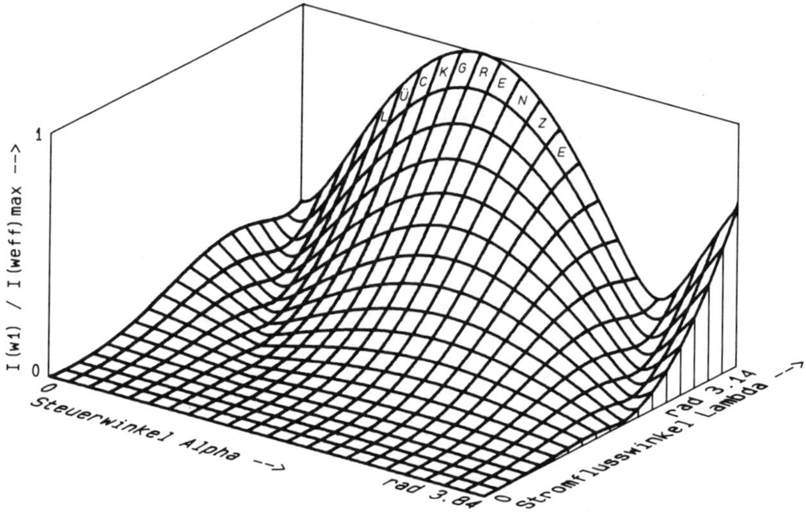

Bild 5-18. Beobachterfunktion für die Grundschwingung ($i = 1$) des Wechselstromspektrums.

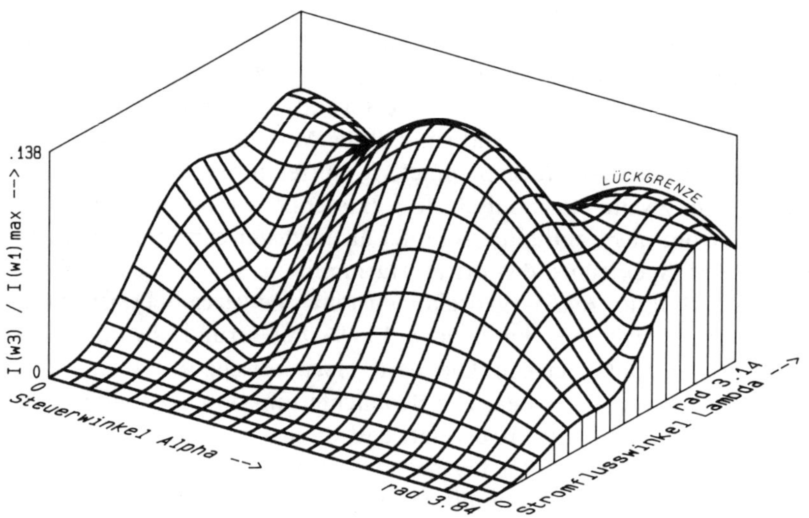

Bild 5-19. Beobachterfunktion für die dritte Harmonische ($i = 3$) des Wechselstromspektrums.

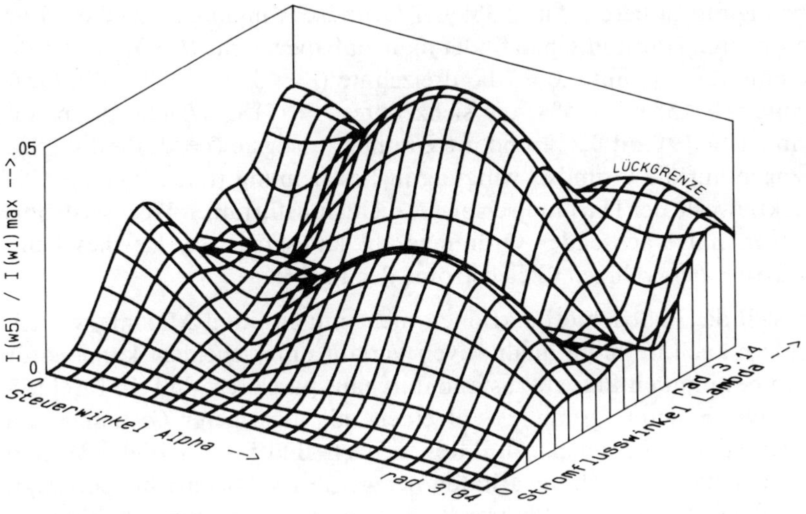

Bild 5-20. Beobachterfunktion für die fünfte Harmonische ($i = 5$) des Wechselstromspektrums.

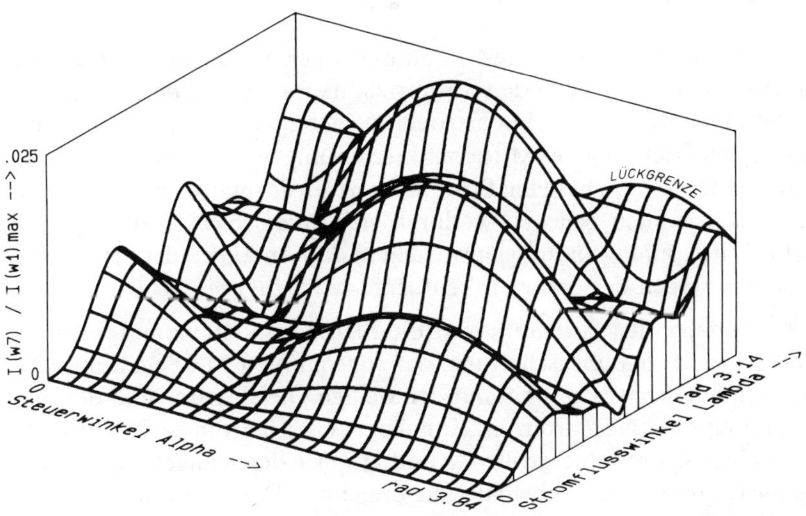

Bild 5-21. Beobachterfunktion für die siebte Harmonische ($i = 7$) des Wechselstromspektrums.

schwingung ist bereits auf 2,5% der Grundschwingung abgefallen. Für die weiteren Harmonischen findet man, daß die neunte ($i = 9$) mit 1,5%, die elfte ($i = 11$) mit 1,0%, die dreizehnte ($i = 13$) mit 0,7%, die fünfzehnte ($i = 15$) mit 0,5%, die siebzehnte ($i = 17$) mit 0,4%, die neunzehnte ($i = 19$) mit 0,3% und die einundzwanzigste ($i = 21$) mit 0,28% bezogen auf die Grundschwingung in Erscheinung treten können. Die Effektivwerte der Harmonischen des nichtsinusförmigen Wechselstroms nehmen mit wachsender Ordnungszahl langsamer ab, als dies beim Spektrum des welligen Gleichstroms der Fall ist.

Da sich die Beobachterfunktionen nicht nur in ihren Maximalwerten, sondern auch in ihrem qualitativen Verlauf unterscheiden, kann es für einen bestimmten Betriebszustand durchaus passieren, daß ein Effektivwert mit höherer Ordnungszahl einen mit niedrigerer Ordnungszahl übertrifft. Die Beobachterfunktionen nach Bild 5-7 bis Bild 5-21 sind von den starken Nichtlinearitäten netzgeführter Stromrichter geprägt, so daß die Realisierung Binärer Beobachter mit analogen Schaltkreisen unmöglich ist. Solche komplexen Abhängigkeiten lassen sich nur mit leistungsfähiger Mikroelektronik bewältigen.

5.3.2 Drehstrom-Mittelpunktschaltung (M3)

Mittelpunktschaltungen sind dadurch gekennzeichnet, daß ein Gleichstromanschluß von den Stromrichterventilen und der andere von der Wechselstrom- bzw. Drehstromseite gebildet wird [2]. Durch die Einweggleichrichtung in Mittelpunktschaltungen wird die Sekundärwicklung des vorgeschalteten Stromrichtertransformators mit pulsierenden Gleichströmen belastet, wodurch sich eine schlechte Ausnutzung ergibt. Mittelpunktschaltungen wurden in den Anfängen der Stromrichtertechnik wegen der geringen Ventilzahl bevorzugt eingesetzt.

Bild 5-22 zeigt den Aufbau sowie die Ströme und Spannungen einer Drehstrom-Mittelpunktschaltung, der sogenannten M3-Schaltung. Die pulsierende Gleichspannung und der wellige Gleichstrom sind dreipulsig, während der Netzstrom ein einpulsiger Gleichstrom ist. Die charakteristischen Stromrichtergrößen (a und λ) sowie deren zugehörige binäre Signale (a_B und λ_B) sind ebenfalls eingezeichnet. Der Stromrichter arbeitet im Lückbetrieb; seine Aussteuergrenzen können aus Gl. (5.29) für eine Pulszahl von $p = 3$ abgelesen werden.

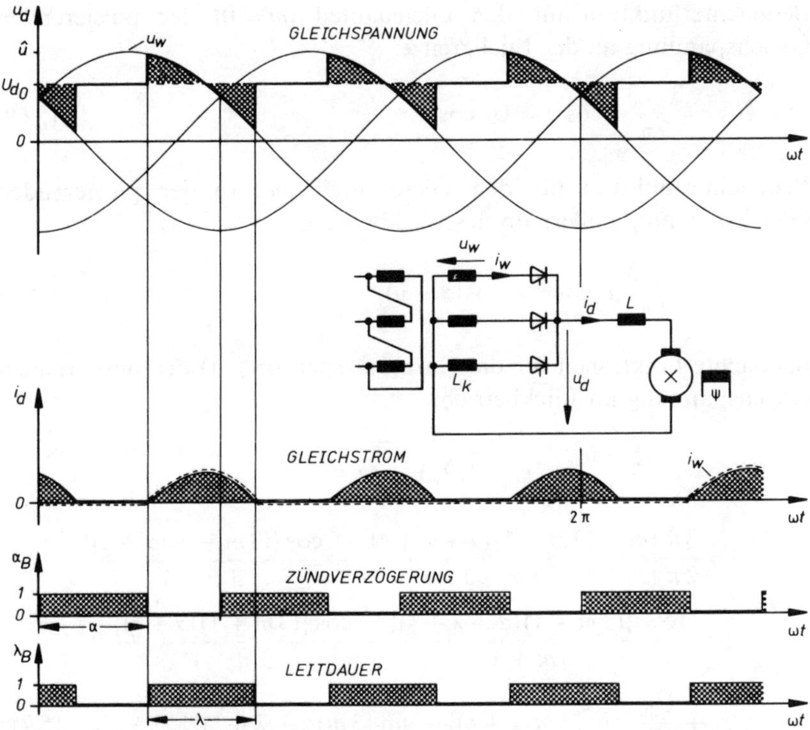

Bild 5-22. Spannungen und Ströme in M3-Stromrichtern.

Bevor man die Beobachterfunktionen der M3-Schaltung herleitet, muß zunächst die Grundschwingungsfrequenz auf die Netzfrequenz umgerechnet werden. Gemäß Gl. (5.30) gilt im Gleichstromkreis $\omega_1 = 3\,\omega$ und im Wechselstromkreis $\omega_1 = \omega$, wobei hier zusätzlich noch ein Gleichglied im Strom zu beachten ist. Da die Herleitung der Beobachterfunktionen analog zur B2-Schaltung durchzuführen ist, kann auf die umfangreichen Rechenoperationen an dieser Stelle verzichtet werden. Für die Effektivwerte der drei Spektren findet man nacheinander die nachfolgenden Ausdrücke.

Beobachterfunktion für den Gleichanteil ($m = 0$) der pulsierenden Gleichspannung im Lückbetrieb:

$$U_{\mathrm{d0}} = \frac{\hat{u}}{\lambda}\{\sin(\alpha + \lambda - \tfrac{\pi}{3}) - \sin(\alpha - \tfrac{\pi}{3})\}\,. \tag{5.68}$$

Beobachterfunktion für den Gleichanteil ($m = 0$) der pulsierenden Gleichspannung an der Lückgrenze:

$$U_{d0} = \frac{3\sqrt{3}}{2\pi}\hat{u}\cos\alpha = U_{di}\cos\alpha\,. \qquad (5.69)$$

Beobachterfunktion für den Gleichanteil ($m = 0$) der pulsierenden Gleichspannung außerhalb des Lückbetriebs:

$$U_{d0} = \frac{3\sqrt{3}}{4\pi}\hat{u}\left\{\cos\alpha + \cos(\alpha + u)\right\}. \qquad (5.70)$$

Beobachterfunktionen für die Harmonischen ($m \geq 1$) der pulsierenden Gleichspannung im Lückbetrieb:

$$U_{dm} = \sqrt{\frac{a_m^2 + b_m^2}{2}}; \quad m = 1, 2, 3, \ldots \infty;$$

$$a_m = \frac{3\hat{u}}{2\pi}\left\{\frac{\cos\{(3m-1)(\alpha+\lambda+\frac{\pi}{6})\}}{3m-1} - \frac{\cos\{(3m-1)(\alpha+\frac{\pi}{6})\}}{3m-1} - \right.$$
$$- \frac{\cos\{(3m+1)(\alpha+\lambda+\frac{\pi}{6})\}}{3m+1} + \frac{\cos\{(3m+1)(\alpha+\frac{\pi}{6})\}}{3m+1} +$$
$$+ \frac{U_{d0}}{\pi m}\left\{\sin\{3m(\alpha+\tfrac{\pi}{2})\} - \sin\{3m(\alpha+\lambda+\tfrac{\pi}{6})\}\right\}; \qquad (5.71)$$

$$b_m = \frac{3\hat{u}}{2\pi}\left\{\frac{\sin\{(3m-1)(\alpha+\lambda+\frac{\pi}{6})\}}{3m-1} - \frac{\sin\{(3m-1)(\alpha+\frac{\pi}{6})\}}{3m-1} - \right.$$
$$- \frac{\sin\{(3m+1)(\alpha+\lambda+\frac{\pi}{6})\}}{3m+1} + \frac{\sin\{(3m+1)(\alpha+\frac{\pi}{6})\}}{3m+1} +$$
$$+ \frac{U_{d0}}{\pi m}\left\{\cos\{3m(\alpha+\lambda+\tfrac{\pi}{6})\} - \cos\{3m(\alpha+\tfrac{\pi}{2})\}\right\}.$$

Beobachterfunktion für den Gleichanteil ($k = 0$) des welligen Gleichstroms im Lückbetrieb:

$$I_{d0} = \frac{3\hat{u}}{2\pi\omega L}\left\{\sin(\alpha+\tfrac{\pi}{6}) - \sin(\alpha+\lambda+\tfrac{\pi}{6})\right.$$
$$\left. + \frac{\lambda}{2}\left\{\cos(\alpha+\tfrac{\pi}{6}) + \cos(\alpha+\lambda+\tfrac{\pi}{6})\right\}\right\}. \qquad (5.72)$$

Beobachterfunktion für den Gleichanteil ($k = 0$) des welligen Gleichstroms an der Lückgrenze:

$$I_{d0} = \frac{3\,\hat{u}}{2\,\pi\,\omega\,L}(\sqrt{3} - \tfrac{\pi}{3})\sin\alpha\,. \tag{5.73}$$

Beobachterfunktion für den Gleichanteil ($k = 0$) des welligen Gleichstroms außerhalb des Lückbetriebs:

$$I_{d0} = \frac{3\,\hat{u}}{2\,\pi\,\omega\,L}(\sqrt{3} - \tfrac{\pi}{3})\sin\alpha + \frac{\sqrt{3}\,\hat{u}}{2\,\pi\,\omega\,L_K}\{\cos\alpha - \cos(\alpha + u)\}\,. \tag{5.74}$$

Beobachterfunktionen für die Harmonischen ($k \geq 1$) des welligen Gleichstroms im Lückbetrieb:

$$I_{dk} = \sqrt{\frac{a_k^2 + b_k^2}{2}}; \quad k = 1, 2, 3, \ldots \infty; \quad \omega_1 = 3\,\omega$$

$$\begin{aligned} a_k = \frac{\hat{u}}{\pi\,\omega\,L}\Bigg\{ & \frac{\cos(\alpha + \frac{\pi}{6})\sin(3\,k\,\lambda)}{k} - \\ & - \frac{3}{2}\,\frac{\sin(\alpha + \frac{\pi}{6}) + \sin\{(3\,k - 1)\,\lambda - \alpha - \frac{\pi}{6}\}}{3\,k - 1} + \\ & + \frac{3}{2}\,\frac{\sin(\alpha + \frac{\pi}{6}) - \sin\{(3\,k + 1)\,\lambda + \alpha + \frac{\pi}{6}\}}{3\,k + 1}\Bigg\} - \\ & - \frac{U_{d0}}{\pi\,\omega\,L \cdot k}\left\{\frac{1 - \cos(3\,k\,\lambda)}{3\,k} - \lambda\sin(3\,k\,\lambda)\right\}; \end{aligned} \tag{5.75}$$

$$\begin{aligned} b_k = \frac{\hat{u}}{\pi\,\omega\,L}\Bigg\{ & \frac{\cos(\alpha + \frac{\pi}{6})\,\{1 - \cos(3\,k\,\lambda)\}}{k} + \\ & + \frac{3}{2}\,\frac{\cos\{(3\,k - 1)\,\lambda - \alpha - \frac{\pi}{6}\} - \cos(\alpha + \frac{\pi}{6})}{3\,k - 1} + \\ & + \frac{3}{2}\,\frac{\cos\{(3\,k + 1)\,\lambda + \alpha + \frac{\pi}{6}\} - \cos(\alpha + \frac{\pi}{6})}{3\,k + 1}\Bigg\} + \\ & + \frac{U_{d0}}{\pi\,\omega\,L \cdot k}\left\{\lambda\cos(3\,k\,\lambda) - \frac{\sin(3\,k\,\lambda)}{3\,k}\right\}. \end{aligned}$$

Beobachterfunktionen für die Harmonischen (i = ungerade) des nichtsinusförmigen Wechselstroms im Lückbetrieb:

$$I_{wi} = \sqrt{\frac{a_i^2 + b_i^2}{2}}; \quad i = 1, 3, 5, \ldots \infty; \quad \omega_1 = \omega$$

$$a_i = \frac{\hat{u}}{\pi\,\omega\,L}\left\{\frac{\cos(\alpha+\frac{\pi}{6})\sin(i\,\lambda)}{i} - \frac{\sin(\alpha+\frac{\pi}{6}) + \sin\{(i-1)\,\lambda - \alpha - \frac{\pi}{6}\}}{2\,(i-1)} + \right.$$

$$\left. + \frac{\sin(\alpha+\frac{\pi}{6}) - \sin\{(i+1)\,\lambda + \alpha + \frac{\pi}{6}\}}{2\,(i+1)}\right\} +$$

$$+ \frac{U_{d0}}{\pi\,\omega\,L\cdot i}\left\{\frac{1-\cos(i\,\lambda)}{i} - \lambda\sin(i\,\lambda)\right\}; \qquad (5.76)$$

$$b_i = \frac{\hat{u}}{\pi\,\omega\,L}\left\{\frac{\cos(\alpha+\frac{\pi}{6})\,\{1-\cos(i\,\lambda)\}}{i} + \right.$$

$$+ \frac{\cos\{(i-1)\,\lambda - \alpha - \frac{\pi}{6}\} - \cos(\alpha+\frac{\pi}{6})}{2\,(i-1)} +$$

$$\left. + \frac{\cos\{(i+1)\,\lambda + \alpha + \frac{\pi}{6}\} - \cos(\alpha+\frac{\pi}{6})}{2\,(i+1)}\right\} +$$

$$+ \frac{U_{d0}}{\pi\,\omega\,L\cdot i}\left\{\lambda\cos(i\,\lambda) - \frac{\sin(i\,\lambda)}{i}\right\}.$$

Hinzu kommt noch ein Gleichanteil von $I_{d0}/3$. Die graphische Auswertung dieser Beobachterfunktionen zeigt, daß sich der qualitative Verlauf gegenüber den entsprechenden Funktionen der B2-Schaltung kaum verändert hat. Der zulässige Aussteuerbereich der charakteristischen Stromrichtergrößen muß gemäß Gl. (5.29) beachtet werden.

5.3.3 Drehstrom-Brückenschaltung (B6)

Brückenschaltungen sind dadurch gekennzeichnet, daß beide Gleichstromanschlüsse von den Stromrichterventilen gebildet werden. Durch die Zweiweggleichrichtung in Brückenschaltungen müssen keine Stromrichtertransformatoren vorgeschaltet werden. Die B6-Schaltung ist das Standardstellglied für Gleichstromantriebe im Leistungsbereich ab einigen Kilowatt.

Bild 5-23 zeigt den Aufbau sowie die Ströme und Spannungen einer Drehstrom-Brückenschaltung. Die welligen Zustandsgrößen im Gleichstromkreis sind sechspulsig ($p = 6$), was dem Stromrichter sehr gute dynamische Eigenschaften verleiht. Die charakteristischen Stromrichtergrößen a und λ sind in ihren Aussteuergrenzen nach Gl. (5.29) festgelegt.

Für die Herleitung der Beobachtergleichungen nach Abschn. 5.1 ist wieder der Zusammenhang von Grundschwingungsfrequenz und Netzfre-

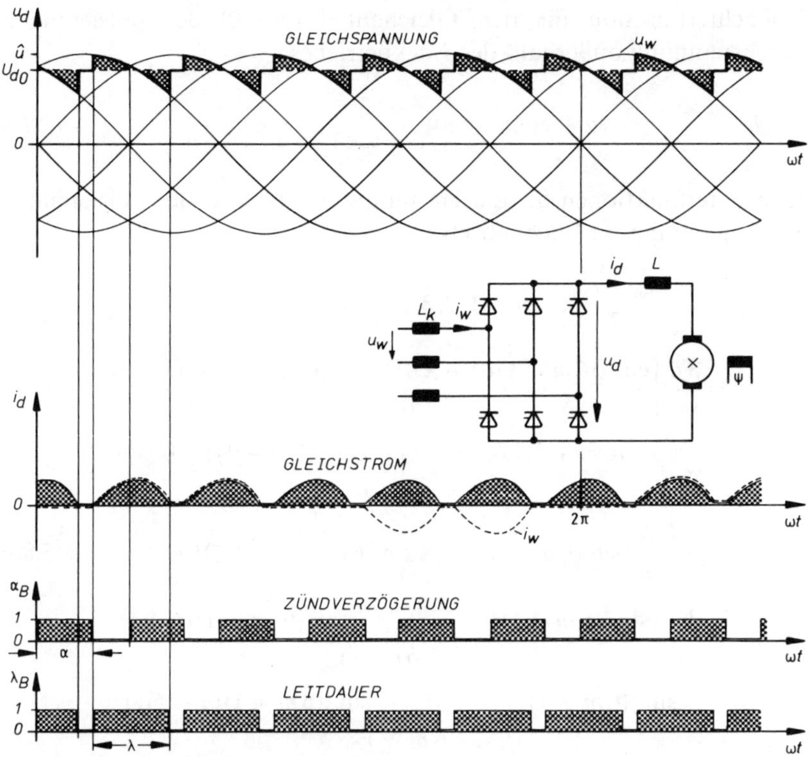

Bild 5-23. Spannungen und Ströme in B6-Stromrichtern.

quenz zu beachten. Im Gleichstromkreis gilt $\omega_1 = 6\,\omega$ und im Wechselstromkreis $\omega_1 = \omega$. Nach einigem Rechenaufwand lassen sich für die elektrischen Zustandsgrößen der verschiedenen Spektren die folgenden Abhängigkeiten gewinnen.

Beobachterfunktion für den Gleichanteil ($m = 0$) der pulsierenden Gleichspannung im Lückbetrieb:

$$U_{\mathrm{d0}} = \frac{\hat{u}}{\lambda}\{\sin(\alpha + \lambda - \tfrac{\pi}{6}) - \sin(\alpha - \tfrac{\pi}{6})\}\,. \tag{5.77}$$

Beobachterfunktion für den Gleichanteil ($m = 0$) der pulsierenden Gleichspannung an der Lückgrenze:

$$U_{\mathrm{d0}} = \frac{3\,\hat{u}}{\pi}\cos\alpha = U_{\mathrm{di}}\cos\alpha\,. \tag{5.78}$$

Beobachterfunktion für den Gleichanteil ($m = 0$) der pulsierenden Gleichspannung außerhalb des Lückbetriebes:

$$U_{d0} = \frac{3\,\hat{u}}{2\,\pi}\{\cos\alpha + \cos(\alpha + u)\}\,. \tag{5.79}$$

Beobachterfunktionen für die Harmonischen ($m \geq 1$) der pulsierenden Gleichspannung im Lückbetrieb:

$$U_{dm} = \sqrt{\frac{a_m^2 + b_m^2}{2}}; \quad m = 1, 2, 3, \ldots \infty;$$

$$a_m = \frac{3\,\hat{u}}{\pi}\left\{\frac{\cos\{(6\,m-1)(\alpha+\lambda+\frac{\pi}{3}) - \cos\{(6\,m-1)(\alpha+\frac{\pi}{3})\}}{6\,m-1} - \right.$$

$$\left. - \frac{\cos\{(6\,m+1)(\alpha+\lambda+\frac{\pi}{3}) - \cos\{(6\,m+1)(\alpha+\frac{\pi}{3})\}}{6\,m+1}\right\} +$$

$$+ \frac{U_{d0}}{\pi\,m}\{\sin\{6\,m(\alpha+\tfrac{\pi}{2})\} - \sin\{6\,m(\alpha+\lambda+\tfrac{\pi}{3})\}\}; \tag{5.80}$$

$$b_m = \frac{3\,\hat{u}}{\pi}\left\{\frac{\sin\{(6\,m-1)(\alpha+\lambda+\frac{\pi}{3}) - \sin\{(6\,m-1)(\alpha+\frac{\pi}{3})\}}{6\,m-1} - \right.$$

$$\left. - \frac{\sin\{(6\,m+1)(\alpha+\lambda+\frac{\pi}{3}) - \sin\{(6\,m+1)(\alpha+\frac{\pi}{3})\}}{6\,m+1}\right\} +$$

$$+ \frac{U_{d0}}{\pi\,m}\{\cos\{6\,m(\alpha+\lambda+\tfrac{\pi}{3})\} - \cos\{6\,m(\alpha+\tfrac{\pi}{2})\}\}.$$

Beobachterfunktion für den Gleichanteil ($k = 0$) des welligen Gleichstroms im Lückbetrieb:

$$I_{d0} = \frac{3\,\hat{u}}{\pi\,\omega\,L}\left\{\sin(\alpha+\tfrac{\pi}{3}) - \sin(\alpha+\lambda+\tfrac{\pi}{3}) + \frac{\lambda}{2}\{\cos(\alpha+\tfrac{\pi}{3}) + \right.$$

$$\left. + \cos(\alpha+\lambda+\tfrac{\pi}{3})\}\right\}. \tag{5.81}$$

Beobachterfunktion für den Gleichanteil ($k = 0$) des welligen Gleichstroms an der Lückgrenze:

$$I_{d0} = \frac{2\,\hat{u}}{\pi\,\omega\,L}\left\{1 - \frac{\sqrt{3}\,\pi}{6}\right\}\sin\alpha\,. \tag{5.82}$$

Beobachterfunktion für den Gleichanteil ($k = 0$) des welligen Gleichstroms außerhalb des Lückbetriebs:

$$I_{d0} = \frac{2\hat{u}}{\pi\omega L}\left\{1 - \frac{\sqrt{3}\pi}{6}\right\}\sin\alpha + \frac{\hat{u}}{2\omega L_K}\{\cos\alpha - \cos(\alpha + u)\}. \quad (5.83)$$

Beobachterfunktionen für die Harmonischen ($k \geq 1$) des welligen Gleichstroms im Lückbetrieb:

$$I_{dk} = \sqrt{\frac{a_k^2 + b_k^2}{2}}; \quad k = 1, 2, 3, \ldots \infty;$$

$$\begin{aligned} a_k = \frac{\hat{u}}{\pi\omega L}\Bigg\{&\frac{\cos(\alpha + \frac{\pi}{3})\sin(6k\lambda)}{k} - \\ &- 3\frac{\sin(\alpha + \frac{\pi}{3}) + \sin\{(6k-1)\lambda - \alpha - \frac{\pi}{3}\}}{6k-1} + \\ &+ 3\frac{\sin(\alpha + \frac{\pi}{3}) - \sin\{(6k+1)\lambda + \alpha + \frac{\pi}{3}\}}{6k+1}\Bigg\} - \\ &- \frac{U_{d0}}{\pi\omega L\cdot k}\left\{\frac{1 - \cos(6k\lambda)}{6k} - \lambda\sin(6k\lambda)\right\}. \end{aligned} \quad (5.84)$$

$$\begin{aligned} b_k = \frac{\hat{u}}{\pi\omega L}\Bigg\{&\frac{\cos(\alpha + \frac{\pi}{3})\{1 - \cos(6k\lambda)\}}{k} + \\ &+ 3\frac{\cos\{(6k-1)\lambda - \alpha - \frac{\pi}{3}\} - \cos(\alpha + \frac{\pi}{3})}{6k-1} + \\ &+ 3\frac{\cos\{(6k+1)\lambda + \alpha + \frac{\pi}{3}\} - \cos(\alpha + \frac{\pi}{3})}{6k+1}\Bigg\} + \\ &+ \frac{U_{d0}}{\pi\omega L\cdot k}\left\{\lambda\cos(6k\lambda) - \frac{\sin(6k\lambda)}{6k}\right\}. \end{aligned}$$

Beobachterfunktionen für die Harmonischen (i = ungerade) des nichtsinusförmigen Wechselstroms im Lückbetrieb:

$$I_{wi} = \sqrt{\frac{a_i^2 + b_i^2}{2}}; \quad i = 1, 3, 5, \ldots \infty; \quad \omega_1 = \omega;$$

$$a_i = \frac{2\hat{u}}{\pi\omega L}\left\{\frac{\cos(\alpha+\frac{\pi}{3})\sin(i\lambda)}{i} - \frac{\sin(\alpha+\frac{\pi}{3})+\sin\{(i-1)\lambda-\alpha-\frac{\pi}{3}\}}{2(i-1)} + \right.$$

$$+ \frac{\sin(\alpha+\frac{\pi}{3}) - \sin\{(i+1)\lambda+\alpha+\frac{\pi}{3})\}}{2(i+1)} +$$

$$+ \frac{\cos(\alpha+\frac{\pi}{3})\{\sin(i\frac{\pi}{3}+i\lambda) - \sin(i\frac{\pi}{3})\}}{i} +$$

$$+ \frac{\sin\{(i-1)\frac{\pi}{3}-\alpha\} - \sin\{(i-1)\lambda+(i-1)\frac{\pi}{3}-\alpha\}}{2(i-1)} +$$

$$\left. + \frac{\sin\{(i+1)\frac{\pi}{3}+\alpha\} - \sin\{(i+1)\lambda+(i+1)\frac{\pi}{3}+\alpha\}}{2(i+1)}\right\} +$$

$$+ \frac{2U_{d0}}{\pi\omega L\cdot i}\left\{\frac{1-\cos(i\lambda)}{i} - \lambda\sin(i\lambda) + \frac{\cos(i\frac{\pi}{3}) - \cos(i\frac{\pi}{3}+i\lambda)}{i} - \right.$$

$$\left. - \lambda\sin(i\tfrac{\pi}{3}+i\lambda)\right\}; \tag{5.85}$$

$$b_i = \frac{2\hat{u}}{\pi\omega L}\left\{\frac{\cos(\alpha+\frac{\pi}{3})\{1-\cos(i\lambda)\}}{i} + \right.$$

$$+ \frac{\cos\{(i-1)\lambda-\alpha-\frac{\pi}{3}\} - \cos(\alpha+\frac{\pi}{3})}{2(i-1)} +$$

$$+ \frac{\cos\{(i+1)\lambda+\alpha+\frac{\pi}{3}\} - \cos(\alpha+\frac{\pi}{3})}{2(i+1)} +$$

$$+ \frac{\cos(\alpha+\frac{\pi}{3})\{\cos(i\frac{\pi}{3}) - \cos\{i\frac{\pi}{3}+i\lambda\}\}}{i} +$$

$$+ \frac{\cos\{(i-1)\lambda+(i-1)\frac{\pi}{3}-\alpha\} - \cos\{(i-1)\frac{\pi}{3}-\alpha\}}{2(i-1)} +$$

$$+ \frac{\cos\{(i+1)\lambda+(i+1)\frac{\pi}{3}+\alpha\} - \cos\{(i+1)\frac{\pi}{3}+\alpha\}}{2(i+1)} +$$

$$+ \frac{2U_{d0}}{\pi\omega L\cdot i}\left\{\lambda\cos(i\lambda) - \frac{\sin(i\lambda)}{i} + \lambda\cos(i\tfrac{\pi}{3}+i\lambda) - \right.$$

$$\left. - \frac{\sin(i\frac{\pi}{3}+i\lambda) - \sin(i\frac{\pi}{3})}{i}\right\}.$$

Dabei ist zu beachten, daß in der Beobachterfunktion für die Grundschwingung ($i = 1$) die Division durch null auftritt, was durch eine Grenzwertbetrachtung nach l'HOSPITAL behoben werden muß. Ferner darf U_{d0} durch den Ausdruck nach Gl. (5.77) substituiert werden. Während bei der B2- und M3-Schaltung $\hat{u}$ der Scheitelwert der Strangspannung ist, stellt im Falle der B6-Schaltung $\hat{u}$ den Scheitelwert der verketteten Leiterspannung dar.

Praktische Anwendungsbeispiele für Binäre Beobachter in netzgeführten Stromrichterantrieben werden in Abschn. 6 ausführlich behandelt.

5.4 Binäre Beobachter in kommutierungslosen Stromrichtern

Kommutierungslose Stromrichterantriebe enthalten als Stellglieder Wechselstromsteller bzw. Drehstromsteller. Diese arbeiten als Umrichter, indem sie aus einem festen Wechsel- bzw. Drehstromsystem ein neues variabler Spannung und fester Frequenz erzeugen. Der Energiefluß ist nur in einer Richtung möglich (Einquadrantenbetrieb). Realisiert werden Wechsel- bzw. Drehstromsteller aus antiparallelen Thyristorpaaren, die im Bereich kleiner Leistungen als sogenannte Triacs in großen Stückzahlen eingesetzt werden.

Haupteinsatzgebiet des *Wechselstromstellers* sind alle drehzahlvariablen Haushaltsgeräte sowie Temperatur- und Helligkeitssteuerungen, wobei durch Phasenanschnitt der Effektivwert der Ausgangspannung dem Leistungsbedarf des Verbrauchers angepaßt wird. Die Steuerkennlinien kommutierungsloser Stromrichter sind stark nichtlinear und hängen von der Art der Belastung ab.

Drehstromsteller finden ihr Einsatzgebiet beim Sanftanlauf von Drehstromasynchronmaschinen sowie bedingt zur Drehzahlverstellung über den Schlupf. Solche schlupfabhängigen Methoden sind jedoch auf Lüfter- und Pumpenantriebe im Drehzahlbereich von 50% bis 100% der Nenndrehzahl beschränkt.

In kommutierungslosen Stromrichtern sind Kommutierungsvorgänge prinzipiell nicht zugelassen, d. h. ein neues Stromrichterventil darf immer erst dann gezündet werden, wenn das alte stromlos geworden ist. Dieser kommutierungslose Betrieb entspricht dem Lückbetrieb bei netzgeführten Stromrichtern, so daß für die Herleitung der Beobachterfunktionen nur der Steuerwinkel (a) und die Leitdauer (λ) als charakteristische Stromrichtergrößen zu berücksichtigen sind.

Die folgenden Betrachtungen beschränken sich zunächst auf Wechselstromsteller, die auf eine passive Last arbeiten. Die gewonnenen Ergebnisse lassen sich auf die verschiedenen Antriebsvarianten übertragen bzw. erweitern. In *Bild 5-24* ist der zeitliche Verlauf der nichtsinusförmigen Verbraucherspannung (u_v) und des ebenfalls nicht sinusförmigen Verbraucherstroms (i_v) eines Wechselstromstellers dargestellt, der eine Ohmsche induktive Last speist. Die Wechselspannung am Eingang (Netzseite) ist sinusförmig und hat den Scheitelwert $\hat{u}$. Der Wechselstrom (i_w) im Netz entspricht dem Verbraucherstrom (i_v). In der Darstellung nach Bild 5-24 wurde der Netzsinus um den Winkel α nach links verschoben,

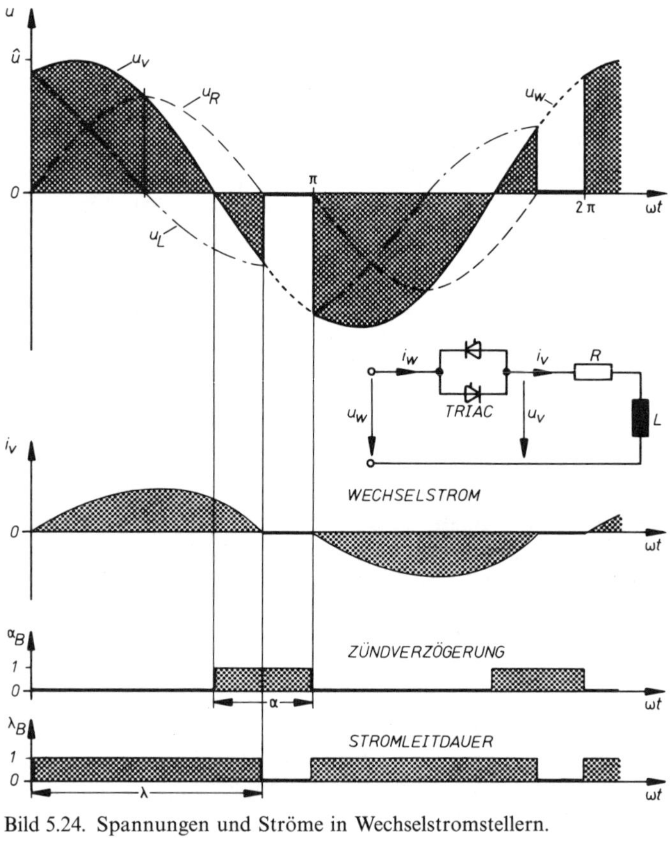

Bild 5.24. Spannungen und Ströme in Wechselstromstellern.

so daß für $\omega t = 0$ gerade gezündet wird und damit der Stromfluß beginnt. Dieser Ansatz führt selbstverständlich auf die gleichen Resultate, als das ohne die Verschiebung der Fall wäre; dafür sorgen die unterschiedlichen Intervallgrenzen.

Für die Grundschwingungsfrequenz gilt in allen Betriebsbereichen des Wechselstromstellers $\omega_1 = \omega$ und zwar sowohl auf der Netz- als auch auf der Verbraucherseite.

5.4.1 Binärer Wechselspannungsbeobachter

Der zeitliche Verlauf der Verbraucherspannung teilt sich nach Bild 5-24 in vier Intervalle auf:

$$u_v(\omega t) = \begin{cases} \hat{u}\sin(\omega t + \alpha); & \text{im Bereich } 0 \leq \omega t \leq \lambda \\ 0; & \text{im Bereich } \lambda \leq \omega t \leq \pi \\ \hat{u}\sin(\omega t + \alpha); & \text{im Bereich } \pi \leq \omega t \leq \pi + \lambda \\ 0; & \text{im Bereich } \pi + \lambda \leq \omega t \leq 2\pi \end{cases}. \tag{5.86}$$

Da es sich um eine reine Wechselspannung handelt, gibt es keinen Gleichanteil. Die Beobachterfunktionen für die Effektivwerte der Harmonischen lassen sich mit Hilfe der Fourierkoeffizienten wie folgt bestimmen:

$$U_{vv} = \sqrt{\frac{a_v^2 + b_v^2}{2}}. \tag{5.87}$$

Um Verwechslungen zu vermeiden, soll die Ordnungszahl mit v bezeichnet werden. Wegen der Symmetrieeigenschaften der Verbraucherspannung (u_v) genügt es, wenn die beiden Teilkoeffizienten des ersten Intervalls berechnet werden. Für die zweiten Teilkoeffizienten gilt der Ansatz nach Gl. (5.62), so daß insgesamt folgt:

$$a_v = \begin{cases} 2\,a_{v1} & \text{für } v = 1, 3, 5, 7, \ldots \infty \\ 0 & \text{für } v = 2, 4, 6, \ldots \infty \end{cases},$$

und (5.88)

$$b_v = \begin{cases} 2\,b_{v1} & \text{für } v = 1, 3, 5, 7, \ldots \infty \\ 0 & \text{für } v = 2, 4, 6, \ldots \infty \end{cases},$$

d. h. es treten nur Harmonische mit ungeraden Ordnungszahlen im Spektrum der Verbraucherspannung auf, da für geradzahlige Ordnungszahlen eine Auslöschung der Harmonischen stattfindet. Für die beiden relevanten Teilkoeffizienten folgen nach Gl. (5.11) und (5.13) die Ansätze:

$$a_{\nu 1} = \frac{1}{\pi} \int_0^{\lambda} \hat{u} \sin(\omega t + \alpha) \cos\{\nu(\omega t + \alpha)\}\, d\omega t;$$
$$b_{\nu 1} = \frac{1}{\pi} \int_0^{\lambda} \hat{u} \sin(\omega t + \alpha) \sin\{\nu(\omega t + \alpha)\}\, d\omega t. \qquad (5.89)$$

Wie man sieht, lassen sich die Fourierkoeffizienten unter Berücksichtigung von Gl. (5.88) nach wenigen Zwischenschritten als Funktion der beiden charakteristischen Stromrichtergrößen a und λ sowie der Ordnungszahl $\nu = 1, 3, 5, 7, \dots \infty$ anschreiben:

$$a_\nu = \frac{\hat{u}}{\pi} \left\{ \frac{\cos\{(\nu - 1)(\alpha + \lambda)\} - \cos\{(\nu - 1)\alpha\}}{\nu - 1} - \frac{\cos\{(\nu + 1)(\alpha + \lambda)\} - \cos\{(\nu + 1)\alpha\}}{\nu + 1} \right\};$$
$$b_\nu = \frac{\hat{u}}{\pi} \left\{ \frac{\sin\{(\nu - 1)(\alpha + \lambda)\} - \sin\{(\nu - 1)\alpha\}}{\nu - 1} - \frac{\sin\{(\nu + 1)(\alpha + \lambda)\} - \sin\{(\nu + 1)\alpha\}}{\nu + 1} \right\}. \qquad (5.90)$$

Die Unbestimmtheit dieser Gleichungen für die Ordnungszahl $\nu = 1$ muß durch eine Grenzwertbildung nach l'HOSPITAL ausgeräumt werden, so daß für die Koeffizienten der Grundschwingung a_1 und b_1 die Ausdrücke:

$$a_1 = \lim_{\nu \to 1} a_\nu = \frac{\hat{u}}{2\pi} \{\cos 2\alpha - \cos 2(\alpha - \lambda)\};$$
$$b_1 = \lim_{\nu \to 1} b_\nu = \frac{\hat{u}}{2\pi} \{2\lambda + \sin 2\alpha - \sin 2(\alpha - \lambda)\} \qquad (5.91)$$

ergänzend zu Gl. (5.90) verwendet werden müssen. In *Bild 5-25* ist die Beobachterfunktion für die Grundschwingung der Verbraucherspannung dreidimensional dargestellt, und zwar im Wertebereich $0 \le \alpha \le \pi$ und $0 \le \lambda \le \pi$. Der maximale Effektivwert der Grundschwingung (Grundschwingungsgehalt) kann theoretisch bis zu 100% des gesamten Effektivwertes betragen, wenn nämlich die Leitdauer über eine halbe Periode reicht. In diesem Betriebszustand werden die vollen Halbwellen des Netzsinus durchgeschaltet, wodurch der Effektivwert unabhängig

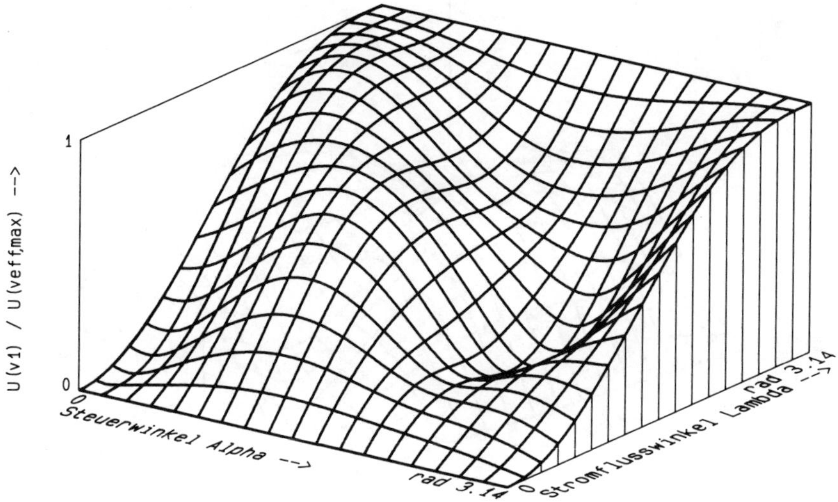

Bild 5-25. Beobachterfunktion für die Grundschwingung ($\nu = 1$) des Spannungsspektrums.

vom Steuerwinkel wird. Da die zweite Harmonische ($\nu = 2$) im Spektrum der Verbraucherspannung nicht enthalten ist, folgt als nächste, existierende Harmonische die dritte ($\nu = 3$). Die Beobachterfunktion dieser zweiten Oberschwingung zeigt *Bild 5-26*, wobei deren Effektivwert im ungünstigsten Fall noch 41,4% der Grundschwingung erreichen kann. Auffallend ist, daß dieser Effektivwert an der Grenzlinie ($\lambda = \pi$) konstant null ist; d.h., daß hier keine Oberschwingungen auftreten dürfen, da die Grundschwingung eine reine Sinusform angenommen hat. Dies bestätigt auch die Beobachterfunktion für die fünfte Harmonische ($\nu = 5$) der Verbraucherspannung in *Bild 5-27*. Diese vierte Oberschwingung des Spannungsspektrums kann noch maximal auf 25,2% der Grundschwingung anwachsen. Berechnet man das Spektrum weiter, so findet man, daß die dreizehnte Harmonische noch einen Anteil von knapp 10% der Grundschwingung erreichen kann, während die einunddreißigste Harmonische bei 4% liegt. Diese hohen Anteile der Harmonischen sind die direkte Folge des nichtsinusförmigen Verlaufs der Verbraucherspannung, insbesondere der Sprungstellen durch den Phasenanschnitt.

Eine weitere nützliche Zustandsgröße ist der gesamte Effektivwert, wie er bereits in Gl. (5.21) definiert wurde:

$$U_V = \sqrt{U_{V1}^2 + U_{V3}^2 + U_{V5}^2 + \ldots + U_{V\infty}^2}\,. \tag{5.92}$$

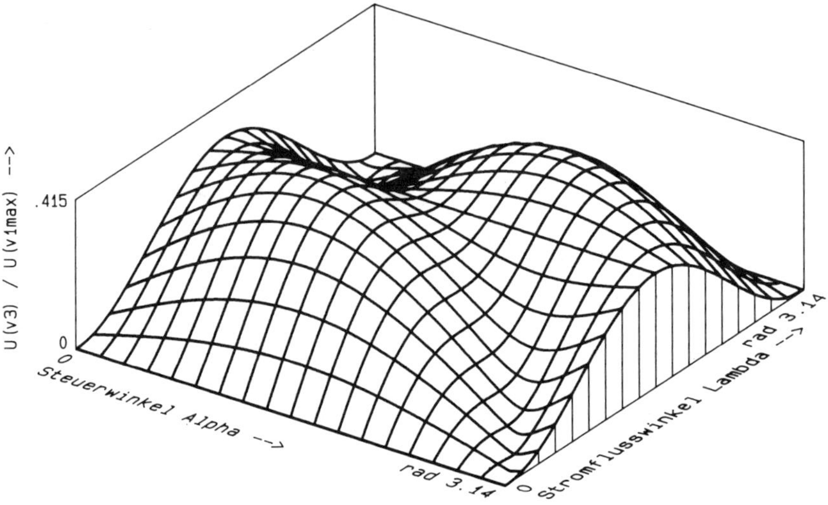

Bild 5-26. Beobachterfunktion für die dritte Harmonische ($v = 3$) des Spannungsspektrums.

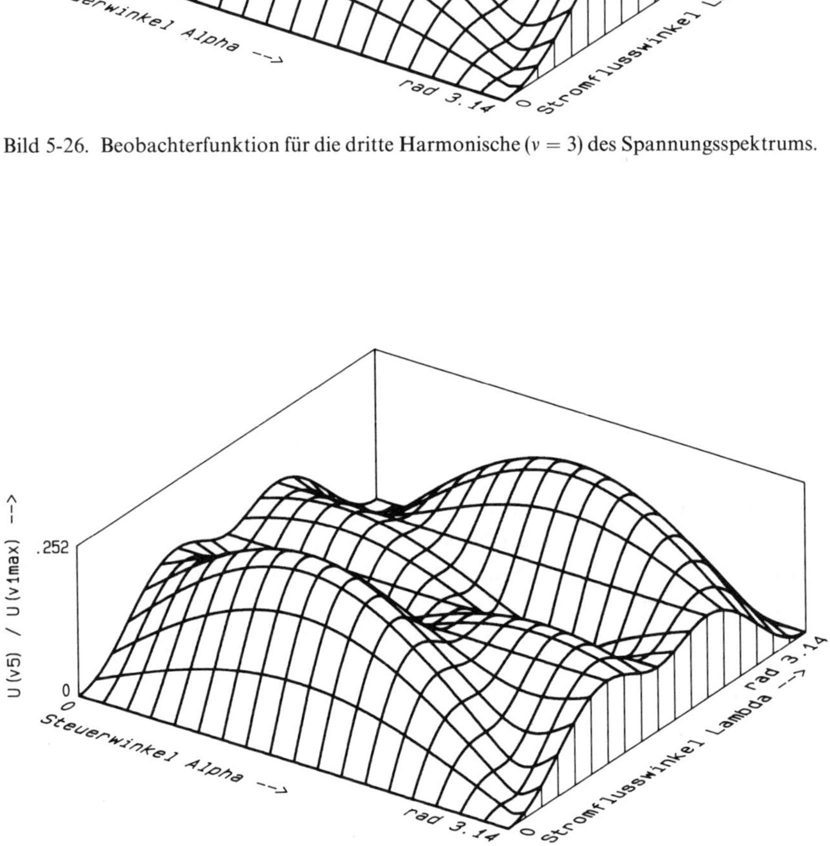

Bild 5-27. Beobachterfunktion für die fünfte Harmonische ($v = 5$) des Spannungsspektrums.

Setzt man die Effektivwerte der einzelnen Harmonischen ein und faßt zusammen, so erhält man ebenfalls einen geschlossenen Ausdruck in a und λ. Die Beobachterfunktion für den gesamten Effektivwert der Verbraucherspannung lautet:

$$U_V = \frac{\hat{u}}{2}\sqrt{\tfrac{1}{\pi}\{2\lambda + \sin 2\alpha - \sin 2(\alpha + \lambda)\}}\,. \tag{5.93}$$

Bild 5-28 zeigt diese Beobachterfunktion als 3D-Plot, die an der Grenzfläche $\lambda = \pi$ mit der Beobachterfunktion der Grundschwingung zusammenfällt. Lediglich im Bereich $\lambda < \pi$ werden die Oberschwingungen noch überlagert. Die dargestellten Beobachterfunktionen gelten auch für andere Wechselstromsteller-gespeiste Verbraucher, wie z. B. Asynchronmaschinen und Universalmotoren, da der zeitliche Verlauf der Verbraucherspannung unabhängig von der angeschlossenen Last ist. Diese bestimmt lediglich die Leitdauer der Stromrichterventile. Ganz anders liegen die Verhältnisse beim Entwurf Binärer Beobachter für den Verbraucherstrom, da der zeitliche Verlauf des Stroms von den Gegebenheiten im Verbraucherkreis abhängt.

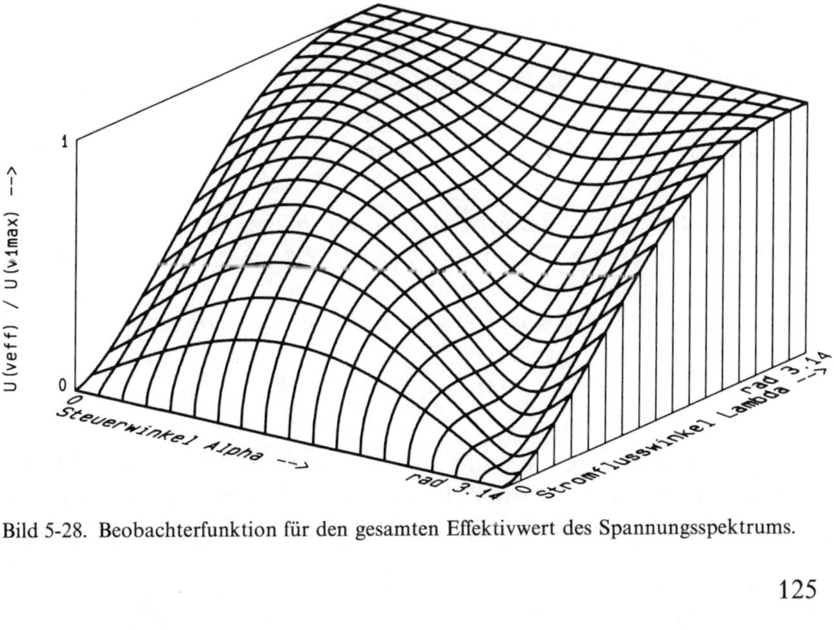

Bild 5-28. Beobachterfunktion für den gesamten Effektivwert des Spannungsspektrums.

5.4.2 Binärer Wechselstrombeobachter

Der zeitliche Verlauf des Wechselstroms (i_v) durch den Ohmschen induktiven Verbraucher und den Wechselstromsteller kann Bild 5-24 entnommen werden. Dieser Verlauf hängt ganz entscheidend vom Spannungsabfall (u_R) am Ohmschen Widerstand ab. Es gelten die Beziehungen:

$$u_V(\omega t) = u_R(\omega t) + u_L(\omega t);$$
$$u_R(\omega t) = R\, i_V(\omega t); \tag{5.94}$$
$$u_L(\omega t) = \omega L \frac{d\, i_V(\omega t)}{d\omega t}.$$

Daraus erhält man für den zeitlichen Verlauf des Verbraucherstroms eine lineare Differentialgleichung erster Ordnung:

$$\frac{d\, i_V(\omega t)}{d\omega t} + \frac{R}{\omega L} i_V(\omega t) = \frac{u_v(\omega t)}{\omega L}. \tag{5.95}$$

Nach den Entwurfskriterien für Binäre Beobachter muß der zeitliche Verlauf des Verbraucherstroms durch das Lösen dieser Differentialgleichung gewonnen werden, um dann eine Harmonische Analyse vornehmen zu können. Diesen langwierigen Weg kann man etwas abkürzen, indem man aus dem bekannten Spektrum der Verbraucherspannung:

$$u_V(\omega t) = \sum_{\nu=1,3}^{\infty} a_\nu \cos(\nu\, \omega t) + b_\nu \sin(\nu\, \omega t) \tag{5.96}$$

direkt das Spektrum des Verbraucherstroms:

$$i_V(\omega t) = \sum_{\nu=1,3}^{\infty} A_\nu \cos(\nu\, \omega t) + B_\nu \sin(\nu\, \omega t) \tag{5.97}$$

berechnet. Setzt man diese beiden Fourierreihen in Gl. (5.95) ein, so erhält man durch Koeffizientenvergleich Abhängigkeiten zwischen den unbekannten Fourierkoeffizienten A_ν, B_ν des Verbraucherstroms und den bekannten Fourierkoeffizienten a_ν, b_ν der Verbraucherspannung:

$$A_\nu = \frac{R\, a_\nu - \omega L\, \nu\, b_\nu}{R^2 + (\omega L\, \nu)^2}; \quad B_\nu = \frac{R\, b_\nu + \omega L\, \nu\, a_\nu}{R^2 + (\omega L\, \nu)^2}, \tag{5.98}$$

wobei die Koeffizienten a_ν und b_ν die gewünschten Abhängigkeiten von den charakteristischen Stromrichtergrößen für die Beobachtergleichungen des Verbraucherstroms liefern. Die Beobachterfunktionen für die

Effektivwerte der einzelnen Harmonischen erhält man über die Beziehung:

$$I_{\mathrm{v}\nu} = \sqrt{\frac{A_\nu^2 + B_\nu^2}{2}}; \quad \nu = 1, 3, 5, \ldots \infty \tag{5.99}$$

bzw. der gesamte Effektivwert des Verbraucherstroms ist gegeben durch:

$$I_{\mathrm{v}} = \sqrt{I_{\mathrm{v}1}^2 + I_{\mathrm{v}3}^2 + I_{\mathrm{v}5}^2 + \ldots + I_{\mathrm{v}\infty}^2}\,. \tag{5.100}$$

In den folgenden Bildern sind die Beobachtergleichungen der ersten drei Harmonischen dreidimensional dargestellt. Dabei ist zu beachten, daß die einzelnen Maximalwerte der Harmonischen unterschiedliche Aussteuerparameter aufweisen. *Bild 5-29* zeigt die Beobachterfunktion für die Grundschwingung des Verbraucherstroms. An der Grenzfläche $\lambda = \pi$ erreicht die Grundschwingung 100% des gesamten Effektivwertes aller Harmonischen, so daß für diesen Betriebszustand keine Oberschwingungen auftreten. Die Beobachterfunktionen von Stromgrundschwingung und Spannungsgrundschwingung haben qualitativ den gleichen Verlauf. Die Verbindung zwischen beiden Funktionsverläufen stellt die Grundschwingungsimpedanz $Z_1 = [R^2 + (\omega L)^2]^{1/2}$ her. Die Beobachterfunktion für den Effektivwert der dritten Harmonischen ist in *Bild 5-30* zu sehen. Diese zweite Stromoberschwingung bringt es nur noch auf maxi-

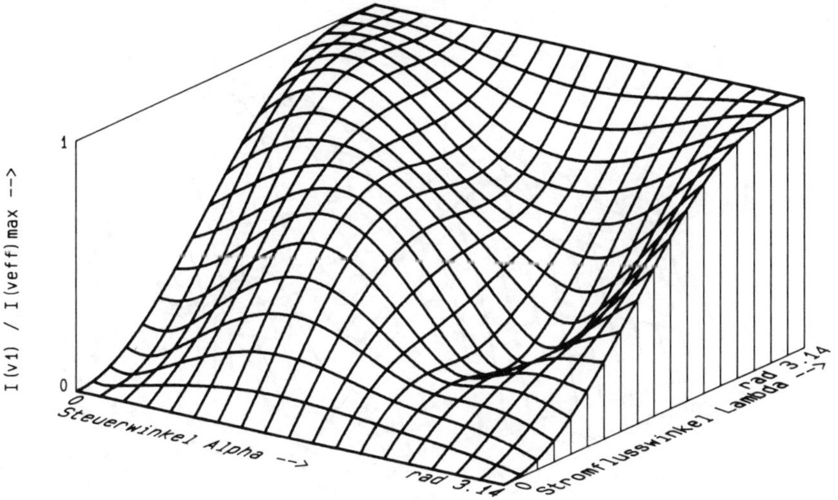

Bild 5-29. Beobachterfunktion für die Grundschwingung ($\nu = 1$) des Stromspektrums.

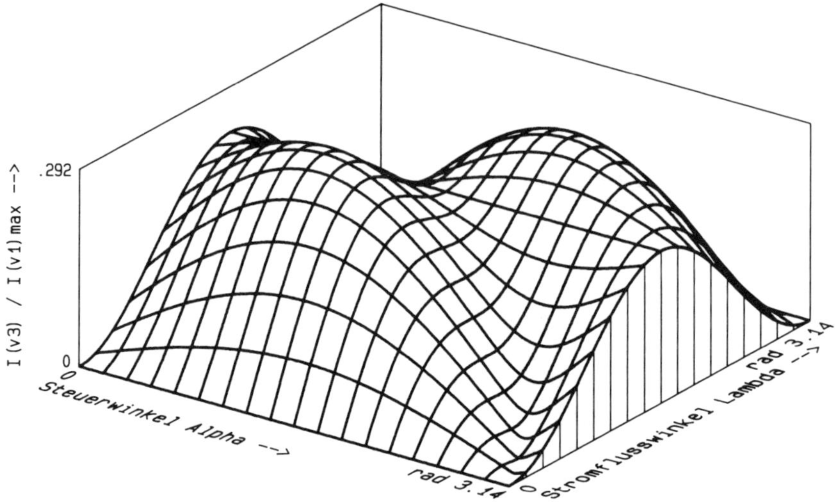

Bild 5-30. Beobachterfunktion für die dritte Harmonische ($\nu = 3$) des Stromspektrums.

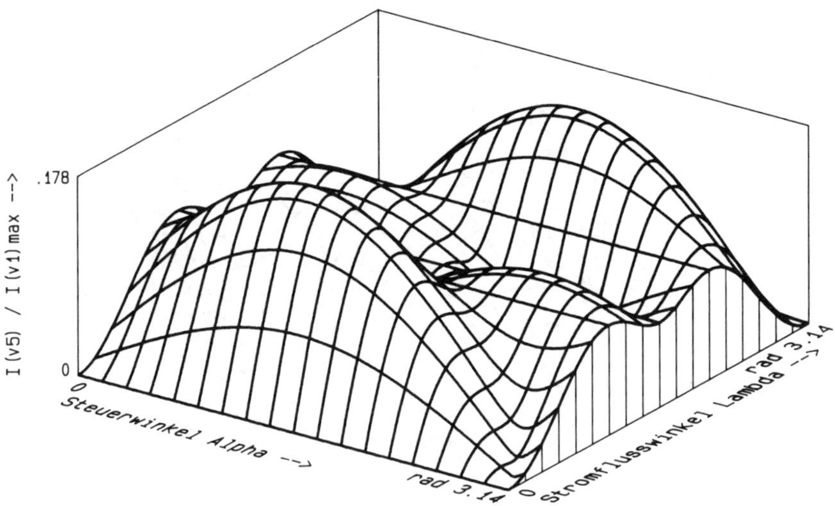

Bild 5-31. Beobachterfunktion für die fünfte Harmonische ($\nu = 5$) des Stromspektrums.

mal 29,2% der Grundschwingung, verglichen mit 41,4% bei der zweiten Spannungsoberschwingung. Dieser Trend liegt darin begründet, daß die Reaktanzen ($\nu \omega L$) im Nenner der Fourierkoeffizienten stehen und mit steigender Frequenz stark zunehmen. Dies wird durch den Verlauf der Beobachterfunktion für den Effektivwert der fünften Harmonischen in *Bild 5-31* bestätigt, deren Maximum lediglich noch mit 17,8% der Grundschwingung auftreten kann. Bereits die dreizehnte Stromharmonische liegt unter einem Prozent, während die dreizehnte Spannungsharmonische immerhin noch mit 9,7% auftritt.

Eine harmonische Analyse des Netzstroms erübrigt sich, da der Netzstrom und der Verbraucherstrom in Wechselstromstellern identisch sind. Die praktische Anwendung Binärer Beobachter in Wechselstromstellern wird in Abschn. 6 für einige gebräuchliche Antriebsbeispiele ausführlich behandelt.

5.5 Binäre Beobachter in selbstgeführten Stromrichtern

Selbstgeführte Stromrichterschaltungen arbeiten mit Zwangskommutierung, d. h. ein Einschalten und Ausschalten der Stromrichterventile ist zu jedem Zeitpunkt möglich [29; 30]. Da keine natürlichen Kommutierungsspannungen vorhanden sind, müssen in selbstgeführten Stromrichtern auch keine Zündverzögerungen wie in netzgeführten Stromrichtern berücksichtigt werden. Als charakteristische Stromrichtergrößen treten die Leitdauer, auch Einschaltdauer oder Tastverhältnis genannt, und die Überlappung bei Kommutierungsvorgängen auf.

Die Fähigkeit der Ventile, selbständig den Stromfluß zu unterbrechen, wird durch Löscheinrichtungen parallel zu den Hauptthyristoren erreicht. Die Löscheinrichtungen enthalten in der Regel einen sogenannten Umschwingkondensator, der die erforderliche Kommutierungsblindleistung zur Verfügung stellt. Die grundlegenden Schaltungen von Stromrichtern mit Zwangskommutierung sind schon sehr lange bekannt [2]. Verglichen mit netzgeführten Stromrichtern ist der Aufwand an Leistungselektronik in selbstgeführten Stromrichtern groß, so daß deren Einsatz bisher auf Antriebe großer Leistung und Sonderantriebe für extreme Betriebsbedingungen beschränkt war.

Durch die Fortschritte auf den Gebieten der bipolaren Leistungstransistoren, Power MOSFETs (metal-oxide semiconductor field effect transistors), GTOs (gate turn-off thyristors) und IGBTs (insulated gate bipolar transistors) stehen Halbleiterventile zur Verfügung, die im Gegensatz zu den normalen Thyristoren über einen Steueranschluß durch Erhöhung des Durchlaßwiderstandes gesperrt werden können. Dadurch entfallen sämtliche Löscheinrichtungen, so daß der Aufwand an Leistungselektronik beim Aufbau selbstgeführter Stromrichter erheblich reduziert werden kann und dieser Stromrichtertyp auch für Antriebe von 1 kW bis 100 kW mehr und mehr interessant wird.

Haupteinsatzgebiete selbstgeführter Stromrichter sind Gleichstromsteller für hochdynamische und geräuscharme Gleichstromantriebe sowie Frequenzumrichter für geregelte Drehstromantriebe. Diese letztgenannte Antriebsvariante gestattet den Einsatz des robusten Käfigläufer-Asynchronmotors, wodurch die Realisierung von wartungsarmen Regelantrieben für den Dauerbetrieb möglich wird.

Auch selbstgeführte Stromrichter arbeiten im Interesse hoher Wirkungsgrade im Schaltbetrieb, woraus sich binäre Stromrichterinformationen ableiten lassen, die einem Binären Beobachter zur Berechnung der elektrischen Zustandsgrößen zugeführt werden können. Am Beispiel eines *Transistorchoppers* soll im folgenden die Herleitung der Beobachtergleichungen durchgeführt werden. Mit Hilfe dieser Ergebnisse können sowohl sensorlose Gleichstromantriebe als auch sensorlose Drehstromantriebe aufgebaut werden.

5.5.1 Binärer Chopperspannungsbeobachter

Der Gleichstromsteller, auch kurz Chopper oder Zerhacker genannt, ist ein typischer Vertreter der selbstgeführten Stromrichter. *Bild 5-32* zeigt einen Transistorchopper, der auf die variable Gegenspannung eines Lastkreises arbeitet. Dies kann z.B. die EMK einer Gleichstrommaschine oder die Kondensatorspannung im Gleichstromzwischenkreis eines Frequenzumrichters sein. Zur thermischen Entlastung des Leistungstransistors (Tr) während der Abschaltphasen muß ein Kommutierungskondensator (C_K) vorgesehen werden, der die Kommutierung des Chopperstroms (i_z) auf den Freilaufzweig übernimmt.

Aus dem zeitlichen Verlauf der pulsierenden Chopperspannung (u_z) und des welligen Chopperstroms (i_z) in Bild 5-32 läßt sich die Wirkungsweise des Transistorchoppers sehr anschaulich ablesen. Der Leistungstransistor (Tr) schaltet die konstante Gleichspannung (U_G) periodisch für bestimmte Abschnitte (λ) auf die Last durch. Die Schaltfrequenz

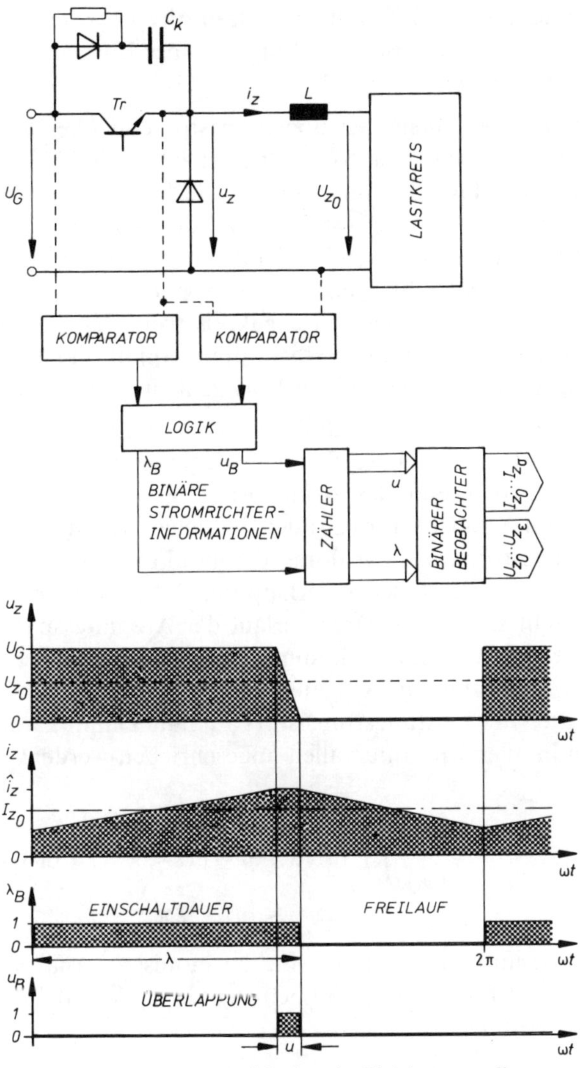

Bild 5-32. Spannungen und Ströme in Gleichstromstellern.

$f = 1/T = \omega/2\pi$ liegt bei den meisten Gleichstromstellern im Bereich von einigen kHz. Im Falle eines *Thyristorchoppers* ändern sich die Strom- und Spannungsverläufe geringfügig, da der Kommutierungskondensator hier zum Zeitpunkt $\omega t = \lambda - u$ auf die volle Gleichspannung

(U_G) aufgeladen sein muß, um eine Löschung des Hauptthyristors einleiten zu können [2]. Die Vorgehensweise beim Entwurf eines Binären Beobachters ändert sich aber nicht.

Führt man die Spannung über dem Leistungstransistor und über der Freilaufdiode je einem Komparator zu, so erhält man zwei Schaltinformationen, aus denen durch logische Verknüpfung die beiden binären Stromrichterinformationen λ_B und u_B abgeleitet werden können. Ein Zähler erzeugt schließlich die entsprechenden Winkel in digitaler Form, mit deren Hilfe ein Binärer Beobachter das gesamte Spektrum der Zwischenkreisspannung ($U_{z0} \ldots U_{z\varepsilon}$) und des Zwischenkreisstroms ($I_{z0} \ldots I_{z\sigma}$) am Chopperausgang berechnen kann. Die Überlappung (u) in Bild 5-32 wurde aus Darstellungsgründen breiter als in Wirklichkeit gezeichnet.

Der zeitliche Verlauf der pulsbreitenmodulierten Zwischenkreisspannung $u_z(\omega t)$ wird während der Leitphase (Stromanstieg) von der Gleichspannung U_G bestimmt. Während des Kommutierungsvorgangs bestimmt die Spannung am Kondensator (C_K) den zeitlichen Verlauf von u_z. Da der Zwischenkreisstrom, bedingt durch die induktiven Verhältnisse im Zwischenkreis, während der Überlappung ($\lambda - u \leq \omega t \leq \lambda$) nahezu konstant ist, stellt sich ein linearer Verlauf der Ausgangsspannung ein. Erreicht diese den Wert null, so kommutiert der Strom auf den Freilaufzweig, und die Spannung am Ausgang des Choppers bleibt bis zum erneuten Einschalten des Leistungstransistors auf null. Damit kann der Spannungsverlauf in allen drei Intervallen angeschrieben werden:

$$u_z(\omega t) = \begin{cases} U_G; & \text{für } 0 \leq \omega t \leq \lambda - u \\ U_G\left(1 - \dfrac{\omega t - \lambda + u}{u}\right); & \text{für } \lambda - u \leq \omega t \leq \lambda. \\ 0; & \text{für } \lambda \leq \omega t \leq 2\pi \end{cases} \qquad (5.101)$$

Setzt man für diesen periodischen Verlauf eine harmonische Analyse gemäß Gl. (5.4) an, so folgt für den Fourierkoeffizienten a_0 des Gleichanteils unmittelbar der Ansatz:

$$a_0 = \frac{1}{\pi} \int_0^{\lambda - u} U_G \, d\omega_1 t + \frac{1}{\pi} \int_{\lambda - u}^{\lambda} U_G \left\{1 - \frac{\omega t - \lambda + u}{u}\right\} d\omega_1 t. \qquad (5.102)$$

Berücksichtigt man, daß die Grundschwingungsfrequenz gleich der Schaltfrequenz des Choppers ist ($\omega_1 = \omega$), so folgt mit Hilfe von Gl. (5.16) die gesuchte Beobachterfunktion für den arithmetischen Mittelwert der Chopperspannung als Funktion der charakteristischen Stromrichtergrößen λ und u:

$$U_{z0} = \frac{U_G}{2\pi}\left(\lambda - \frac{u}{2}\right). \tag{5.103}$$

Bild 5-33 zeigt diese Beobachterfunktion als 3D-Plot. Der Einfluß der Überlappung ist in weiten Bereichen vergleichsweise gering; lediglich für kleine Aussteuerungen wirkt sie sich aus. Das liegt daran, daß die Überlappung im Verhältnis zur Periodendauer verschwindend klein ist. Die maximale Überlappung wird durch den Kommutierungskondensator festgelegt. Sie liegt in der Praxis in der Größenordnung von wenigen elektrischen Graden (z. B. $0{,}017 \leq u \leq 0{,}126$). Für die Aussteuerbereiche der Stromrichtergrößen gelten die Zusammenhänge:

$$\begin{aligned} &u_{min} \leq u < u_{max}; \\ &\frac{u_{max}}{2} \leq \lambda \leq 2\pi. \end{aligned} \tag{5.104}$$

Die Beobachterfunktion für den Gleichanteil gemäß Bild 5-33 hängt linear von der Leitdauer ab und kann maximal den Wert der Eingangsgleichspannung annehmen.

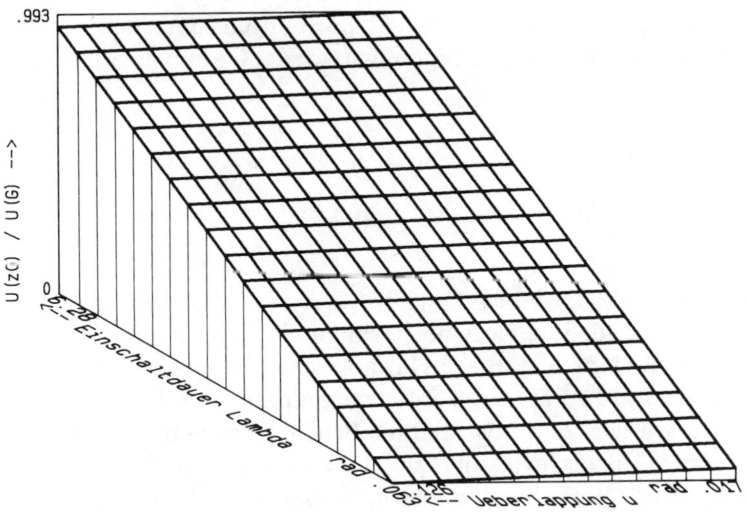

Bild 5-33. Beobachterfunktion für den Gleichanteil ($\varepsilon = 0$) der Chopperspannung.

Die Beobachterfunktionen für die effektiven Mittelwerte der Spannungsharmonischen findet man über den Zusammenhang:

$$U_{z\varepsilon} = \sqrt{\frac{a_\varepsilon^2 + b_\varepsilon^2}{2}}. \tag{5.105}$$

Für die Herleitung der Fourierkoeffizienten a_ε und b_ε setzt man den zeitlichen Verlauf der pulsierenden Chopperspannung in Gl. (5.11) und (5.13) ein. Mit der Randbedingung $\omega_1 = \omega$ folgt der Ansatz:

$$a_\varepsilon = \frac{1}{\pi} \int_0^{\lambda - u} U_G \cos(\varepsilon\,\omega\,t)\, d\omega\,t + \\ + \frac{1}{\pi} \int_{\lambda-u}^{\lambda} U_G \left\{1 - \frac{\omega\,t - \lambda + u}{u}\right\} \cos(\varepsilon\,\omega\,t)\, d\omega\,t \tag{5.106}$$

und in Analogie:

$$b_\varepsilon = \frac{1}{\pi} \int_0^{\lambda - u} U_G \sin(\varepsilon\,\omega\,t)\, d\omega\,t + \\ + \frac{1}{\pi} \int_{\lambda-u}^{\lambda} U_G \left\{1 - \frac{\omega\,t - \lambda + u}{u}\right\} \sin(\varepsilon\,\omega\,t)\, d\omega\,t. \tag{5.107}$$

Um Verwechslungen mit anderen Spektren zu vermeiden, soll die Ordnungszahl mit ε bezeichnet werden. Die Berechnung dieser Integrale führt nach einigen trigonometrischen Umformungen zu Ausdrücken, die von der Leitdauer und der Überlappung sowie der Ordnungszahl abhängen:

$$a_\varepsilon = \frac{U_G}{\pi\,u\,\varepsilon^2} \{\cos\{\varepsilon(\lambda - u)\} - \cos(\varepsilon\,\lambda)\}; \\ b_\varepsilon = \frac{U_G}{\pi\,\varepsilon} \left\{1 - \frac{\sin(\varepsilon\,\lambda) - \sin\{\varepsilon(\lambda - u)\}}{u\,\varepsilon}\right\}. \tag{5.108}$$

Durch Variieren der Ordnungszahl $\varepsilon = 1, 2, 3, \ldots \infty$ lassen sich die Beobachterfunktionen für jede einzelne Harmonische explizit angegeben. In den folgenen Bildern sind einige Harmonische dreidimensional dargestellt, wobei in allen Fällen die Aussteuergrenzen nach Gl. (5.104) berücksichtigt wurden. *Bild 5-34* zeigt die Beobachterfunktion für den Effektivwert der Grundschwingung ($\varepsilon = 1$), die maximal den Wert $\sqrt{2}\, U_G/\pi$ annehmen kann. Auch diese Beobachterfunktion weist eine starke Abhängigkeit von der Leitdauer und eine schwache Abhängigkeit von der

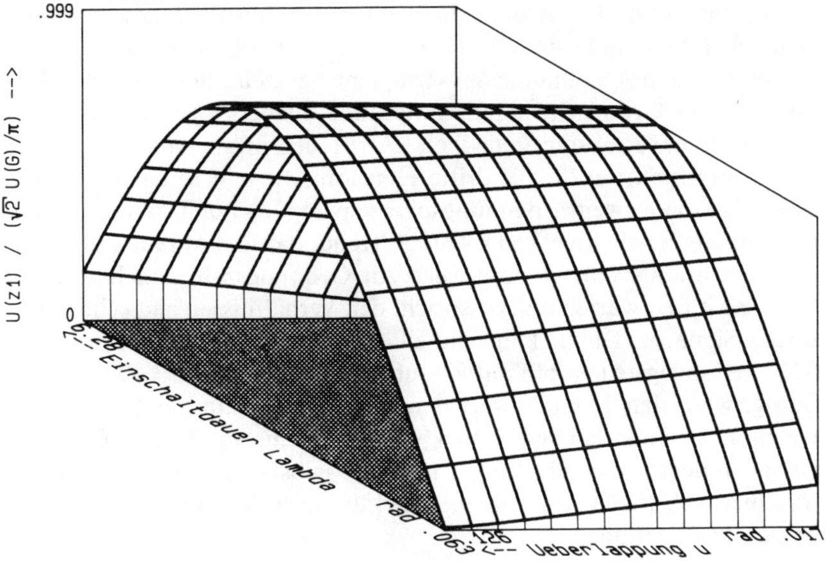

Bild 5-34. Beobachterfunktion für die Grundschwingung ($\varepsilon = 1$) des Spannungsspektrums.

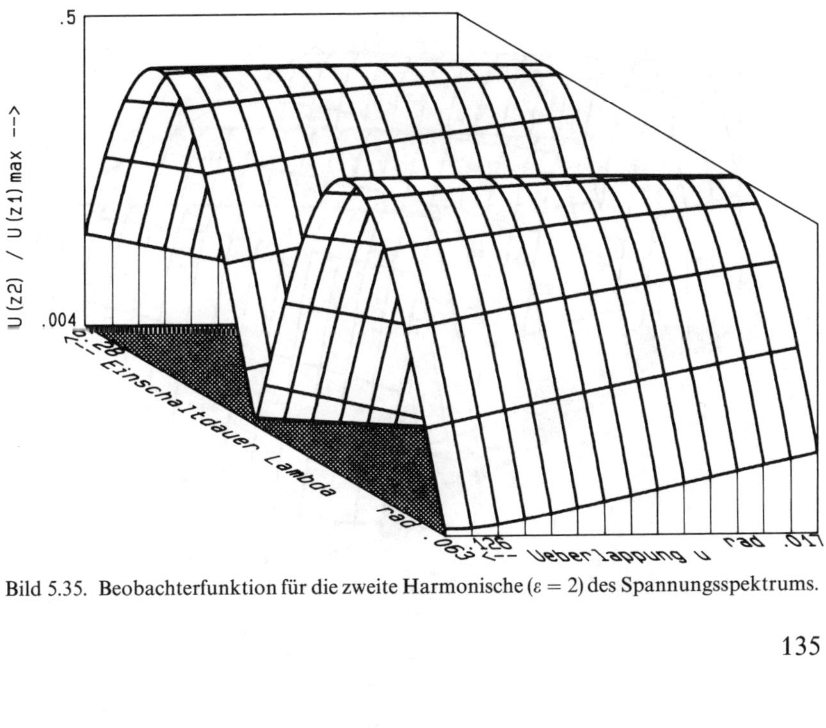

Bild 5.35. Beobachterfunktion für die zweite Harmonische ($\varepsilon = 2$) des Spannungsspektrums.

Überlappung auf. Die Beobachterfunktion für den Effektivwert der ersten Oberschwingung ($\varepsilon = 2$) ist in *Bild 5-35* dargestellt. Diese zweite Harmonische des Spannungsspektrums bringt es im ungünstigsten Fall auf 50% der Grundschwingungsamplitude. Dabei ist zu beachten, daß diese Extremwerte unterschiedliche Aussteuerparameter besitzen. Die Beobachterfunktion für die dritte Harmonische ($\varepsilon = 3$) nach *Bild 5-36* zeigt, daß diese zweite Spannungsoberschwingung auf 33% der Grundschwingung anwachsen kann. Dieser Trend, daß die Maxima der Harmonischen umgekehrt proportional zur Ordnungszahl abnehmen, war für $u \ll 2\pi$ zu erwarten und entspricht den Verhältnissen bei rechteckförmigen Signalen. Damit kann die elfte Harmonische ($\varepsilon = 11$) noch mit 9%, die fünfzigste ($\varepsilon = 50$) mit 2% und die hundertste ($\varepsilon = 100$) mit 1% bezogen auf den Maximalwert der Grundschwingung in Erscheinung treten. Der Sonderfall des idealen, rechteckförmigen Spannungsverlaufs ist in den Beobachtergleichungen für $u = 0$ selbstverständlich mit enthalten; hiernach findet man für die Effektivwerte der Harmonischen die bekannte Beziehung:

$$U_{z\varepsilon} = \frac{\sqrt{2}\, U_G}{\pi\, \varepsilon} \sin\left(\varepsilon \frac{\lambda}{2}\right). \qquad (5.109)$$

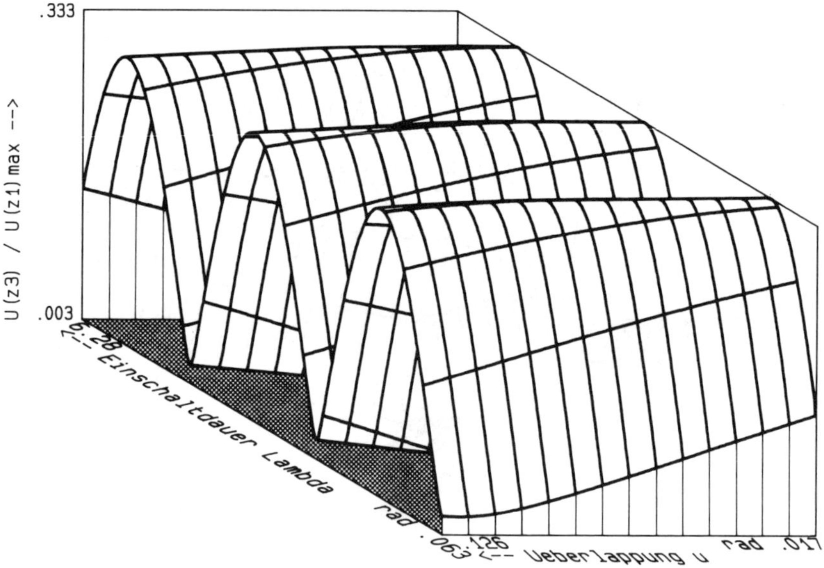

Bild 5-36. Beobachterfunktion für die dritte Harmonische ($\varepsilon = 3$) des Spannungsspektrums.

Da die Maximalwerte der Beobachterfunktionen unterschiedliche Aussteuerparameter aufweisen, kann es für einen bestimmten Betriebszustand des Gleichstromstellers durchaus passieren, daß ein Effektivwert mit höherer Ordnungszahl einen mit niedrigerer Ordnungszahl übertrifft.

5.5.2 Binärer Chopperstrombeobachter

Zur Beschreibung des Stromverlaufs $i_z(\omega t)$ müssen nach Bild 5-32 drei Abschnitte berücksichtigt werden. Während der Einschaltphase des Leistungstransistors Tr $(0 \leq \omega t \leq \lambda - u)$ wird der Chopperstrom im Zwischenkreis durch die konstante Spannungsdifferenz $U_G - U_{z0}$ an der Glättungsinduktivität (L) getrieben. Unter der Annahme, daß die Überlappung vernachlässigbar klein gegenüber der Periodendauer ist, darf der Zwischenkreisstrom während des Kommutierungsvorgangs als konstant angesetzt werden. Während des Freilaufs wird der Strom im Zwischenkreis durch die negative Spannungsdifferenz $(-U_{z0})$ an der Induktivität (L) abgebaut.

Die Kommutierungsvorgänge des Zwischenkreisstroms vom Leistungstransistor auf den Kommutierungskondensator und von der Freilaufdiode auf den Leistungstransistor laufen vergleichsweise schnell ab, so daß ihr Einfluß hier unberücksichtigt bleiben darf. Unter diesen Vorraussetzungen gilt für den Zwischenkreisstrom abschnittsweise:

$$i_z(\omega t) = \begin{cases} \hat{i}_z + \dfrac{U_G}{2\pi\omega L}\left(2\pi - \lambda + \dfrac{u}{2}\right)(\omega t - \lambda + u); & \text{für } 0 \leq \omega t \leq \lambda - u \\ \hat{i}_z; & \text{für } \lambda - u \leq \omega t \leq \lambda \\ \hat{i}_z - \dfrac{U_G}{2\pi\omega L}\left(\lambda - \dfrac{u}{2}\right)(\omega t - \lambda); & \text{für } \lambda \leq \omega t \leq 2\pi. \end{cases} \tag{5.110}$$

Setzt man für diesen periodischen Verlauf wiederum eine Harmonische Reihe gemäß Gl. (5.4) an, so erhält man unter Beachtung der Entwurfskriterien für Binäre Beobachter den Gleichanteil über den Ansatz:

$$\begin{aligned} a_0 = {} & \frac{1}{\pi}\int_0^{\lambda-u}\left\{\hat{i}_z + \frac{U_G}{2\pi\omega L}\left(2\pi - \lambda + \frac{u}{2}\right)(\omega t - \lambda + u)\right\}d\omega t + \\ & + \frac{1}{\pi}\int_{\lambda-u}^{\lambda}\hat{i}_z\,d\omega t + \frac{1}{\pi}\int_{\lambda}^{2\pi}\left\{\hat{i}_z - \frac{U_G}{2\pi\omega L}\left(\lambda - \frac{u}{2}\right)(\omega t - \lambda)\right\}d\omega t. \end{aligned} \tag{5.111}$$

Da der Kommutierungskondensator während des Kommutierungsvorgangs mit konstantem Strom auf den Wert der Gleichspannung U_G aufgeladen wird, kann der Scheitelwert des Zwischenkreisstroms durch den Ausdruck:

$$\hat{i}_z = \frac{\omega C_K U_G}{u} \tag{5.112}$$

substituiert werden. Unter Berücksichtigung von Gl. (5.16) folgt für die Beobachterfunktion des arithmetischen Mittelwertes nach einigen Rechenoperationen:

$$I_{z0} = \frac{\omega C_K U_G}{u} - \frac{U_G}{4\pi^2 \omega L} \left\{ \left(2\pi - \lambda + \frac{u}{2} \right) \frac{(\lambda - u)^2}{2} + \left(\lambda - \frac{u}{2} \right) \frac{(2\pi - \lambda)^2}{2} \right\}. \tag{5.113}$$

Diese Beobachterfunktion gestattet die sensorlose Ermittlung des Gleichanteils über die beiden charakteristischen Stromrichtergrößen λ und u. Wie *Bild 5-37* zeigt, weist diese Beobachterfunktion starke, nichtlineare Abhängigkeiten sowohl von der Leitdauer als auch von der Überlappung auf. Bezüglich der Aussteuergrenzen ist Gl. (5.104) zu beachten. Im Gegensatz zu netzgeführten Stromrichtern verhält sich der Gleichanteil des Stroms bei Gleichstromstellern umgekehrt proportional zur Überlappung, was durch den hyperbolischen Verlauf in Richtung u zum Ausdruck kommt.

Die Beobachterfunktionen für die effektiven Mittelwerte der Stromharmonischen findet man über die Beziehung:

$$I_{z\sigma} = \sqrt{\frac{a_\sigma^2 + b_\sigma^2}{2}}. \tag{5.114}$$

Zur Vermeidung von Verwechslungen mit anderen Spektren soll die Ordnungszahl der Stromharmonischen im Chopperzwischenkreis mit σ bezeichnet werden. Für die Herleitung der beiden Fourierkoeffizienten setzt man den zeitlichen Verlauf des welligen Chopperstroms in Gl. (5.11) und (5.13) ein und erhält so die Ansätze:

$$\begin{aligned} a_\sigma = {} & \frac{1}{\pi} \int_0^{\lambda - u} \left\{ \hat{i}_z + \frac{U_G}{2\pi\omega L} \left(2\pi - \lambda + \frac{u}{2} \right) (\omega t - \lambda + u) \right\} \cos(\sigma \omega t)\, d\omega t + \\ & + \frac{1}{\pi} \int_{\lambda - u}^{\lambda} \hat{i}_z \cos(\sigma \omega t)\, d\omega t + \\ & + \frac{1}{\pi} \int_{\lambda}^{2\pi} \left\{ \hat{i}_z - \frac{U_G}{2\pi\omega L} \left(\lambda - \frac{u}{2} \right) (\omega t - \lambda) \right\} \cos(\sigma \omega t)\, d\omega t \end{aligned} \tag{5.115}$$

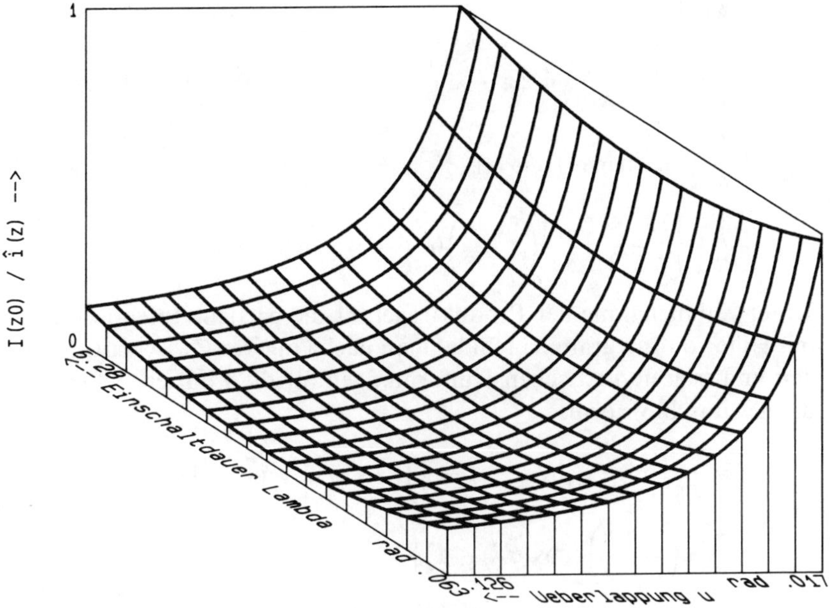

Bild 5-37. Beobachterfunktion für den Gleichanteil ($\sigma = 0$) des Chopperstroms.

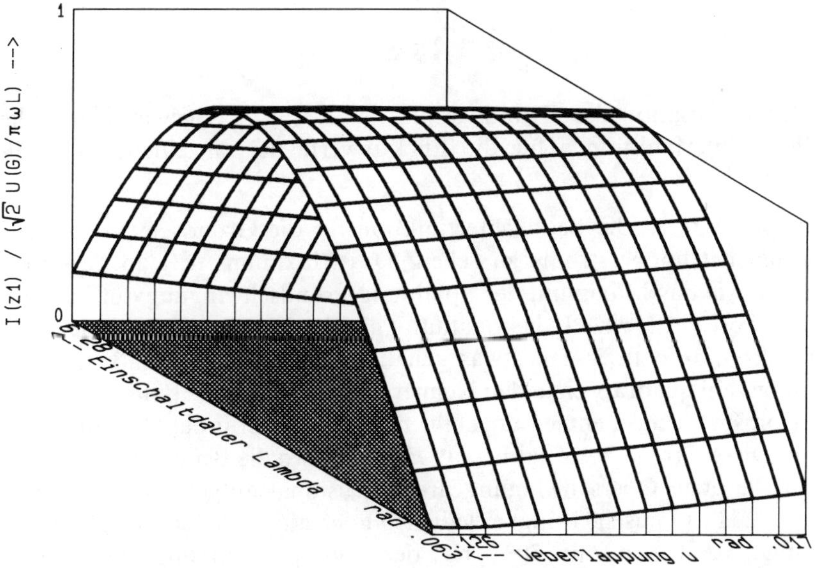

Bild 5-38. Beobachterfunktion für die Grundschwingung ($\sigma = 1$) des Stromspektrums.

und in Analogie:

$$b_\sigma = \frac{1}{\pi}\int\limits_0^{\lambda-u}\left\{\hat{i}_z + \frac{U_G}{2\pi\omega L}\left(2\pi - \lambda + \frac{u}{2}\right)(\omega t - \lambda + u)\right\}\sin(\sigma\omega t)\,d\omega t +$$

$$+\frac{1}{\pi}\int\limits_{\lambda-u}^{\lambda}\hat{i}_z\sin(\sigma\omega t)\,d\omega t + \qquad (5.116)$$

$$+\frac{1}{\pi}\int\limits_{\lambda}^{2\pi}\left\{\hat{i}_z - \frac{U_G}{2\pi\omega L}\left(\lambda - \frac{u}{2}\right)(\omega t - \lambda)\right\}\sin(\sigma\omega t)\,d\omega t\,.$$

Unter Zuhilfenahme der Produktregel für die partielle Integration und mit Hilfe von Integraltafeln findet man nach längeren Zwischenrechnungen und trigonometrischen Umformungen für die Fourierkoeffizienten die gewünschte Form:

$$a_\sigma = \frac{U_G}{2\pi^2\omega L\sigma^2}\left\{\left(2\pi - \lambda + \frac{u}{2}\right)(\cos\{\sigma(\lambda - u)\} - 1) + \right.$$

$$\left. + \left(\lambda - \frac{u}{2}\right)\{\cos(\sigma\lambda) - 1\}\right\};$$

$$b_\sigma = \frac{U_G}{2\pi^2\omega L\sigma}\left\{\left(2\pi - \lambda + \frac{u}{2}\right)\left(\frac{\sin\{\sigma(\lambda - u)\}}{\sigma} - \lambda + u\right) + \right. \qquad (5.117)$$

$$\left. + \left(\lambda - \frac{u}{2}\right)\left(\frac{\sin(\sigma\lambda)}{\sigma} + 2\pi - \lambda\right)\right\}.$$

Durch Variation der Ordnungszahl $\sigma = 1, 2, 3, \ldots \infty$ gewinnt man die Beobachterfunktionen für die Effektivwerte der einzelnen Harmonischen.

In *Bild 5-38* ist die Beobachterfunktion für die Grundschwingung des welligen Chopperstroms zu sehen. Das Maximum tritt an derselben Stelle wie das Maximum der Spannungsgrundschwingung auf und hat den Wert $\sqrt{2}\,U_G/\pi\,\omega\,L$ bei qualitativ gleichem Verlauf. Betrachtet man die Fourierkoeffizienten etwas genauer, so findet man, daß die Ordnungszahl quadratisch in den Nenner eingeht; d. h. die Effektivwerte des Stromspektrums nehmen ungefähr mit dem Quadrat der Ordnungszahl ab. Diesen Trend bestätigt bereits *Bild 5-39*, wo die Beobachterfunktion für die erste Oberschwingung dreidimensional aufgetragen ist. Diese zweite Harmonische bringt es lediglich noch auf 25% der Grundschwingung, verglichen mit 50% bei der Chopperspannung. Die Beobachterfunktion für die dritte Harmonische nach *Bild 5-40* zeigt, daß

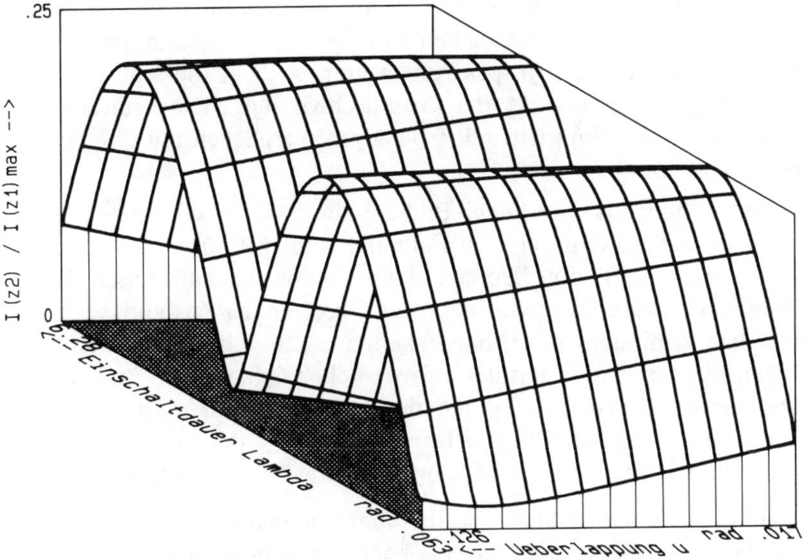

Bild 5-39. Beobachterfunktion für die zweite Harmonische ($\sigma = 2$) des Stromspektrums.

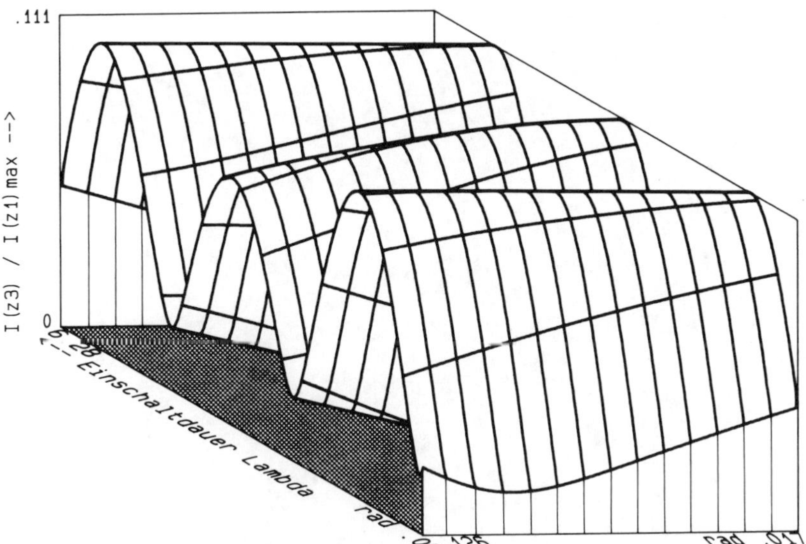

Bild 5.40. Beobachterfunktion für die dritte Harmonische ($\sigma = 3$) des Stromspektrums.

diese zweite Oberschwingung nur noch auf 11% der Stromgrundschwingung anwachsen kann, verglichen mit 33% im Spannungsspektrum. Berechnet man das Stromspektrum weiter, so liegt die sechste Oberschwingung bereits bei 2% der Grundschwingung. Die neunundvierzigste Oberschwingung tritt mit 0,04% auf, verglichen mit 2% bei der Chopperspannung.

Die Beobachterfunktionen nach Bild 5-33 bis 5-40 weisen starke Nichtlinearitäten auf, so daß auch im Falle der selbstgeführten Stromrichter eine Realisierung Binärer Beobachter mit analogen Schaltkreisen ebenso unmöglich ist wie ein Entwurf nach den Gesetzen der Zustandsbeobachter. Solche komplizierten Abhängigkeiten lassen sich nur von leistungsfähigen Mikrorechnern mit der erforderlichen Genauigkeit und Reproduzierbarkeit bearbeiten. Wegen der hohen Anzahl mathematischer Operationen kommen für die Implementierung der Beobachteralgorithmen nur schnelle 16-bit-Mikroprozessorsysteme in Betracht.

An Hand der Entwurfskriterien für Binäre Beobachter und der zahlreichen Herleitungsbeispiele von Beobachtergleichungen für die unterschiedlichen Stromrichtergruppen sollte eine ausreichende Grundlage für den Umgang mit diesem Verfahren geschaffen sein. Die weiteren Betrachtungen beziehen sich auf die Anwendung Binärer Beobachter in elektrischen Antrieben.

6. Antriebsbeispiele für die Low-Cost-Automatisierung

Durch die Istwertbildung mit Binären Beobachtern wird der Hardwareaufwand in geregelten, elektrischen Antrieben erheblich reduziert, da die teuren Sensoren und A/D-Wandler entfallen dürfen. Solche beobachterorientierten Antriebsregelungen bieten sich für den Einsatz in der Low-Cost-Automatisierung an. Aus dem großen Anwendungsfeld für stromrichtergespeiste Antriebe sollen in diesem Abschnitt die wichtigsten Antriebsbeispiele und deren sensorlose Regelung mit Binären Beobachtern näher untersucht und erläutert werden. Besonders ausführlich wird auf den sensorlosen Gleichstromantrieb eingegangen, damit die gewonnenen Ergebnisse und Erkenntnisse der konventionellen, modernen und sensorlosen Antriebsregelungen untereinander verglichen werden können. Die für die sensorlose Regelung ausgewählten Wechsel- und Drehstromantriebe sind bekannte und bewährte Standardanwendungen, wobei weniger auf deren regelungstechnisches Strukturbild als vielmehr auf die Substitution der klassischen Istwerterfassung durch Binäre Beobachter eingegangen werden soll.

Selbstverständlich lassen sich auch alle nichtgenannten Stromrichterantriebe durch den Entwurf eines Binären Beobachters sensorlos regeln. Da das Problem der Überwachung und des Schutzes elektrischer Antriebe und Anlagen immer mehr an Bedeutung gewinnt, wird an Hand einer redundanten Antriebsregelung gezeigt, wie vorteilhaft sich Binäre Beobachter, Zustandsbeobachter und Sensoren verknüpfen lassen.

6.1 Sensorlose Gleichstromantriebe für Fahr- und Positionieraufgaben

Den allgemeinen Aufbau eines sensorlosen Vierquadranten-Gleichstromantriebs zeigt *Bild 6-1*. Die Gleichstrommaschine wird aus einem Umkehrstromrichter gespeist, der üblicherweise aus zwei antiparallelen

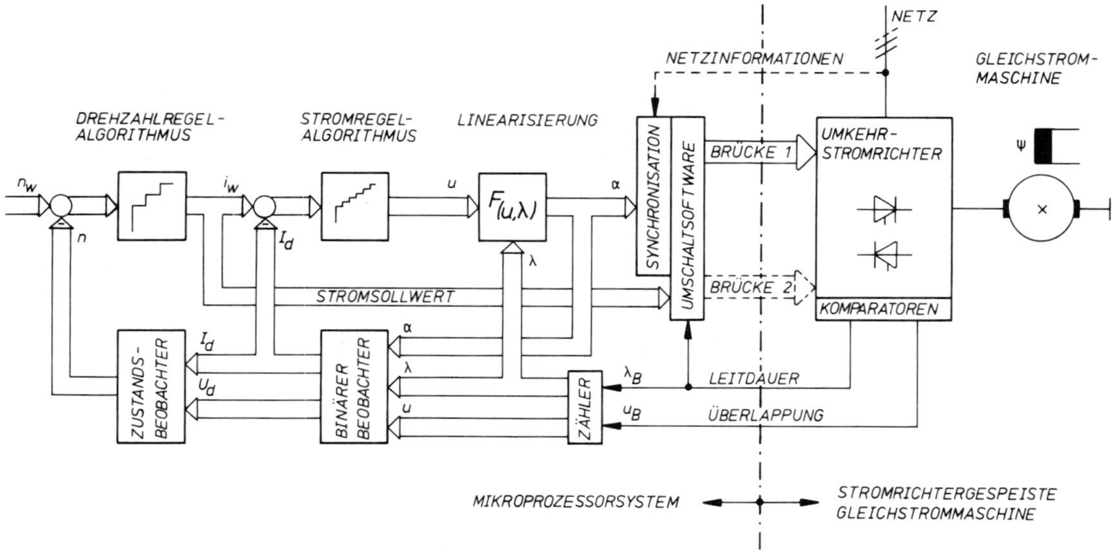

Bild 6-1. Sensorloser Vierquadranten-Gleichstromantrieb.

Brückenschaltungen aufgebaut ist. Antiparallele Mittelpunktschaltungen oder Wendeschütze im Ankerkreis werden nur noch in Ausnahmefällen eingesetzt.

Die Gleichstrommaschine besitzt eine Fremderregung und wird zunächst im Grunddrehzahlbereich betrieben. Auf die Möglichkeiten der Feldschwächung durch einen separaten, gesteuerten Stromrichter im Feldkreis wird in Abschn. 6.7 noch etwas näher eingegangen. Das Mikrocomputersystem zur digitalen Steuerung und Regelung des Stromrichterantriebs kann aus mehreren Mikroprozessoren bestehen; insbesondere wenn hohe Anforderungen an die Rechenzeiten gestellt werden, ist es unumgänglich, sogenannte Coprozessoren im Parallelbetrieb einzusetzen.

Für die Regelung von Strom und Drehzahl der Gleichstrommaschine wurde in Bild 6-1 eine konventionelle Kaskadenstruktur angesetzt. Die Funktion des Stromsensors übernimmt ein Binärer Beobachter und die des Drehzahlsensors ein Zustandsbeobachter. Typisch für diese sensorlose Regelstruktur ist, daß ausschließlich binäre Schnittstellen zwischen der Mikro- und Leistungselektronik vorhanden sind. Die Digitalisierung der binären Eingangsgrößen erfolgt über einen freiprogrammierbaren Zählerbaustein. Für Linearität des Stromrichterstellgliedes sorgt ein dreidimensionales Kennlinienglied, so daß die lineare Regelstruktur nach Bild 3-5 für die Ermittlung der Reglerparameter zugrunde gelegt werden darf. Vorausgesetzt natürlich, die Abtastzeiten des Mikroprozessorsystems lassen eine quasianaloge Betrachtungsweise zu. Um Instabilitäten infolge von Systemschwebungen zu vermeiden, muß die Stromregelung netzsynchron ablaufen. Die Drehzahlregelung darf asynchron arbeiten, d. h. sie kann als Hintergrundprogramm in Form einer Endlosschleife programmiert werden.

Der aktuelle Steuerwinkel (α) wird in der Synchronisierstufe in netzsynchrone Zündimpulse umgesetzt, die über Treiberstufen potentialfrei auf die Gates der einzelnen Thyristoren geleitet werden. Außerdem muß die Synchronisiersoftware eine Kopplung zwischen dem Systemclock des Prozessors und der Netzfrequenz herstellen, um ein Wegdriften der Zündimpulse zu verhindern. Die Umschaltlogik zur Realisierung des Vierquadrantenbetriebs wird ebenfalls vom Mikroprozessorsystem ausgeführt. In dieser Softwareroutine wird aus dem Systemzustand die erforderliche Drehmomentrichtung ermittelt und die entsprechende Brücke des Umkehrstromrichters freigegeben [31].

6.1.1 Sensorlose Ankerstromregelung

Wählt man die Abtastzeit eines digitalen Stromreglers gegenüber der Ankerzeitkonstanten klein, so darf die Regelstruktur nach Bild 3-7 verwendet werden. Die Proportionalverstärkung (k_i) in der Rückkopplungsschleife wird jetzt von der Datenbreite und die Glättungszeitkonstante (T_{Gi}) von der Rechenzeit des Binären Beobachters festgelegt. Da die Übertragungsfunktion des offenen Stromregelkreises dimensionslos ist, muß für die Dimension von k_i (digit/Ampere) ein Ausgleich erfolgen. Dies geschieht über die Proportionalverstärkung (k_{SR}) des Stromrichters (Volt/digit). Legt man die gleichen Bitbreiten als digitale Bezugsgrößen zugrunde, so kann der graphische oder berechnete Stromreglerentwurf nach Abschn. 3.4 direkt übernommen werden.

Bevor das dynamische Verhalten einer sensorlosen Ankerstromregelung aufgezeigt wird, soll noch auf die Hilfseinrichtungen wie Linearisierung, Synchronisation und Umschaltlogik näher eingegangen werden, da diese Details die regelungstechnischen Annahmen überhaupt erst garantieren und für das Verständnis sowie die Funktion stromrichtergespeister Gleichstromantriebe besonders wichtig sind.

6.1.1.1 Linearisierung

Arbeiten netzgeführte Stromrichter im Lückbetrieb, so tritt eine starke Kopplung zwischen der Gleichstrom- und Wechselstromseite auf. Dies drückt sich durch ausgeprägte Nichtlinearitäten in der Steuerfunktion des Stromrichters aus, da sich die Proportionalverstärkung des Stromrichters lückabhängig verändert. Diese Abhängigkeiten wurden bei der Herleitung der Beobachterfunktionen für den Gleichanteil der pulsierenden Gleichspannung voll berücksichtigt. Für eine Wechselstrombrükkenschaltung ergeben sich gemäß Gl. (5.38) drei unterschiedliche Betriebsbereiche. Im nichtlückenden Betrieb ($0 \leq u \ll \pi$) sind die Nichtlinearitäten praktisch mit denen an der Lückgrenze ($u = 0$, $\lambda = \pi$) identisch, weshalb in konventionellen Antriebsregelungen die cosinusförmige Abhängigkeit vom Steuerwinkel (a) durch ein inverses Kennlinienglied (arccos) kompensiert wird. Wird dieses einfache Linearisierungskonzept auch im Stromrichterlückbetrieb ($\lambda < \pi$) beibehalten, treten erhebliche Fehler auf, da die Nichtlinearitäten des Stromrichters nun nicht mehr kompensiert, sondern verstärkt werden [12].

Für den Lückbetrieb gilt nämlich in B2-Stromrichtern der Zusammenhang:

$$U_{d0} = \frac{\hat{u}}{\lambda}\{\cos\alpha - \cos(\alpha + \lambda)\}. \tag{6.1}$$

Fordert man auch für diesen, im Leerlauf und bei Schwachlast auftretenden Betrieb stationäre Proportionalität zwischen der Stromrichterausgangsspannung und der Steuergröße, so muß gelten:

$$U_{d0} \stackrel{!}{=} K u. \tag{6.2}$$

Durch Gleichsetzen dieser beiden Gleichungen und Auflösen nach dem Steuerwinkel erhält man für das dreidimensionale Kennlinienglied den Ausdruck:

$$F(\lambda, u) = -\frac{\lambda}{2} + \arccos\left\{\frac{\lambda}{\pi \sin\frac{\lambda}{2}} u\right\}. \tag{6.3}$$

Dabei wurde der Einfachheit halber $K = U_{di}$ angesetzt. Um die Proportionalverstärkung (k_{SR}) des Stromrichters für den Reglerentwurf zu bekommen, muß die Konstante (K) noch durch die gewählte Reglerbezugsgröße dividiert werden. Der Sonderfall der Lückgrenze ist in Gl. (6.3) mit enthalten, so daß dieses erweiterte Linearisierungskonzept in allen Betriebsbereichen die Stromrichter-Nichtlinearitäten kompensiert. Damit ist eine wesentliche Voraussetzung für den linearen Reglerentwurf erfüllt und der Nachweis der Steuerbarkeit und Beobachtbarkeit überhaupt erst zulässig.

Durch den hohen Rechenaufwand scheidet eine analoge Realisierung sofort aus. Bei einer softwareorientierten Ausführung muß der Mikroprozessor die im Stromregelalgorithmus ermittelte Steuergröße (u) zusammen mit der momentanen Leitdauer (λ) in die Linearitätsbedingung nach Gl. (6.3) einsetzen und den erforderlichen Steuerwinkel (a) berechnen. Damit diese komplexe Linearisierungsgleichung schnell ausgeführt werden kann, legt man die arccos-Funktion sowie die sin-Funktion in einem EPROM (erasable read only memory) als Tabelle ab. Dabei ist eine Auflösung von 12 bit ausreichend, was einen Speicherbereich von 8 K erforderlich macht. Der unbestimmte Ausdruck für $\lambda = 0$ muß durch den Grenzwert nach Gl. (5.35) ersetzt werden.

6.1.1.2 Synchronisation

Die primäre Aufgabe einer Synchronisierstufe besteht darin, netzsynchrone Zündimpulse zu erzeugen, die bezogen auf den natürlichen Zündzeitpunkt ($\alpha = 0$) der Thyristoren um einen vorgebbaren Steuerwinkel bzw. Steuerwort verschoben sind. Weiter muß die Synchronisation dafür sorgen, daß die Wechselrichtertrittgrenze ($\pi - \gamma$) nicht überschritten wird. Ferner besteht bei Stromrichtern, die international eingesetzt werden, häufig die Forderung nach Geräten, die sich den Netzgegebenheiten automatisch anpassen können. Diese Fähigkeiten lassen sich mit einer rechnerorientierten Synchronisiereinheit dadurch erreichen, daß der Mikrorechner zu Beginn eine *Netzanalyse* durchführt, bei der er die Periodendauer des Netzes und im Falle von Drehstrombrückenschaltungen die Phasenfolge (Drehsinn) bestimmt. Dadurch entfallen sämtliche Einstellarbeiten beim Gerätehersteller, und es ergeben sich darüber hinaus einige Freiheitsgrade beim Kundenanschluß. Im folgenden wird eine solche Synchronisierstufe für einen einphasigen B2-Stromrichter näher beschrieben. Prinzipiell lassen sich die gewonnenen Erkenntnisse auf die Verhältnisse in drei- und mehrpulsigen Stromrichtervarianten übertragen [15].

Da der Systemclock des Mikroprozessorsystems vollkommen asynchron zur Netzfrequenz schwingt, müssen alle netzrelevanten Berechnungen und Eingriffe auf die Netzperiode synchronisiert werden. Dazu erhält der Mikroprozessor im natürlichen Zündzeitpunkt ($a = 0$) jeweils einen Interrupt (INT3) höchster Priorität, siehe *Bild 6-2*. Dieser Interrupt bewirkt das softwaremäßige Laden eines Zählers (Z1) mit der hexadezimalen Zahl π_H. Diesen Zahlenwert kann der Zähler aufgrund seiner Taktfrequenz während einer halben Netzperiode auf Null dekrementieren. Variiert man die Steuergröße in diesem Wertebereich $0 \leq a_H \leq \pi_H$, so erhält man variable Schnittpunkte für die Zündung. Da die Zähler im allgemeinen nicht vergleichen können, lädt man die Differenz $Z_2 = Z_1 - a_H$ in einen zweiten Zähler, der bei Null einen Interrupt (INT2) an die Zentraleinheit (CPU) abgibt. Dieser Interrupt veranlaßt die CPU, sofort einen Zündimpuls auszugeben, wobei über das Signal p_H erkannt wird, welches Ventilpaar gerade leitfähig ist.

Den umgekehrten Weg geht man bei der Digitalisierung der binären Stromrichterinformationen. Während die Synchronisation aus einem digitalen Steuerwort eine Zündverzögerung in Form einer Winkelstrecke generieren muß, müssen die Pulsbreiten der binären Stromrichterinfor-

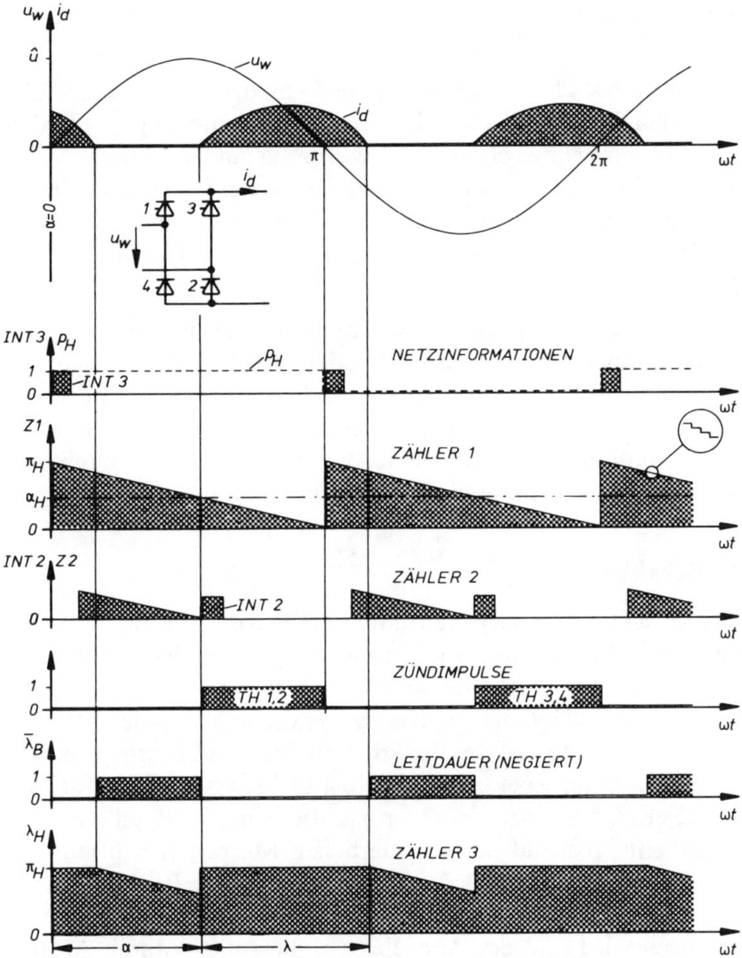

Bild 6-2. Digitale Impulserzeugung.

mationen in ein digitales Wort umgewandelt werden. In Bild 6-2 ist dies am Beispiel der Leitdauer verdeutlicht. Gibt man das negierte Signal der Leitdauer ($\overline{\lambda_B}$) auf den Triggereingang eines dritten Zählers und wird dieser Zähler vor dem Zünden eines Ventilpaares mit der hexadezimalen Zahl π_H geladen, so kann aus diesem Zähler vor dem nächsten Laden der hexadezimale Wert (λ_H) des Stromflußwinkels ausgelesen werden. Entsprechend läßt sich auch die Überlappung mit einem vierten Zähler in digitaler Form gewinnen.

Prinzipiell könnte das Dekrementieren auch von der CPU durchgeführt werden. Der Nachteil wäre aber eine zu geringe Auflösung. Außerdem wäre die CPU damit ausgelastet und würde für andere Aufgaben wie Beobachten und Regeln ausfallen, so daß eine weitere CPU erforderlich wäre. Mit freiprogrammierbaren Zählerbausteinen kommt man mühelos auf eine Wortbreite von 14 bit $(3FFF)_H$, was einer Auflösung von ca. 0,01° el. entspricht.

Die Ausgabe der Zündimpulse an die Thyristoren erfolgt über Treiberstufen. Diese können Impulsübertrager oder Optokoppler zur galvanischen Trennung von Mikroprozessorsystem und Antriebssystem enthalten. Die Entscheidung, an welche Thyristorbrücke des Umkehrstromrichters die Zündimpulse weitergeleitet werden, fällt in der Umschaltlogik, die damit die Funktion einer Verzweigung hat.

6.1.1.3 Umschaltlogik

Umkehrstromrichter sind Vierquadranten-Stellglieder, die aus zwei vollgesteuerten, antiparallelen Stromrichterschaltungen aufgebaut sind. Diese können kreisstrombehaftet oder kreisstromfrei betrieben werden [2]. Wegen des hohen Aufwandes an Kreisstromdrosseln wurde die kreisstrombehaftete Variante von der kreisstromfreien Ausführung praktisch im gesamten Leistungsspektrum abgelöst. Charakteristisch für den kreisstromfreien Umkehrstromrichter ist die Umschaltlogik, die die Zündimpulse entsprechend der erforderlichen Momentenrichtung eindeutig der Brücke 1 oder der Brücke 2 zuordnet. Beide Brücken dürfen auf keinen Fall gleichzeitig Strom führen, da sonst das speisende Netz kurzgeschlossen wird und der Antrieb bzw. die Anlage durch Ansprechen der Sicherungen ausfällt.

Eine Umschaltung zwischen den beiden Einzelstromrichtern muß immer dann eingeleitet werden, wenn sich das Vorzeichen des Drehmoments ändern soll. Das liegt daran, daß zum einen das Drehmoment bei Gleichstrommaschinen linear vom Ankerstrom abhängt und zum anderen jede Brücke wegen der Gleichrichtwirkung der Stromrichterventile nur eine Stromrichtung abdeckt. Durch die Besonderheit der Kaskadenstruktur kann diese Umschaltinformation direkt dem Vorzeichen des Ankerstromsollwerts am Drehzahlreglerausgang entnommen werden.

Ist die Notwendigkeit einer Umschaltung erkannt, so darf die neue Brücke erst dann angesteuert werden, wenn die alte stromlos geworden ist. Um dies zu unterstützen, wird die noch stromführende Brücke in die Wechselrichtergrenzlage gesteuert. Nach einer Sicherheitszeit darf die neue Brücke freigegeben werden. Diese Sicherheitszeit hängt von der Qualität der Stromnullerfassung ab und kann im günstigsten Fall in der Größenordnung der Freiwerdezeit der Thyristoren liegen. Da der Ablauf einer Umschaltung logisch aufgebaut ist, reichen in mikroprozessorgeführten Antriebssystemen wenige Befehlsschritte aus, um die Umschaltlogik zu programmieren. In analogen Antriebsregelungen muß die Umschaltlogik hingegen durch eine aufwendige, diskrete Gatterschaltung realisiert werden.

Auf die Funktionsweise der Umschaltlogik wird im folgenden Abschnitt an Hand von Meßergebnissen noch etwas näher eingegangen.

6.1.1.4 Dynamik

Um das dynamische Verhalten einer sensorlosen Ankerstromregelung beurteilen zu können, muß der Ankerstrom zusätzlich mit einem Stromwandler (Sensor) gemessen und gemeinsam mit dem Schätzwert des Binären Ankerstrombeobachters [34] einem Speicheroszilloskop zur Aufzeichnung zugeführt werden.

Bild 6-3 zeigt die Sprungantwort eines sensorlosen Stromregelkreises gemäß Bild 6-1, wobei der Stromrichter als Drehstrom-Brückenschaltung ausgeführt ist. Der Ankerstromsollwert springt von 2 A auf 10 A und wieder zurück auf 2A, so daß der Stromrichter sowohl im Lückbetrieb als auch außerhalb des Lückbetriebs arbeitet. Der Schätzwert des Binären Ankerstrombeobachters, der dem Stromregler als Istwert zugeführt wird, ist eine gute Reproduktion des tatsächlichen Ankerstroms. Die stationäre Genauigkeit liegt in der Größenordnung von einem Prozent und hängt in erster Linie davon ab, wie exakt die binären Eingangsgrößen des Beobachters erfaßt und die Beobachteralgorithmen berechnet werden. Der Einfluß von Parameterschwankungen des Antriebs auf die Genauigkeit des beobachteten Ankerstroms wird in einem gesonderten Abschnitt behandelt, wobei auch zum Vergleich auf die Fehler und Probleme in konventionellen Antriebsregelungen beim Abtasten solcher welliger Ströme eingegangen wird.

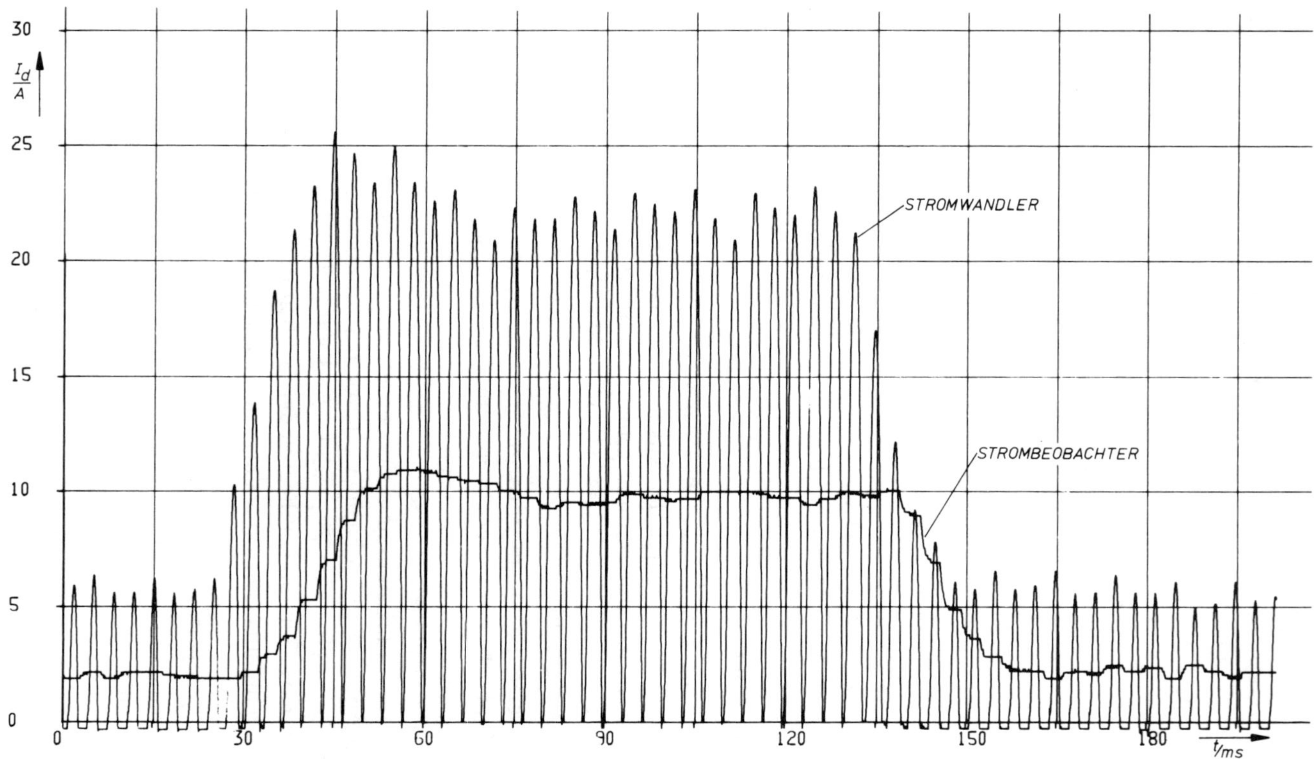

Bild 6-3. Sprungantwort einer sensorlosen Ankerstromregelung.

Die Verzögerung des beobachteten Ankerstrom-Mittelwertes gegenüber dem tatsächlichen Stromverlauf ist durch die Erfassung der binären Stromrichtergrößen bedingt. Bezüglich der Regeldynamik ist diese Verzögerung unkritisch, da sie im Bereich einer üblichen Stromistwertglättung liegt. Daß der Stromregler, der nach Abschn. 3.4 als PI-Algorithmus entworfen und programmiert wurde, in allen Betriebsbereichen des Stromrichters optimal arbeitet, dafür sorgt die zwischengeschaltete Linearisierungsstufe. Ohne dieses dreidimensionale Kennlinienglied würde sich die Anregelzeit der Sprungantwort drastisch erhöhen. Auf die Genauigkeit der sensorlosen Ankerstromregelung hat die Linearisierungsstufe keinen Einfluß.

Die Stromumkehr in einem sensorlosen Ankerstromregelkreis zeigt *Bild 6-4*, wobei ein Umkehrstromrichter, bestehend aus zwei antiparallelen Wechselstrom-Brückenschaltungen (B2), eingesetzt wurde. Mit dem Wechsel des Ankerstromsollwertes (i_w) von -15 A auf $+15$ A wird durch die Umschaltlogik eine Stromumkehr eingeleitet. Dabei wird die gerade stromführende Thyristorbrücke an der Wechselrichtergrenze (ca. 160° el.) ausgesteuert, damit der Ankerstrom, der jetzt nur noch von der Induktivität im Ankerkreis getrieben wird, möglichst rasch abgebaut wird. Mit der Stromnullmeldung zum Zeitpunkt t_1 werden die Zündimpulse dieser Brücke gesperrt. Danach läuft per Programm eine Sicherheitszeit bis t_2 ab, die bei einem eventuellen erneuten Stromfluß neu gestartet werden muß. Diese Sicherheitszeit ($t_2 - t_1$) hängt im wesentlichen von der Zuverlässigkeit der Stromnullmeldung ab und darf auf keinen Fall kleiner als die Freiwerdezeit der Thyristoren gewählt werden [16]. Ab t_2 wird die neue Thyristorbrücke freigegeben und der Strom über den PI-Algorithmus auf seinen neuen Sollwert ausgeregelt. Da der Stromrichter im Lückbetrieb arbeitet, sorgt die Linearisierungsstufe für optimale, dynamische Verhältnisse. Die strom- und momentenfreien Pausen während der Umschaltung liegen in Bild 6-4 im Bereich

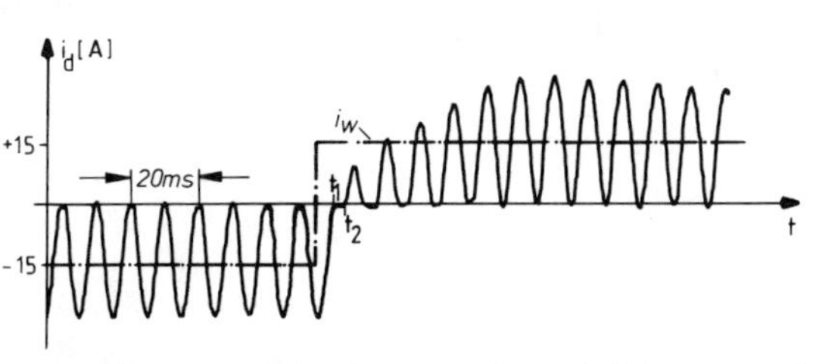

Bild 6-4. Stromumkehr einer sensorlosen Ankerstromregelung.

von dreihundert Mikrosekunden, so daß sie gegenüber den elektrischen und mechanischen Zeitkonstanten des Antriebs vernachlässigbar sind.

Vergleicht man die dynamischen Ergebnisse der sensorlosen Ankerstromregelung mit einer konventionellen Stromregelung, so stellt man keine nennenswerten Unterschiede fest. Die Istwertbildung durch Binäre Beobachter ist somit eine wirtschaftliche Alternative zu den sensorbehafteten Methoden.

6.1.2 Sensorlose Drehzahlregelung

Wählt man die Abtastzeit in digitalen Drehzahlregelkreisen klein gegenüber der mechanischen Zeitkonstanten des Antriebs, so darf der Regelkreis als quasikontinuierlich betrachtet und die Struktur nach Bild 3-11 verwendet werden. Die Proportionalverstärkung (k_n) in der Rückkopplung wird jetzt von der Datenbreite und die Glättungszeitkonstante (T_{Gn}) von der Rechenzeit des Zustandsbeobachters festgelegt. Da die Übertragungsfunktionen der Regelkreise dimensionslos sind, kann bei gleicher Bitbreite der Daten im Strom- und Drehzahlregelkreis der graphische oder berechnete Reglerentwurf nach Abschn. 3.4 direkt übernommen werden.

6.1.2.1 Drehzahlbeobachter

Bevor das dynamische Verhalten einer sensorlosen Drehzahlregelung nach Bild 6-1 aufgezeigt werden kann, muß noch ein Zustandsbeobachter für die Drehzahl entworfen werden, dem die Drehzahl selbst nicht zugeführt wird. Wählt man die Ankerspannung als Steuergröße und den Ankerstrom als Ausgangsgröße, so folgt gemäß Bild 3-2b für die Zustandsdarstellung der Gleichstrommaschine:

$$\begin{bmatrix} \dot{I}_d \\ \dot{n} \end{bmatrix} = \begin{bmatrix} -\frac{R}{L} & -\frac{2\pi\psi}{L} \\ \frac{\psi}{2\pi J} & 0 \end{bmatrix} \cdot \begin{bmatrix} I_d \\ n \end{bmatrix} + \begin{bmatrix} \frac{1}{L} \\ 0 \end{bmatrix} U_d; \qquad (6.4)$$

$$\dot{\boldsymbol{x}} = \boldsymbol{A} \cdot \boldsymbol{x} + \boldsymbol{b} \cdot u$$

und

$$I_d = [1, 0] \begin{bmatrix} I_d \\ n \end{bmatrix};$$

$$y = \boldsymbol{c}^T \cdot x. \qquad (6.5)$$

Es handelt sich hierbei um ein dynamisches System zweiter Ordnung. Die Beobachtung der Ankerspannung ist in Bild 6-1 in den Binären Beobacher verlegt worden, damit sich die Ordnung des zu entwerfenden Drehzahlbeobachters reduziert und dieser Entwurf auch noch für den Fall Gültigkeit besitzt, daß das Linearisierungsglied nicht vorhanden ist. Die Nichtlinearitäten des Stromrichters werden durch den Binären Ankerspannungsbeobachter abgedeckt. Der Zustandsbeobachter für die Drehzahl basiert auf dem Modell der Gleichstrommaschine, dessen Beobachtbarkeitsmatrix lautet:

$$\boldsymbol{Q}_{\mathrm{B}} = \begin{bmatrix} 1 & 0 \\ -\frac{R}{L} & -\frac{2\pi\psi}{L} \end{bmatrix}. \tag{6.6}$$

Dieses reduzierte Antriebssystem ist wie erwartet beobachtbar, so daß der Entwurf eines Zustandsbeobachters nach Abschn. 4.2 zulässig ist. Setzt man einen Beobachter voller Ordnung ($n = 2$) gemäß den Entwurfskriterien an, so findet man der Reihe nach:

$$\begin{aligned} \dot{\hat{\boldsymbol{x}}} &= \boldsymbol{F}\hat{\boldsymbol{x}} + \boldsymbol{b}\,u + \boldsymbol{k}\,y; \\ \boldsymbol{F} &= \boldsymbol{A} - \boldsymbol{k}\,\boldsymbol{c}^{\mathrm{T}}; \\ \boldsymbol{k} &= f_0\,\boldsymbol{q}_{\mathrm{B}} + f_1\,\boldsymbol{A}\,\boldsymbol{q}_{\mathrm{B}}; \\ \boldsymbol{q}_{\mathrm{B}} &= \begin{bmatrix} 0 \\ -\frac{L}{2\pi\psi} \end{bmatrix}. \end{aligned} \tag{6.7}$$

Die Koeffizienten f_0 und f_1 ergeben sich aus den Eigenwerten der Beobachtermatrix ($\boldsymbol{F}$), welche etwas links von den Eigenwerten der Systemmatrix ($\boldsymbol{A}$) zu legen sind. Der Zustandsvektor der Beobachtergleichung ($\hat{\boldsymbol{x}}$) enthält die Schätzwerte von Ankerstrom und Drehzahl, wobei nur letztere für die sensorlose Drehzahlregelung von Interesse ist. Betrachtet man die Genauigkeit der Schätzwerte für die Drehzahl, so verursachen die von der Temperatur abhängigen Wicklungswiderstände im Ankerkreis (R) und im Feldkreis (ψ) über die Systemmatrix die größten Fehler. Im Feldkreis können die Temperatureinflüsse durch eine indirekte Flußregelung mit separatem Stromrichter vollständig kompensiert werden. Darüber hinaus kann ein Temperaturbeobachter (vgl. Abschn. 6.7) im Feldkreis Schätzwerte für die Temperatur der Maschine liefern, die wiederum eine Korrektur des Ankerwiderstandes erlauben. Beachtet man diese Punkte oder geht man von einer mit konstanter Betriebstemperatur arbeitenden Maschine aus, so lassen sich mit geringem Aufwand Regelbereiche der Drehzahl von 1:150 mit Drehstrombrückenschaltungen und 1:50 mit Wechselstrombrückenschaltungen erreichen.

6.1.2.2 Dynamik

Das dynamische Verhalten einer sensorlosen Drehzahlregelung zeigt *Bild 6-5* für verschiedene Sollwertsprünge zum Zeitpunkt t_3. Aufgetragen ist der tatsächliche Drehzahl-Istwert, der an der Welle der Maschine mit einem Tachogenerator nur für Demonstrationszwecke gemessen wurde. Der Drehzahlregler arbeitet ausschließlich mit dem Schätzwert des Zustandsbeobachters. Das Führungsverhalten auf Sollwertsprünge von 400 min^{-1} und 800 min^{-1} zeigt den typischen Verlauf, wie er von den konventionellen Antriebsregelungen her bekannt ist. Die Drehzahl des Antriebs beschleunigt linear an der Stromgrenze hoch und schwingt dann auf den jeweiligen stationären Endwert ein. Während des Hochlaufs arbeitet der Drehzahlregler in seiner Begrenzung, d. h. im Sinne der Regelungstechnik nichtlinear. Deshalb müssen die mit den Frequenzkennlinien ermittelten Reglerparameter unter Umständen am realen Antrieb optimiert werden.

Aus dem linearen Anstieg der Drehzahl während der Beschleunigungsphase kann man rückwärts auf die dynamische Genauigkeit der unterlagerten, sensorlosen Ankerstromregelung schließen, d. h. eine konstante Drehzahländerung setzt über die Bewegungsgleichung ein konstantes

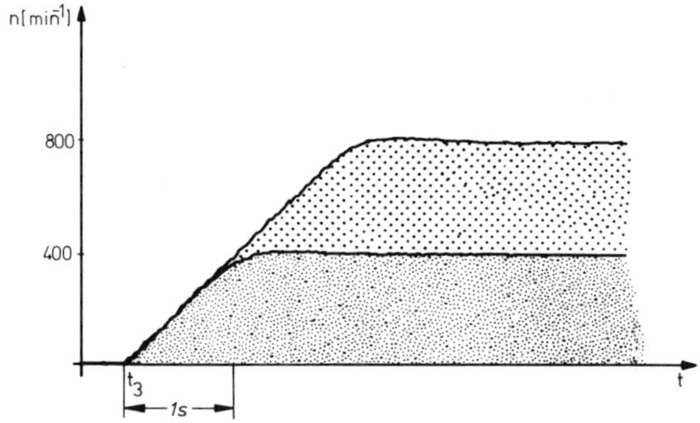

Bild 6-5. Führungsverhalten einer sensorlosen Drehzahlregelung.

Beschleunigungsmoment und damit einen konstanten Ankerstrom voraus. Somit stellen sensorlose Gleichstromantriebe eine interessante Alternative zu den sensorbehafteten Methoden dar. Die Istwertbildung durch Beobachter bringt allerdings einen Genauigkeitsverlust gegenüber der Messung, so daß der Einsatz im allgemeinen auf Standardantriebe beschränkt ist (vgl. Abschn. 8).

6.2 Sensorlose Chopperantriebe für Stellaufgaben

Im Gegensatz zu netzgeführten Stromrichtern kann bei Gleichstromstellern (Choppern) die Welligkeit der Zustandsgrößen über die Taktfrequenz beeinflußt werden. Dadurch lassen sich sehr kleine Totzeiten im Stromrichterstellglied erzielen, was auf hochdynamische Gleichstromantriebe führt. Legt man die Taktfrequenz über die menschliche Hörschwelle, z. B. auf 20 kHz, so werden die Antriebe darüber hinaus noch relativ geräuscharm.

Ein Chopperantrieb enthält eine Gleichstrommaschine, die je nach Ausführung des Gleichstromstellers in einem, zwei oder allen vier Quadranten der Drehmoment-Drehzahl-Ebene arbeiten kann. Einsatzgebiete für Chopperantriebe finden sich dort, wo die Reaktionszeiten netzgeführter Stromrichter zu groß sind oder aber als Energiequelle nur eine konstante Gleichspannung (z. B. Batterie) zur Verfügung steht. *Bild 6.6* zeigt einen geregelten Chopperantrieb, wobei die üblichen Sensoren und analogen Schnittstellen durch eine Beobachterkaskade ersetzt wurden. Einzige zu messende Systemgröße ist die binäre Information der Überlappung, die über einen Zähler in einen digitalen Zahlenwert umgesetzt wird. Die Leitdauer λ entspricht der Einschaltdauer des Choppers bezogen auf die Periodendauer (Tastverhältnis) und liegt am Reglerausgang als digitale Größe vor, so daß deren Erfassung entfällt. Mit Hilfe der Beobachtergleichungen (5.103) und (5.113) berechnet der Binäre Beobachter die arithmetischen Mittelwerte der pulsierenden Gleichspannung und des welligen Gleichstroms, aus denen ein Zustandsbeobachter die Drehzahl des Antriebs schätzen kann (vgl. Abschn. 6.1.2.1).

Der Softwareblock Drehzahl- und Stromregelung ermittelt aus dem vorgegebenen Drehzahl-Sollwert die erforderliche Einschaltdauer unter Einhaltung von Stromgrenzen. Die Vorgabe des Drehzahl-Sollwertes kann über eine parallele Schnittstelle erfolgen, über die das Antriebssy-

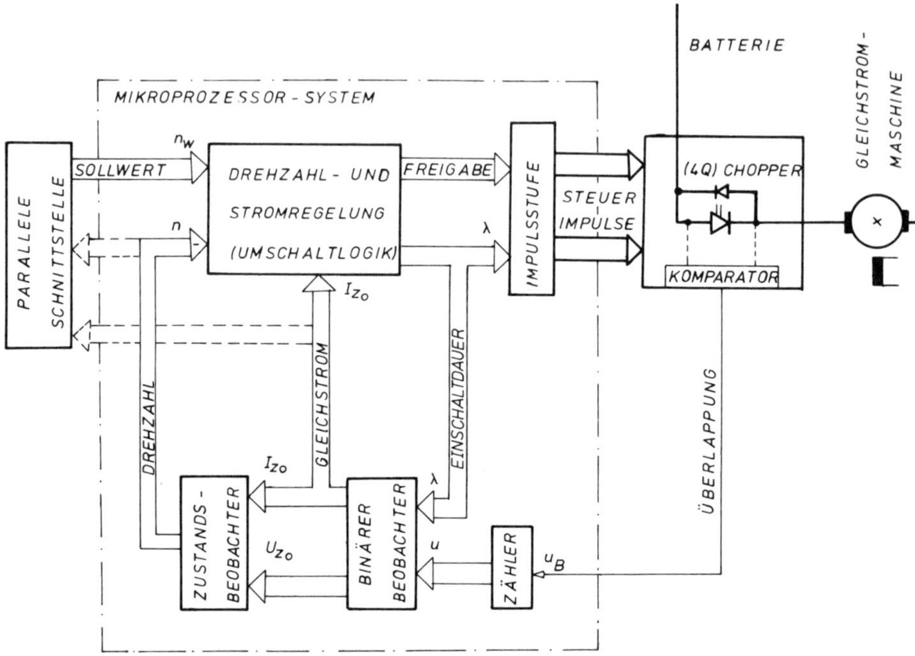

Bild 6-6. Sensorloser Chopperantrieb.

stem mit einem übergeordneten Prozeßrechner kommunizieren kann. Arbeitet diese Schnittstelle bidirektional, so können Zustandsgrößen auch rückgemeldet werden. Die Struktur der Drehzahl- und Stromregelung wird zweckmäßigerweise als Kaskadenregelung ausgeführt; d.h. einem Drehzahlregelkreis wird ein Stromregelkreis unterlagert, der die Gleichstrommaschine zuverlässig vor Überströmen schützt (vgl. Abschn. 3). Die Regler selbst können als PI- bzw. PID-Algorithmen oder als Zustandsregler ausgeführt sein.

Bevorzugt werden Chopperantriebe für Stellaufgaben z.B. in Handhabungsgeräten (Robotern) im Leistungsbereich bis ca. 30 kW eingesetzt. Dazu muß die Kaskadenstruktur erweitert und dem Drehzahlregler ein Lageregelkreis überlagert werden, dessen Sollwert der gewünschten Position entspricht. Da der Lageregelkreis mit gemessenen Positions-Istwerten arbeitet, treten eventuelle Beobachtungsfehler des sensorlosen Chopperantriebs nach außen nicht in Erscheinung.

Besteht das Stellglied aus einem Vierquadrantenchopper [2], so muß im Regelblock noch die Umschaltlogik mit untergebracht werden. Aus der Differenz von Drehzahl-Soll- und -Istwert wird in dieser Softwareroutine die erforderliche Momentenrichtung ermittelt und der entsprechende Zweig des Gleichstromstellers freigegeben, damit sich der gewünschte Betriebszustand an der Welle einstellen kann (vgl. Abschn. 6.1.1.3). Die Gleichstrommaschine besitzt eine Fremderregung und wird im Grunddrehzahlbereich betrieben. Auf die Möglichkeiten der Drehzahlerhöhung durch Feldschwächung [17] über einen separaten Thyristorstromrichter im Feldkreis soll hier nicht näher eingegangen werden. Die aktuelle Leitdauer (λ) wird in der Impulsstufe mit Hilfe von Zählerbausteinen in periodische Aussteuersignale für den Gleichstromsteller umgewandelt. Da es sich um einen selbstgeführten Stromrichter handelt, wird in dieser Stufe auch die Taktfrequenz eingestellt. Im Falle eines Transistorchoppers müssen potentialfreie Basisströme für die Leistungstransistoren erzeugt werden, während in Thyristorchoppern die Impulsstufe Steuerimpulse für die Hauptthyristoren und die Löschthyristoren bereitstellen muß.

Da die Zeitkonstanten selbstgeführter Stromrichter deutlich unter denen netzgeführter Stromrichter liegen, werden bei der Abarbeitung der Beobachter- und Regelalgorithmen höchste Anforderungen an die Rechenzeit und den Befehlsvorrat des verwendeten Mikroprozessors gestellt. So muß die Bearbeitungszeit für den Stromregelalgorithmus einschließlich Strombeobachtung im Bereich von einigen zig Mikrosekunden liegen, was nur von 16-bit-Mikroprozessoren mit hoher Clockfrequenz bewältigt werden kann. Häufig müssen auch sogenannte Coprozessoren, wie z. B. Arithmetikprozessoren, eingesetzt werden, die im Parallelbetrieb Zwischenrechnungen ausführen. Auf die Probleme der Soft- und Hardwareentwicklung für Stromrichterantriebe wird in einem gesonderten Abschnitt eingegangen.

6.3 Sensorlose Wechselstromantriebe für Pumpen und Lüfter

Wegen der relativ geringen Betriebsstundenzahl durch den Verschleiß der Kohlebürsten und des Kommutators und den damit verbundenen häufigen Inspektionen kommen Gleichstrommaschinen und Universalmotoren in Dauerantrieben, wie z. B. Pumpen- und Lüfterantriebe, nicht in Betracht. Hier liegt ein Haupteinsatzgebiet von ein- und mehrphasigen Asynchronmaschinen. Hinzu kommt, daß bei Pumpen und Lüftern ein kubischer Zusammenhang zwischen der Pumpen- bzw. Lüfterleistung und der Drehzahl besteht. Dadurch ist ein Drehzahlstellbereich von 1:2 häufig ausreichend, da bei halbierter Drehzahl die Leistung auf ein Achtel zurückgeht. Für diese Anwendungsfälle lassen sich bei Asynchronmaschinen bereits über eine Spannungsverstellung (Schlupfsteuerung) stabile Arbeitspunkte einstellen. Für die Änderung der Ständerspannung kann ein einfacher Wechselstromsteller bzw. Drehstromsteller als Stellglied eingesetzt werden.

Bild 6-7 zeigt eine mögliche Form der Realisierung eines sensorlosen Wechselstromantriebs. Der gewünschte Drehzahlsollwert wird auf ein Kennlinienglied geführt, das die Schnittpunkte der Pumpen- bzw. Lüfterkennlinie mit den Motorkennlinien für verschiedene Ständerspannungen wiedergibt. Damit läßt sich der erforderliche stationäre Spannungseffektivwert bilden, der über eine Rampe geführt wird, um die Motorströme bei dynamischen Vorgängen in Grenzen zu halten. Den Istwert für die Spannungsregelung liefert ein Binärer Beobachter, der über Gl. (5.93) den effektiven Mittelwert der momentanen Motorspannung berechnet. Einzige zu messende Systemgröße ist das binäre Signal der Leitdauer, das über einen Zählerbaustein mit hoher Auflösung digitalisiert wird. Die Synchronisation erzeugt mit Hilfe von weiteren Zählern netzsynchrone Zündimpulse für den Triac, und zwar in Abhängig-

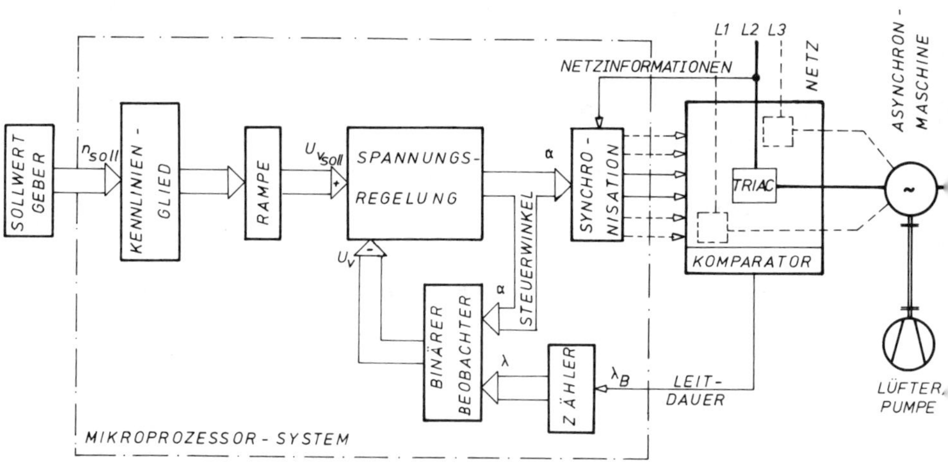

Bild 6-7. Sensorloser Wechselstromantrieb.

keit vom aktuellen Steuerwinkel (α). Die Wirkungsweise entspricht der Synchronisationsstufe in netzgeführten Stromrichtern (vgl. Abschn. 6.1.1.2).

Beim Einsatz von Drehstromasynchronmaschinen muß der Wechselstromsteller zum Drehstromsteller [2] erweitert werden. Die Struktur der sensorlosen Spannungsregelung bleibt erhalten. Die Regelstruktur nach Bild 6-7 läßt sich außerdem für den Sanftanlauf von Drehstromantrieben einsetzen, indem als Drehzahl-Sollwert der Maximalwert vorgegeben und das Kennlinienglied weggelassen wird. Eine Regelung der Asynchronmaschine in größeren Drehzahlbereichen kann mit dem Konzept nach Bild 6-7 (Schlupfsteuerung) nicht verwirklicht werden. Dafür ist als Stellglied ein Frequenzumrichter erforderlich, der neben der Spannung auch die Frequenz der Maschine verändern kann. Selbstverständlich lassen sich für diese Anwendungsfälle ebenfalls Binäre Beobachter zur Istwertbildung einsetzen (vgl. Abschn. 6.5).

6.4 Sensorlose Universalantriebe für einfachen Geradeausbetrieb

Universalantriebe werden in großen Stückzahlen in Haushaltsgeräten im Leistungsbereich bis ca. 1 kW eingesetzt. Als Antriebsmotor wird die vollgeblechte Gleichstromreihenschlußmaschine (Universalmotor) verwendet, die über einen Wechselstromsteller mit einer variablen Wechselspannung versorgt wird. Durch die Grundbelastung infolge Eigenbelüftung und die relativ hohe Reibung solcher Antriebsaggregate lassen sich für die Drehzahl in einem weiten Bereich über die angelegte Spannung stabile Arbeitspunkte einstellen. Der Wechselstromsteller ist für diese Antriebsfälle ein kostengünstiges Stellglied, das aber das speisende Netz mit Steuer- und Verzerrungsblindleistung belastet. Eine Versorgung dieser sogenannten Universalmotoren mit Gleichspannung ist wegen der Wirkungsweise des Wechselstromstellers nicht mehr möglich.

Das prinzipielle Zusammenwirken von Wechselstromsteller (Triac) und Universalmotor zeigt *Bild 6-8* am Beispiel eines sensorlosen Universalantriebs. Da es sich bei solchen Kleinantrieben um Kompaktgeräte handelt, darf die Steuerung und Regelung nur wenig Platz beanspruchen, so daß sich hier die Implementierung in einen Single-Chip-Computer anbietet. Bei diesen speziellen Mikrocomputerbausteinen sind alle erforderlichen Funktionsgruppen auf einem einzigen IC (integrated circuit)

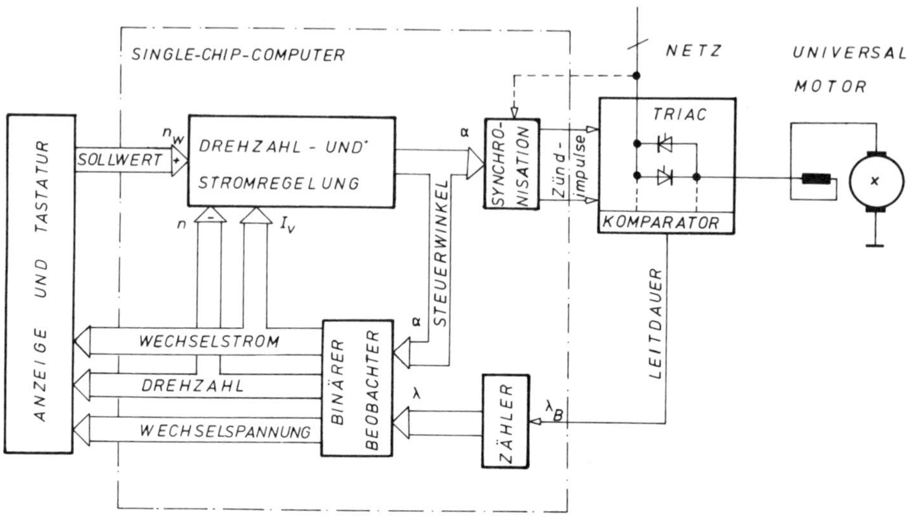

Bild 6-8. Sensorloser Universalantrieb.

untergebracht, weshalb diese Lösung neben Raumvorteilen auch noch ein Höchstmaß an Störsicherheit (EMC) bietet. Einzige zu messende Systemgröße ist die binäre Leitdauer der Ventile, die direkt aus der Sperrspannung des Triac über einen Komparator gewonnen wird. Dieser Komparator kann im einfachsten Fall ein Optokoppler sein, so daß automatisch eine galvanische Trennung zwischen Leistungsteil und Mikroprozessorsystem gegeben ist. Die Digitalisierung mittels Zählerbaustein liefert den Stromflußwinkel als computerverständliche Größe.

Für die Berechnung der Effektivwerte der Motorspannung kann die Beobachtergleichung (5.93) direkt verwendet werden. Die Beobachtergleichung für den Effektivwert des Motorstroms kann erst angegeben werden, wenn die induzierte Spannung (EMK) der Maschine in der Maschengleichung (5.94) berücksichtigt wurde. Arbeitet die Reihenschlußmaschine nur im linearen Bereich ihrer Magnetisierungskennlinie, so darf man in guter Näherung ansetzen:

$$\psi(\omega t) = c_k \, i_V(\omega t) . \tag{6.8}$$

c_k ist der Proportionalitätsfaktor zwischen dem Verkettungsfluß und dem Motorstrom. Dadurch kann die induzierte Spannung der Maschine:

$$u_i = \psi(i_V)\,\Omega = c_k \, i_V(\omega t)\,\Omega \tag{6.9}$$

formal wie der Spannungsabfall an einem Ohmschen Widerstand betrachtet werden, wenn zunächst die Drehzahl (Ω) als konstant angenommen wird. Das bedeutet, daß der Widerstand R in den Beobachtergleichungen (5.98) und (5.99) des Verbraucherstroms lediglich durch den Ausdruck:

$$R^* = R + c_k \Omega \tag{6.10}$$

ersetzt werden muß. Über eine Grenzbedingung kann die Drehzahl ($\Omega = 2\pi n$) des Antriebs als Funktion der charakteristischen Stromrichtergrößen angegeben werden. Setzt man die Zündbedingung $i_V(\omega t = 0) = 0$ in Gl. (5.97) ein, so findet man den Ausdruck:

$$n = \frac{\omega L}{2\pi c_k} \sum_{\nu=1,3}^{\infty} \frac{\nu b_\nu}{a_\nu} - \frac{R}{2\pi c_k}. \tag{6.11}$$

Diese Beobachtergleichung liefert Schätzwerte für die momentane Drehzahl an der Welle des Antriebs, so daß auch bei Wechselstromsteller-gespeisten Universalmotoren der komplette Zustandsvektor ohne analoge Zwischenschritte geschätzt werden kann. Die beobachteten Zustandsgrößen werden dem bekannten Regelalgorithmus in Kaskadenstruktur zugeführt, der den erforderlichen Steuerwinkel unter Berücksichtigung des gewünschten Drehzahl-Sollwertes und unter Einhaltung von Stromgrenzen berechnet. Die Synchronisationssoftware wandelt den aktuellen Steuerwinkel in entsprechende, netzsynchrone Zündimpulse für den Triac um, so daß die Regelschleife geschlossen ist. Die Vorgabe des Drehzahl-Sollwertes kann über eine einfache Tastatur oder Codierschalter erfolgen. Die momentanen Zustandsgrößen können über ein vierstelliges Display angezeigt werden. Die digitale Signalverarbeitung bietet auch in solchen Massenantrieben die vielfältigsten Möglichkeiten der Benutzerführung und des Bedienkomforts, wobei aber letztendlich eine Wirtschaftlichkeitsbetrachtung den Umfang dieser digitalen Hilfsmittel bestimmt.

6.5 Sensorlose Drehstromantriebe für robuste Standardanwendungen

Die Asynchronmaschine, auch Induktionsmaschine genannt, kommt in der überwiegenden Anzahl aller elektrischen Antriebe zum Einsatz, da sie eine Reihe von Vorteilen gegenüber den anderen elektrischen Maschinen aufweist; z.B. keine Begrenzung der Bauleistung, extrem große Drehzahlbereiche, Wartungsarmut sowie hohe Schutzart und Leistungsdichte. Durch die fortschreitende Automatisierung auf allen Gebieten der Technik und des täglichen Lebens wächst die Forderung nach drehzahlvariablen Drehstromantrieben, da spezielle Randbedingungen wie Explosionsschutz, Dauerbetrieb über Jahre hinweg, Robustheit, Betriebssicherheit usw. zu erfüllen sind.

Für die Drehzahlverstellung der Asynchronmaschine über die Ständerfrequenz kommen als Stellglied sogenannte Frequenzumrichter zum Einsatz, die aus einem Wechsel- bzw. Drehstromnetz konstanter Spannung und Frequenz ein neues Wechsel- bzw. Drehstromnetz variabler Spannung und Frequenz erzeugen. Entkoppelt werden die beiden Wechsel- bzw. Drehstromsysteme durch einen Gleichstromzwischenkreis. Man unterscheidet Frequenzumrichter mit eingeprägter Spannung durch Kapazitäten im Zwischenkreis und Frequenzumrichter mit eingeprägtem Strom durch Induktivitäten im Zwischenkreis. Bei langsamlaufenden Antriebseinheiten großer Leistung können auch Direktumrichter eingesetzt werden [2; 18].

Der Frequenzumrichter ist üblicherweise aus einem netzgeführten Gleichrichter und einem selbstgeführten Wechselrichter aufgebaut. Im Falle von eingeprägten Zwischenkreisströmen sitzt am Eingang ein vollgesteuerter, netzgeführter Stromrichter, während bei eingeprägten Zwischenkreisspannungen den Eingang ein ungesteuerter, netzgeführter Stromrichter bildet. Eine weitere interessante Variante besteht darin, daß der eingangsseitige Gleichrichter auf einen Gleichstromsteller (Chopper) arbeitet, der den Wechselrichter mit variabler Spannung speist. Bei Antrieben unter 20 kW Leistung werden Leistungstransistoren im Gleichstromsteller eingesetzt, ansonsten Thyristoren.

Im Gegensatz zu Gleichstrommaschinen, wo die beiden drehmomentenbildenden Komponenten Ankerstrom und Fluß getrennt eingestellt werden können, treten bei der Asynchronmaschine vier drehmomentenbildende Komponenten auf. Das sind die Ständergrößen Spannung, Strom und Frequenz sowie die Läuferdrehzahl. Der magnetische Fluß in der Maschine kann nur indirekt verstellt werden und hängt ebenfalls von diesen vier Komponenten ab. Für geregelte Drehstromantriebe, die nur geringen dynamischen Anforderungen genügen müssen, lassen sich bereits über die Steuerung der Ständerfrequenz befriedigende Ergebnisse erzielen. Zur Konstanthaltung des Flusses in der Maschine muß außerdem die Ständerspannung proportional zur Frequenz verändert werden. Einsatzgebiete finden sich in Pumpen- und Lüfterantrieben, Transportbändern, Verdichtern oder Hebezeugen.

Der prinzipielle Aufbau einer Frequenzsteuerung ist in *Bild 6-9* dargestellt. Der Frequenzumrichter besteht aus einem ungesteuerten Gleichrichter (GR), einem Gleichstromsteller (GS) und einem selbstgeführten Wechselrichter (WR). Damit ist diese Anordnung in der Lage, aus dem Drehstromnetz konstanter Spannung (U_1) und Frequenz (f_1) ein neues Drehstromnetz variabler Spannung (U_2) und Frequenz (f_2) zu erzeugen. Über einen Gleichstromzwischenkreis (L) sind die beiden Drehstromsysteme entkoppelt. Soll der Drehstromantrieb aus einer Gleichspannungsquelle (Batterie) gespeist werden, entfällt der Gleichrichter am Eingang. Die Zwischenkreisspannung kann durch den Chopper von Null bis zum Maximalwert kontinuierlich verändert werden. Der anschließende Phasenfolge-Wechselrichter erzeugt aus der Zwischenkreisspannung ein Drehspannungssystem beliebiger Frequenz, wobei von der Steuerung das Verhältnis zwischen Spannung und Frequenz konstant gehalten werden muß.

Während bei konventionellen Frequenzsteuerungen der Zwischenkreisstrom und die Zwischenkreisspannung zu messen und zu wandeln sind, muß bei der Struktur nach Bild 6-9 nur das binäre Signal der Überlappung erfaßt werden, das wieder von einem Zählerbaustein digitalisiert wird. Typisch für diese sensorlose Struktur sind die binären Schnittstellen zwischen der Mikro- und Leistungselektronik. Aus dem digitalen Wert der Überlappung und der Leitdauer berechnet der Binäre Beobachter gemäß Gl. (5.103) und (5.113) die arithmetischen Mittelwerte der Zwischenkreisgrößen. Ein Zustandsbeobachter schätzt über ein vereinfachtes Modell der Asynchronmaschine aus dem Zwischenkreisstrom und der Zwischenkreisspannung die aktuelle Drehzahl des Antriebs. Die geschätzten Istwerte werden einer Kaskadenregelung zugeführt, die die erforderliche Leitdauer des Choppers ermittelt, d. h. uber die Leitdauer (Einschaltverhältnis) des Choppers wird die Zwischenkreisspannung und damit indirekt die Ständerspannung der Maschine verstellt. Da der Zwischenkreisstrom im wesentlichen dem Wirkanteil des Ständerstroms entspricht, bietet die Regelkaskade nur in Verbindung mit einer unteren Begrenzung des zulässigen Leistungsfaktors ($\cos \varphi$) einen zuverlässigen Schutz vor Überströmen in der Maschine.

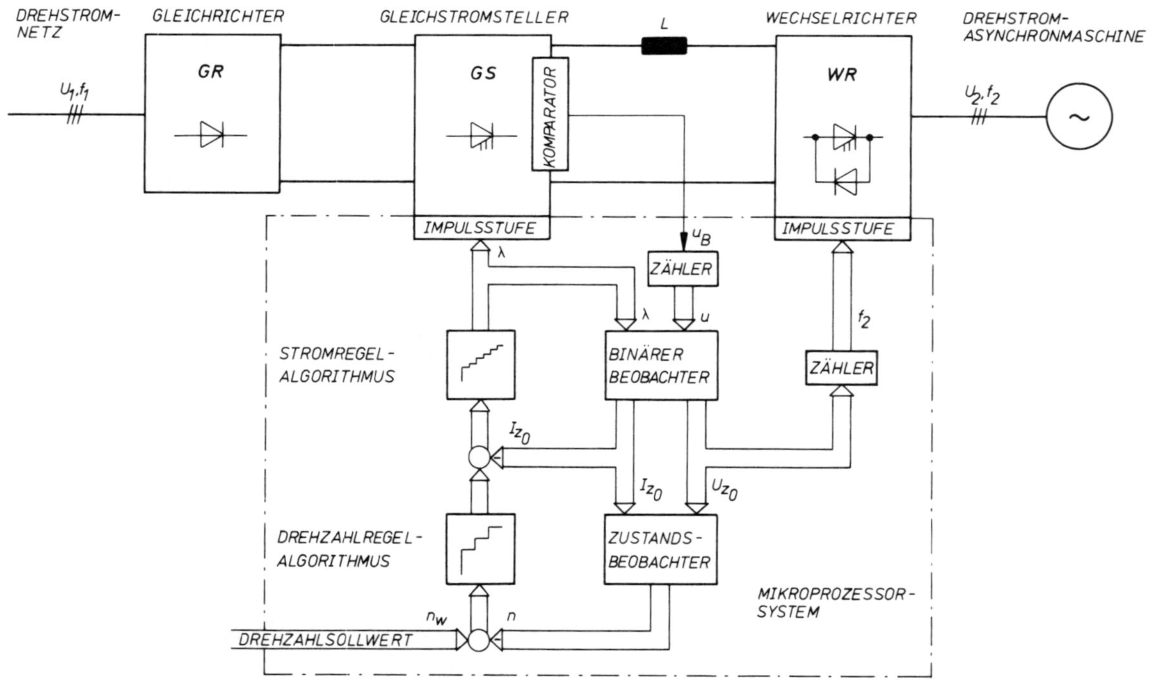

Bild 6-9. Sensorloser Drehstromasynchronantrieb.

Um Linearität zwischen U_2 und f_2 in allen Betriebssituationen zu garantieren, wird die erforderliche Frequenz des Wechselrichters aus dem momentanen Mittelwert der Zwischenkreisspannung über einen Zähler gebildet. Darüber hinaus muß die Spannung bei kleinen Drehzahlen überproportional zur Frequenz verstellt werden, damit die Maschine ihr maximales Drehmoment bis zum Stillstand entwickeln kann (Anfahrausgleich). In den Impulsstufen werden die potentialfreien Basissignale für die Leistungstransistoren im Wechselrichter und Chopper generiert. Diese Stufen bestehen im wesentlichen aus Treibern und logischen Verknüpfungen, die der Mikroprozessor zeitlich nicht bewältigen kann und deshalb an diskrete Logikbausteine delegieren muß.

Eine Umkehrung der Drehrichtung kann kontaktlos durch Verändern der Zündreihenfolge im Wechselrichter erfolgen, so daß dieser Antrieb im ersten und dritten Quadranten der Drehzahl-Drehmomentenebene arbeiten kann. Ein generatorischer Bremsbetrieb der Asynchronmaschine im zweiten und vierten Quadranten ist nur möglich, wenn durch zusätzliche Maßnahmen (z. B. Bremswiderstände) der Zwischenkreis in der Lage ist, elektrische Energie aufzunehmen.

Die Genauigkeit dieses sensorlosen Drehstromantriebs hängt in erster Linie von der Auflösung des binären Signals der Überlappung u_B ab. Die maximale Pulsbreite liegt im Bereich einiger Mikrosekunden, so daß für die Zählerbausteine Clockfrequenzen von mindestens 10 MHz benötigt werden, um in die Größenordnung von einem Prozent Genauigkeit zu kommen. Schwankungen der Eingangsspannung des Choppers gehen über die Gleichungen des Binären Beobachters ebenfalls in die Genauigkeitsbilanz mit ein. Hinzu kommen temperaturabhängige Parameterschwankungen im Modell des Zustandsbeobachters für die Drehzahl. Diese letztgenannten Fehler treten sowohl in sensorlosen als auch in konventionellen Frequenzsteuerungen auf, weshalb beide Verfahren bezüglich Genauigkeit und Dynamik keine nennenswerten Unterschiede aufweisen.

6.6 Sensorlose Stromrichterkaskaden für große Antriebseinheiten

Während bei der Drehstromsteller-gespeisten Asynchronmaschine der Schlupf und damit die Drehzahl über die Ständerspannung verstellt wird (vgl. Abschn. 6.3), kann dies auch durch Stromrichterkaskaden im Läuferkreis der Asynchronmaschine geschehen. Der Vorteil der Stromrichterkaskaden besteht darin, daß Drehzahlen bis Null möglich sind und daß der Antrieb bei Entlastung nicht auf die synchrone Drehzahl hochläuft. Von Nachteil ist der etwas größere Aufwand an Leistungshalbleitern und die Erfordernis einer Schleifringläufermaschine. Man unterscheidet zwischen der untersynchronen Stromrichterkaskade und der übersynchronen Stromrichterkaskade. Einsatzgebiete finden sich im Leistungsbereich ab 20 kW überall dort, wo die Vorteile der Asynchronmaschine, wie Wartungsarmut, Explosionsschutz und hohe Leistungsdichte, entscheidend sind.

Bild 6-10 zeigt den Aufbau einer untersynchronen Stromrichterkaskade. Diese ist historisch aus der Maschinenkaskade (Drehstromnebenschlußmaschine) hervorgegangen, bei der die Schleifringspannungen (U_2, f_2) durch einen besonderen Maschinensatz auf Netzverhältnisse zurückge-

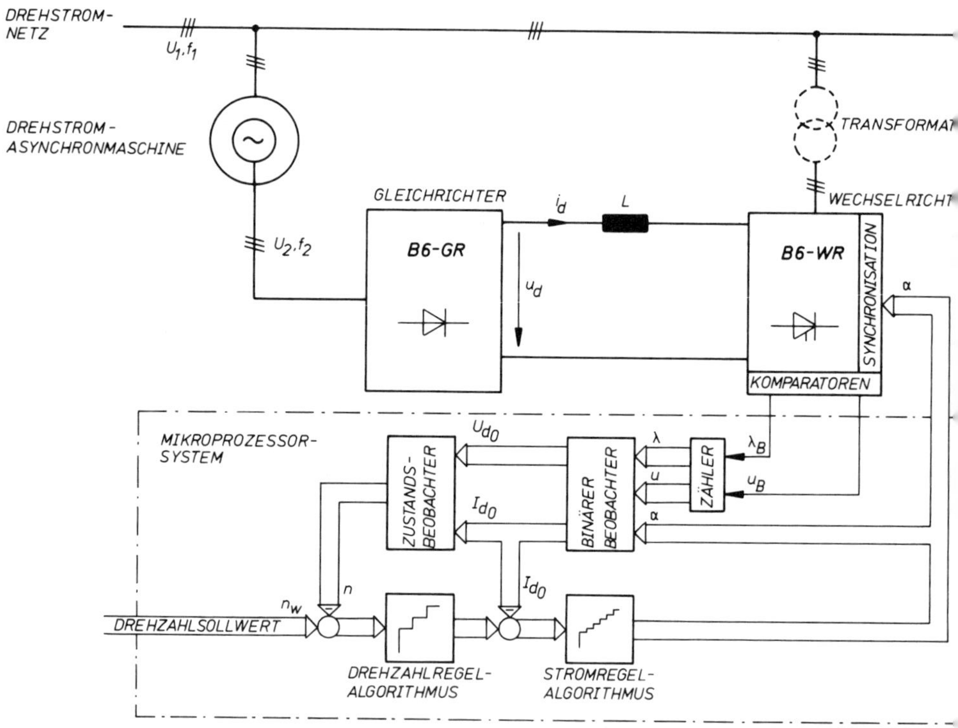

Bild 6-10. Sensorlose, untersynchrone Stromrichterkaskade.

wandelt wurden. Gemeinsam ist beiden Varianten die Rückspeisung der anfallenden Schlupfleistung in das Drehstromnetz, so daß sich gute Wirkungsgrade erzielen lassen. In der untersynchronen Stromrichterkaskade wird das dadurch erreicht, daß die Läuferspannungen gleichgerichtet werden und die Schlupfleistung über einen netzgeführten Wechselrichter ins Drehstromnetz zurückgespeist wird. Entkoppelt sind diese beiden Teilstromrichter über einen Gleichstromkreis. Mit Hilfe eines Transformators kann gegebenenfalls eine Spannungsanpassung erfolgen. Die untersynchrone Stromrichterkaskade deckt den untersynchronen Motorbetrieb und den übersynchronen Generatorbetrieb ab. Wird der maschinenseitige Gleichrichter ebenfalls mit steuerbaren Leistungshalbleitern ausgeführt, so liegt eine übersynchrone (doppeltgespeiste) Stromrichterkaskade vor, die zusätzlich den übersynchronen Motorbetrieb und den untersynchronen Generatorbetrieb mit abdeckt.

Die sensorlose Regelung der untersynchronen Stromrichterkaskade nach Bild 6-10 wird in der für elektrische Antriebe üblichen Kaskadenstruktur vorgenommen; d. h. einem Drehzahlregelkreis wird zum Schutz der Betriebsmittel eine Stromregelung unterlagert. Aus den binären Signalen der Leitdauer und der Überlappung berechnet der Binäre Beobachter in Verbindung mit dem im Stromregelalgorithmus ermittelten, aktuellen Steuerwinkel den arithmetischen Mittelwert der Zwischenkreisspannung U_{d0} und des Zwischenkreisstroms I_{d0}. Für den Fall, daß die ideelle Leerlaufgleichspannung des netzgeführten Wechselrichters gegenüber der gleichgerichteten Läuferspannung im Stillstand groß ist, können die Beobachtergleichungen für Drehstrombrückenschaltungen gemäß Gl. (5.77) und (5.79) bzw. Gl. (5.81) und (5.83) direkt übernommen werden; ansonsten muß die Herleitung der Beobachtergleichungen nach Abschn. 5.1 durchgeführt werden.

Der Zustandsbeobachter schätzt aus den Zwischenkreisgrößen über ein vereinfachtes Modell der Asynchronmaschine die momentane Drehzahl (n) des Antriebs, wobei zu beachten ist, daß der Schlupf $s = 1 - n/n_{\mathrm{d}}$ sich linear mit der Zwischenkreisspannung ändert und der Zwischenkreisstrom in guter Näherung dem Drehmoment proportional ist. Das vereinfachte Strukturbild der untersynchronen Stromrichterkaskade [17] ähnelt sehr stark dem Strukturbild des stromrichtergespeisten Gleichstromantriebs.

6.7 Sensorlose Temperaturregelung in elektrischen Verbrauchern

Temperaturregelkreise besitzen im allgemeinen große Wärmespeicher, weshalb die Erwärmungszeitkonstanten entsprechend groß sind (Minutenbereich). Aus diesem Grunde muß der Temperaturregelung in elektrischen Verbrauchern eine Stromregelung unterlagert werden, so daß die Anlagenteile zuverlässig vor Überströmen geschützt sind. Die entsprechende Kaskadenstruktur zeigt *Bild 6-11* am Beispiel eines Ohmschen induktiven Verbrauchers, der aus einem netzgeführten Stromrichter gespeist wird. Um die beiden Regelkreise sensorlos regeln zu können, benötigt man eine Beobachterkaskade, bestehend aus einem Binären Beobachter für die elektrischen Zustandsgrößen und einem Temperaturbeobachter. Der Entwurf der beiden Regler kann mit den konventionellen Verfahren nach Abschn. 3 vorgenommen werden, da insbesondere die Implementierung von Temperaturregelalgorithmen für Mikroprozessorsysteme absolut zeitunkritisch ist. Entspricht der Ohmsche induktive Verbraucher z. B. der Erregerwicklung einer Gleichstrom- oder Synchronmaschine und ersetzt man den Temperaturregler durch ein Kennlinienglied (Magnetisierungskennlinie), so liegt eine indirekte Flußregelung der entsprechenden Maschine vor. Der Schätzwert der Temperatur kann dann zur Korrektur der temperaturabhängigen Antriebsparameter und zum Schutz der Maschine vor Übertemperaturen verwendet werden [4].

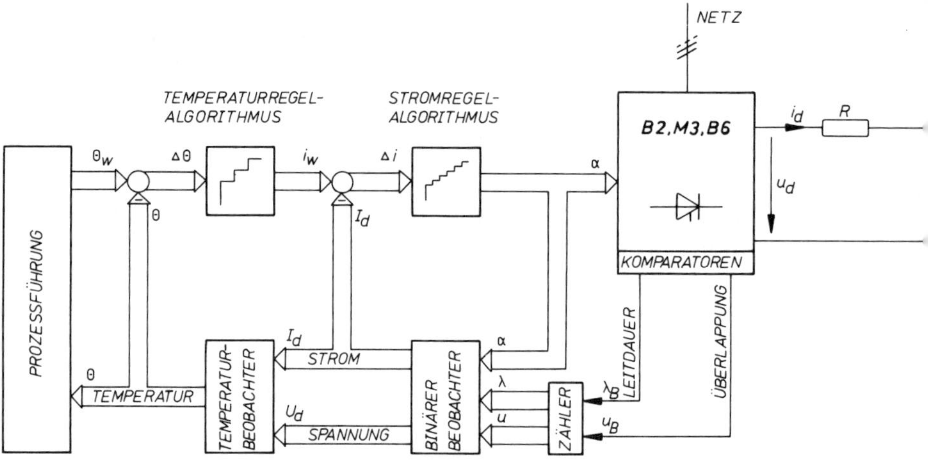

Bild 6-11. Sensorlose Temperaturregelung.

Die Beobachtergleichungen für die arithmetischen Mittelwerte von Strom und Spannung können für eine Wechselstrom-Brückenschaltung (B2) gemäß Gl. (5.38) und Gl. (5.52) übernommen werden, sofern der elektrische Verbraucher große Induktivitäten enthält. Für induktivitätsarme Verbraucher muß die Herleitung der Beobachtergleichungen nach Abschn. 5.1 durchgeführt werden. Im Falle einer Drehstrom-Mittelpunktschaltung (M3) und einer Drehstrom-Brückenschaltung (B6) sind die entsprechenden Beobachtergleichungen zu verwenden. Wählt man einen Gleichstromsteller als Stellglied, so müssen die Beobachtergleichungen für Chopperspannungen und Chopperströme implementiert werden. Da es sich in allen Fällen um Stromrichter mit einem Gleichstromausgang handelt, fällt der Gleichanteil der Spannung ausschließlich am Ohmschen Widerstand des Lastkreises ab. Diese Besonderheit und die Tatsache, daß sich nur der Ohmsche Widerstand des Verbrauchers temperaturabhängig verändert, werden für den Entwurf des Temperaturbeobachters ausgenutzt. Die Berechnung des Ohmschen Widerstandes in einem Gleichstromkreis kann nach dem Ohmschen Gesetz erfolgen:

$$R = \frac{U_d}{I_d}. \tag{6.12}$$

U_d und I_d sind die arithmetischen Mittelwerte des Gleichstromkreises. Durch den nichtlinearen Zusammenhang in Gl. (6.12) scheidet der Entwurf eines Zustandsbeobachters nach Abschn. 4.2 von vorneherein aus. Hier gilt es, eine nichtlineare Beschreibungsfunktion zwischen den elektrischen Zustandsgrößen und der Temperatur zu finden. Wegen der großen Temperaturzeitkonstanten spielt dabei die Dynamik des Temperaturbeobachters eine untergeordnete Rolle.

Die Verbindung zur Temperatur ist über den Temperaturkoeffizienten (α) herzustellen, der für geringe Abweichungen um eine Bezugstemperatur (Θ_B) als konstant angesetzt werden darf [19]. Damit kann die Temperaturabhängigkeit des Lastwiderstands über dem gesamten Arbeitsbereich von kalt Θ_K bis betriebswarm Θ_W näherungsweise als konstant angesehen werden; d. h. für den Widerstandswert darf man schreiben:

$$R = \frac{R_B}{\Theta_0 + \Theta_B}\Theta + \frac{R_B}{1 + \frac{\Theta_B}{\Theta_0}}$$

$$R_B, \Theta_B, \Theta_0 = \text{konst.} \tag{6.13}$$

Für die Bezugsgrößen (Index B) sind entweder die Werte des warmen Widerstands (R_W) oder des kalten Widerstands (R_K) plus deren zugehörige Temperatur (Θ_W bzw. Θ_K) einzusetzen. Diese können häufig dem Datenblatt des Widerstandherstellers entnommen werden. Die kritische Temperatur:

$$\Theta_0 = \frac{1}{\alpha_B} - \Theta_B \tag{6.14}$$

hängt vom verwendeten Widerstandsmaterial ab [20] und beträgt für Kupfer (Cu) bzw. Aluminium (Al):

$$\Theta_0 = \begin{cases} -235\,°\mathrm{C} & \text{für Cu;} \\ -250\,°\mathrm{C} & \text{für Al.} \end{cases} \tag{6.15}$$

Mit diesen Beziehungen läßt sich die gesuchte Beobachtergleichung für die Temperatur in endgültiger Form anschreiben:

$$\Theta = -\Theta_0 + \frac{\Theta_0 + \Theta_B}{R_B} \cdot \frac{U_d}{I_d}. \tag{6.16}$$

Da der vorgeschaltete Binäre Beobachter die Gleichspannung (U_d) und den Gleichstrom (I_d) ohne analoge Zwischenschritte bestimmt, ist mit Gl. (6.16) die sensorlose Erfassung der Temperatur eines Ohmschen induktiven Verbrauchers möglich. Der Temperaturbeobachter kann dynamisch als Verzögerungsglied erster Ordnung angesetzt werden, wobei die Zeitkonstante gleich der Rechenzeit des Algorithmus entspricht. Der geschätzte Temperaturwert wird dem Temperaturregler als Istwertersatz zugeführt. Er kann auch dazu benutzt werden, daß bei Überschreiten einer Höchsttemperatur ein Alarm ausgelöst oder der Verbraucher automatisch abgeschaltet wird.

Die Genauigkeit des Temperatur-Beobachters liegt in der Größenordnung von wenigen Prozenten. Der Genauigkeitsverlust hängt in erster Linie von der Konstanz des speisenden Netzes ab, da Spannungsschwankungen über die Gleichungen des Binären Beobachters unmittelbar in die beobachtete Temperatur eingehen.

6.8 Überwachung und Schutz der Antriebe durch redundante Meßwertverarbeitung

Mit steigendem Automatisierungsgrad und zunehmenden Investitionskosten wächst auch die Forderung nach größtmöglicher Betriebssicherheit der elektrischen Antriebe und Anlagen. Dies läßt sich am besten durch eine redundante Meßwerterzeugung und -verarbeitung erreichen. Unter *Redundanz* versteht man nach DIN 40042 das funktionsbereite Vorhandensein von mehr als für die Funktion (z. B. Regelung) notwendigen technischen Mitteln. Dadurch wird die Intaktwahrscheinlichkeit des Systems erhöht, da bei Ausfall eines Bauteils (z. B. Sensors) dessen Funktion von einem anderen Bauteil ohne Beeinflussung der Funktion des Systems übernommen werden kann. Im Falle der elektrischen Antriebe kann dies durch die Kombination der sensorbehafteten Methoden mit den beobachterorientierten Verfahren ohne großen Zusatzaufwand erreicht werden. Erzeugt man drei Istwerte von ein und derselben Zustandsgröße, so kann bei Ausfall eines Istwertes der Fehler genau lokalisiert werden und der Antrieb ohne Unterbrechung weiterhin in Betrieb bleiben. Die Behebung des Fehlers kann damit in Zeitbereiche gelegt werden, in denen der Antrieb betriebsmäßig stillgesetzt wird, so daß kein Produktionsausfall entsteht. Man spricht in solchen Fällen von robusten Antriebsregelungen bezüglich Sensorausfall.

Bild 6-12 zeigt die Struktur einer redundanten Istwertbildung von Drehzahl und Ankerstrom in einem stromrichtergespeisten Gleichstromantrieb. Parallel zu einem Binären Beobachter, der Schätzwerte für die Ankerspannung und den Ankerstrom liefert (vgl. Abschn. 5.3), werden über eine analoge Schnittstelle (ADC, S & H, MUX) die Drehzahl, die Ankerspannung und der Ankerstrom von den entsprechenden Sensoren eingelesen. Mit Hilfe von drei Zustandsbeobachtern zweiter Ordnung (vgl. Abschn. 4.2.1) lassen sich weitere Schätzwerte für die Drehzahl und den Ankerstrom gewinnen, so daß die Regelung aus jeweils drei Istwerten für die Drehzahl (n, n^*, n^{**}) und den Ankerstrom (I_d, I_d^*, I_d^{**}) auswählen kann. Weicht ein Istwert erheblich von den beiden anderen Istwerten ab, so ist die Antriebsregelung in der Lage, voll funktionsfähig weiterzuarbeiten und über eine optische und/oder akustische Störmeldung auf den Fehler (z. B. Sensorausfall) aufmerksam zu machen.

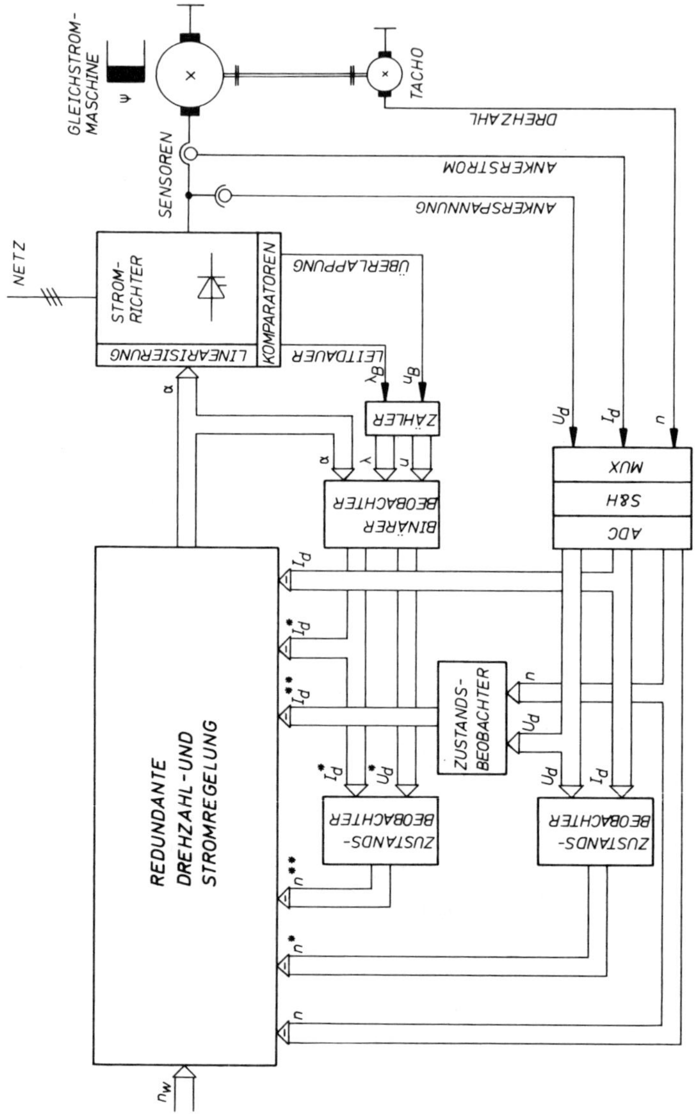

Bild 6-12. Redundante Antriebsregelung.

7. Synthese von Mikro- und Leistungselektronik

Die Implementierung beliebiger Regelstrategien in Mikroprozessorsysteme kann nur dann erfolgreich verlaufen, wenn wichtige Randbedingungen beachtet werden. Deshalb sollen in diesem Abschnitt sowohl für die Konfiguration der Hardware (Rechneraufbau) als auch für die Strukturierung der Software (Programme) noch einige nützliche Hinweise gegeben werden, die unabhängig von den verwendeten Mikroprozessorbausteinen generell zu berücksichtigen sind. Nur dann ist eine zufriedenstellende Synthese von Mikro- und Leistungselektronik auch in störverseuchter Atmosphäre zu erreichen. Dies gilt insbesondere für volldigitalisierte Stromrichterantriebe, da hier zwischen den Spannungen, Strömen und Frequenzen der Leistungselektronik und denen der Mikroelektronik mehrere Zehnerpotenzen liegen. Da die Mikroprozessoren über die Stromrichterstellglieder in gewaltige Energieströme eingreifen, führen Störungen sofort zu Schäden und Ausfällen der Betriebsmittel, so daß in der elektrischen Antriebstechnik dem Problem der Störsicherheit (EMC) besondere Bedeutung zukommt.

7.1 Konfiguration und Störsicherheit der Hardware

Ursachen für Störeinflüsse sind Schaltvorgänge in Relais und Schützen sowie Kommutierungsvorgänge zwischen Leistungshalbleitern in Stromrichterschaltungen. Dabei treten erhebliche Spannungsänderungen und Stromsteilheiten auf, die kapazitive und induktive Einstreuungen und Beeinflussungen in Form von Störquellen auf die mit kleinen Pegeln (TTL) arbeitende Mikroelektronik bewirken. Eine wichtige Maßnahme ist die Beseitigung der Störungsursachen, z. B. Beschaltung der Erregerspulen von Schützen mit RC-Gliedern oder Freilaufdioden. Die Störbeseitigung wird jedoch in den meisten Fällen nur teilweise gelingen, so daß weitere Schutzmaßnahmen der gefährdeten Anlagenteile erforderlich sind [21]. Unter Berücksichtigung dieser Maßnahmen bleibt der Störsicherheitsabstand auf zulässigen Werten, so daß Störsignale nicht als Nutzsignale interpretiert werden.

Die Störsicherheit einer umfangreichen und verzweigten Steuer- und Regeleinrichtung hängt ganz entscheidend von der Qualität des gemeinsamen Bezugspotentials (BP), auch Reglererde genannt, ab und damit von den Spannungsabfällen an dessen Impedanzen. Abhilfe bei Störungen schafft eine galvanische Entkopplung, bei der alle impedanzarmen Bezugsleiter (Querschnitt $\geq 6\ mm^2$) der Einzelsysteme nur in einem einzigen Bezugspunkt (möglichst nahe am Netzgerät) galvanisch verbunden werden. Dieser gemeinsame Bezugspunkt sollte zur Potentialfestlegung noch über das Schutzleitersystem galvanisch oder kapazitiv geerdet werden (vgl. *Bild 7-1*).

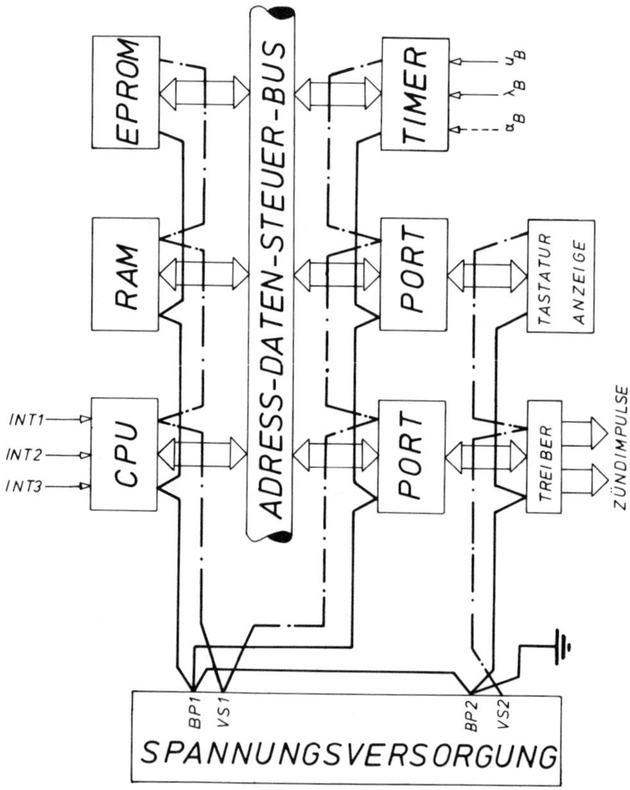

Bild 7-1. Hardwarekonfiguration nach EMC-Richtlinien.

Kapazitive Einkopplungen entstehen durch elektrische Wechselfelder und lassen sich in der Regel dadurch vermeiden, daß die Kabel der Leistungsseite und der Steuerungsseite getrennt verlegt werden, bzw. die Steuerleitungen in abgeschirmten Kabeln geschützt werden.

Induktive Einkopplungen werden durch magnetische Wechselfelder hervorgerufen, weshalb die vom Störfluß durchdrungene Fläche des Bezugsleiters und Signalleiters möglichst klein gehalten werden muß. Durch paarweises Verdrillen lassen sich bei Signalleitungen gute Schutzeffekte erzielen. Ferner dürfen alle potentialfrei gemessenen Istwerte der Prozeßgrößen erst am Ort ihrer Verwendung (z. B. an der analogen Schnittstelle) auf Reglererde bezogen werden, um sie nicht durch Ströme eines benachbarten Bezugsleiters zu verfälschen.

Wie Bild 7-1 weiter zeigt, muß ferner die Versorgungsspannung (VS2) der stromintensiven, peripheren Verbraucher, wie Treiberstufen und LED-Anzeigen, getrennt erzeugt werden. Durch die impulsartigen Lastschwankungen würde eine gemeinsame Spannungsversorgung zu Störungen des Mikrocomputersystems führen. Das Bezugspotential (BP2) dieser peripheren Verbraucher muß ebenfalls direkt am Netzgerät mit dem Bezugspotential (BP1) des Mikroprozessorsystems verbunden werden. Da aber auch die Zentraleinheit (CPU) und die Speicherbausteine (RAM, EPROM) die Versorgungsspannung (VS1) stark belasten, ist die Spannungspufferung durch Stützkondensatoren von einigen Nanofarad direkt an den einzelnen Bausteinen ein wirksames Mittel zur Erhöhung der Störsicherheit.

Eine Komprimierung der Rechnerhardware bringt automatisch eine Erhöhung der Störsicherheit mit sich, weshalb in Mikroprozessorsteuerungen immer darauf zu achten ist, daß der Adreß-, Daten- und Steuerbus in seinen geometrischen Abmessungen möglichst eng verzweigt ist. Ein Maximum an Störsicherheit bietet deshalb der Einsatz von sogenannten Single-Chip-Computern, bei denen alle erforderlichen Funktionsgruppen auf einem einzigen IC (integrated circuit) vereinigt sind. Diese Rechner bieten darüber hinaus den Vorteil, daß die gesamte Software zur Steuerung und Regelung des Stromrichterantriebs vor unbefugtem Zugriff absolut geschützt wird, d. h. es können keine Anwenderprogramme kopiert werden.

Da die Stromrichterstellglieder im Schaltbetrieb arbeiten, ist der Datenverkehr von der Mikroelektronik zur Leistungselektronik sowie die galvanische Trennung mit Impulsübertragern oder Optokopplern einfach zu realisieren. Werden Binäre Beobachter zur Istwertbildung eingesetzt, so gilt dies auch für den Datenverkehr von der Leistungselektronik zur Mikroelektronik. Im Falle der netzgeführten und kommutierungslosen Stromrichterantriebe benötigt das Mikroprozessorsystem noch Informationen über den Nulldurchgang der Netzspannung. Diese Information wird der Zentraleinheit (CPU) als binäres Signal auf einen Interrupteingang geführt, damit die CPU sämtliche vom Systemclock abhängigen Rechenoperationen und Zählerinhalte auf die Netzfrequenz synchronisieren kann. Weitere Interrupteingänge werden für den Aufruf von Zündroutinen und zeitkritischen Regel- und Steueralgorithmen benötigt, wobei der Programmaufruf von Zählerbausteinen kommen kann.

Die Kommunikation mit der Außenwelt erfolgt über ein serielles Interface oder eine parallele Schnittstelle (PORT); dabei kann je nach Applikation eine Tastatur mit Anzeige, Codierschalter oder ein übergeordnetes Rechnersystem angeschlossen werden. An dieser Schnittstelle wird außerdem der Umfang und Komfort weiterer digitaler Hilfsmittel wie automatische Fehlererkennung, Datendokumentation und Benutzerführung festgelegt.

Da die Mikroprozessoren in Stromrichterantrieben bis hinunter zur Impulserzeugung auf Thyristorebene eingesetzt werden, sind die meisten Programmabläufe zeitkritisch, weshalb die einzelnen Programmpakete einen gewissen Umfang nicht übersteigen dürfen. Die Begrenzung der Anzahl von Operationsschritten drückt sich in einem vergleichsweise geringen Speicherbedarf aus. Für die reine Stromrichtersoftware ist ein Speicherbereich von 1/4 K flüchtigem Speicher (RAM) und 8 K Festwertspeicher (EPROM) in praktisch allen Anwendungsfällen ausreichend. Durch diese Besonderheiten in elektrischen Antrieben ist die Entwicklung spezieller Rechnerhardware unumgänglich. Die auf dem Markt angebotenen Rechnerplatinen können in Antriebsregelungen nicht eingesetzt werden. Durch den geringen Hardwareaufwand in sensorlosen Antriebsregelungen kann die gesamte Rechnersteuerung nach Bild 7-1 auf einer halben Europakarte bequem untergebracht werden.

7.2 Strukturierung von Stromrichtersoftware

Durch die kurzen Reaktionszeiten in Stromrichterantrieben können die einzelnen Programmblöcke nicht alle streng sequentiell abgearbeitet werden, sondern müssen je nach Dringlichkeit mit unterschiedlichen Prioritäten ausgestattet werden. Die Dringlichkeitszuweisung kann *Bild 7-2* entnommen werden. Höchste Priorität erhält die Synchronisationsroutine (INT3), die alle Timerstände an die Netzfrequenz des Stromrichters anpaßt und damit ein Wegdriften der clockabhängigen Vorgänge verhindert. Der Aufruf des Synchronisierprogramms erfolgt durch eine Unterbrechung (Interrupt) des Hauptprogramms zu äquidistanten Zeitpunkten. Die Ausführungszeiten der Synchronisiersoftware liegen in der Größenordnung von einer Mikrosekunde.

Ein anderes Interruptprogramm geringerer Priorität (INT2) ist die Ausgabe von Steuerworten auf die Zündkanäle der Stromrichterschaltungen. Auch dieser Vorgang muß synchron zu den Netzverhältnissen ablaufen, damit die Zündimpulse zeitlich richtig und stationär äquidistant an den Stromrichterventilen ankommen. Nur dann lassen sich die elektrischen Zustandsgrößen von nichtcharakteristischen Oberschwingungen, bedingt durch Nichtlinearitäten in der Impulsstufe, frei-

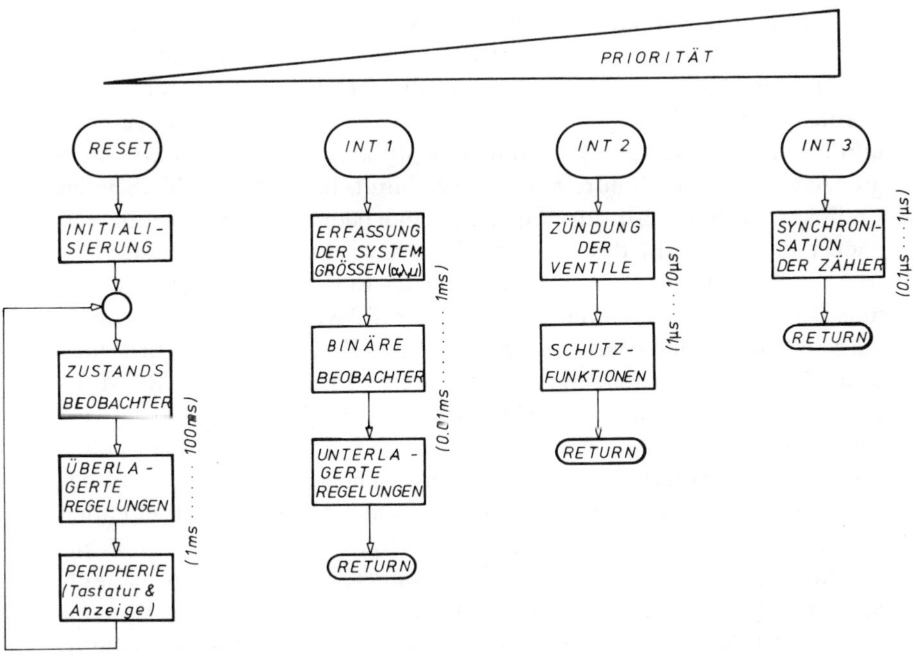

Bild 7.2. Prioritätsverteilung in Stromrichtersoftware.

halten. Ferner müssen in diesem Programm noch Schutzfunktionen ausgeführt werden, wie z. B. das Bereitstellen von Doppelimpulsen in Drehstrombrückenschaltungen, das Einhalten von bestimmten Impulsbreiten, das Überwachen von Aussteuergrenzen und das Überprüfen von Schaltzuständen. Trotzdem darf auch hier die Ausführungszeit nur wenige Mikrosekunden betragen, um die Programmteile mit niedrigerer Priorität nicht unzulässig lange zu blockieren.

Eine dritte Interruptroutine (INT1) enthält schließlich die Erfassung der charakteristischen Stromrichtergrößen durch Lesen der entsprechenden Zähler sowie die weitere Verarbeitung in den Beobachter- und Regelalgorithmen. Die Berechnung der elektrischen Zustandsgrößen durch Binäre Beobachter und die Durchführung der unterlagerten Stromregelung muß ebenfalls synchron zu den Netzvorgängen ablaufen, um ungewollte Systemanregungen zu vermeiden. Die Ausführungszeit dieser Programme liegt bei netzgeführten Stromrichtern im Bereich von einer Millisekunde, währen bei selbstgeführten Stromrichtern nur wenige zig Mikrosekunden zur Verfügung stehen.

Das Hauptprogramm läuft asynchron als sogenanntes Hintergrundprogramm ab. Nach einem Neustart (Reset) des Stromrichterantriebs initialisiert der Mikroprozessor zunächst alle peripheren Bausteine. Dabei werden Schnittstellen programmiert, Zähler mit Startwerten geladen und durch eine Netzanalyse (Systemidentifikation) die Wechselrichtergrenzlage sowie die Zündreihenfolge bestimmt. In einem anschließenden Endlosprogramm wird durch den Zustandsbeobachteralgorithmus zunächst die Drehzahl des Antriebs berechnet. Dazu werden die elektrischen Zustandsgrößen verwendet, die der Binäre Beobachteralgorithmus ermittelt und im Schreib-Lesespeicher (RAM) abgelegt hat. Danach wird mit dem Schätzwert der Drehzahl der Drehzahlregelalgorithmus durchlaufen und der aktuelle Stromsollwert berechnet, der im RAM für das Stromregelprogramm abgelegt wird. Dieses Endlosprogramm wird sukzessive abgearbeitet, da es ständig von den Interruptroutinen unterbrochen wird. Wegen der großen mechanischen Zeitkonstanten in der Antriebstechnik werden Durchlaufzeiten von einigen zig Millisekunden den meisten Anforderungen gerecht. Die Kaskadenstruktur des Strukturbildes spiegelt sich somit in der Programmstruktur wieder, d. h. unterlagerte Regelkreise müssen mit höherer Priorität bedient werden als überlagerte Regelkreise. Der Datenaustausch mit der Umwelt (Tastatur, Anzeige, Leitrechner) über eine entsprechende Schnittstelle wird ebenso in dieser Programmschleife durchgeführt wie die Umschaltsoftware für den Vierquadrantenbetrieb.

Die Programme für Mikroprozessorsteuerungen werden auf sogenannten Entwicklungssystemen entworfen und mit Hilfe von Emulatoren getestet und dann schrittweise auf die Hardware ausgelagert. Durch die langen Busverbindungen der Emulator-Adapter können beim Austesten und Optimieren der Rechner-Hard- und Software vor Ort, d.h. am realen Stromrichterantrieb, erhebliche Schwierigkeiten in Form von Störeinflüssen auftreten. Darum ist es besonders wichtig, die Hardware und Software einer digitalen Steuerung und Regelung so anzulegen, daß Parameteränderungen der Algorithmen und Eingriffe in den Prozeßablauf ohne fremde Hilfsmittel möglich sind. Dies kann im einfachsten Fall durch Abfrage von Codierschaltern und Abspeichern der Variablen im RAM-Bereich erfolgen. Auch Anzeigen, wie Leuchtdioden, können bei der endgültigen Prozeßoptimierung von großem Nutzen sein, um erkennen zu können, in welcher Softwareroutine der Mikroprozessor momentan arbeitet.

Beim Parallelbetrieb von Mikroprozessoren muß darauf geachtet werden, daß gemeinsame Adreß- und Datenbusse immer nur von einer CPU belegt werden können, wobei die Prioritäten eindeutig verteilt sein müssen. Dies ist insbesondere beim Einschalten sehr wichtig, um undefinierte Zustände zu vermeiden.

8. Fehlerbetrachtungen

Um die Genauigkeit von digitalen Steuer- und Regeleinrichtungen beurteilen zu können, muß man zwischen den Meß- und Abtastfehlern, den Rechenungenauigkeiten sowie den Modellfehlern, bedingt durch Parameterschwankungen, unterscheiden. Die Basis für die Genauigkeit wird jedoch immer beim Messen und Abtasten gelegt. Die nachfolgenden Operationen in den Regler-, Beobachter- und Steueralgorithmen können die Genauigkeit der Messung höchstens erhalten, auf keinen Fall aber verbessern. In digitalen Regelkreisen schließt der Begriff Messung die A/D-Wandlung und Mittelwertbildung mit ein.

Der Zahlenwert der Genauigkeit bzw. Genauigkeitsklasse gibt den höchstzulässigen Fehler in Prozenten des Meßbereich-Endwertes unter festgelegten Nennbedingungen an. Man bezeichnet deshalb die Genauigkeit auch als Fehlergrenze oder Meßunsicherheit. Analoge Definitionen gelten für die Linearität einer Meßanordnung.

8.1 Meß- und Abtastfehler

Für das Messen elektrischer Ströme, Spannungen und der Drehzahl stehen in der Antriebstechnik Sensoren zur Verfügung, die eine Ungenauigkeit und Linearität im Promillebereich und darunter garantieren, so daß die meßtechnische Erfassung der Zustandsgrößen in konventionellen und modernen Antriebsregelungen praktisch als fehlerfrei betrachtet werden kann. Große Fehler können aber bei der anschließenden Abtastung und Mittelwertbildung auftreten, insbesondere dann, wenn die Abtastschritte zu groß gewählt werden. Dies soll im folgenden am Beispiel der Stromabtastung in einem stromrichtergespeisten Gleichstromantrieb näher erläutert werden. *Bild 8-1* zeigt die bekannten Verläufe der Netzspannung (u_W) und des pulsierenden Gleichstroms (i_d) eines B2-Stromrichters für vier verschiedene Belastungsfälle. Kurve 1 und 2 geben den Lückbetrieb des Stromrichters wieder. Kurve 3 stellt die

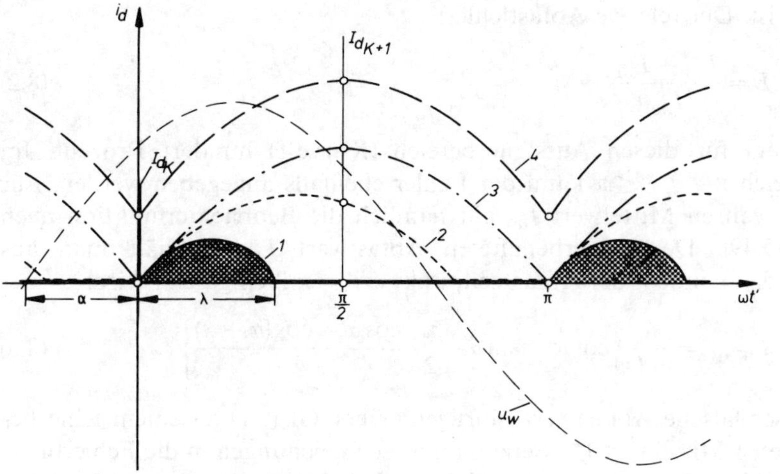

Bild 8-1. Abtastung welliger Gleichströme.

Lückgrenze dar, und Kuve 4 beschreibt den Verlauf außerhalb des Lückbetriebs. Die Kommutierungsvorgänge dürfen bei dieser Betrachtung vernachlässigt werden. Entnimmt man dem Gleichstrom je Pulsdauer zwei Proben, so läßt sich daraus für Kurve 3 und 4 bereits der arithmetische Mittelwert bestimmen. Die Abtastung muß bei solch geringen Abtastraten synchron zu den Vorgängen im Gleichstromkreis erfolgen, damit Abtastfehler infolge Schwebungen vermieden werden. Für hohe Abtastraten (z. B. 64 Abtastpunkte) wäre eine asynchrone Abtastung zwar möglich, würde aber eine separate CPU erforderlich machen.

Den Zusammenhang zwischen den beiden diskreten Abtastwerten I_{dK} zum Zeitpunkt $\omega t' = 0$ und $I_{\mathrm{dK+1}}$ zum Zeitpunkt $\omega t' = \pi/2$ und dem arithmetischen Mittelwert I_{d0} kann man mit Hilfe von Gl. (5.48) und unter Berücksichtigung der Lückgrenze ($\lambda = \pi$) gewinnen:

$$I^*_{\mathrm{d0}} = (1 - \tfrac{2}{\pi})\, I_{\mathrm{dk}} + \tfrac{2}{\pi} I_{\mathrm{dk+1}} \,. \tag{8.1}$$

Werden diese Abtastzeitpunkte auch im Lückbetrieb (Kurve 2) beibehalten, so wird der Maximalwert falsch abgetastet und der Mittelwert nach Gl. (8.1) nicht mehr den tatsächlichen Verhältnissen entsprechen. Der Abtastfehler wird um so größer, je stärker der Strom lückt. Gemäß Bild 8-1 bedeutet dies, daß für eine Leitdauer $\lambda \leq \pi/2$ nur noch Werte von Null abgetastet werden, obwohl der Gleichstrom von Null verschieden ist. Der relative Abtastfehler:

$$E = \frac{I_{d0} - I_{d0}^*}{I_{d0}} \tag{8.2}$$

beträgt für diesen Aussteuerbereich (Kurve 1) hundert Prozent. Im Bereich $\pi/2 \leq \lambda \leq \pi$ kann der Fehler ebenfalls angegeben werden. Für den wahren Mittelwert I_{d0} gilt nämlich die Beobachterfunktion nach Gl. (5.49). Den fehlerbehafteten Abtastwert I_{dK+1} erhält man aus Gl. (5.48), indem der Abtastzeitpunkt $\omega t' = \pi/2$ eingesetzt wird:

$$I_{dK+1} = \frac{\hat{u}}{\omega L}\left\{\cos\alpha + \sin\alpha - \frac{\pi}{2} \cdot \frac{\cos\alpha - \cos(\alpha + \lambda)}{\lambda}\right\}. \tag{8.3}$$

Dieser falsche Abtastwert führt jetzt über Gl. (8.1) zu einem fehlerbehafteten Mittelwert I_{d0}^*. Setzt man diese Gleichungen in die Fehlerfunktion ein, so kann der relative Fehler als dreidimensionale Graphik über dem Steuerwinkel und dem Stromflußwinkel aufgezeichnet werden. *Bild 8-2* zeigt diese Abhängigkeiten in anschaulicher Form. Im Bereich $0 \leq \lambda \leq \pi/2$ beträgt der Abtastfehler konstant einhundert Prozent, d. h. das Meßergebnis hat mit dem tatsächlichen Strom überhaupt nichts gemeinsam. Wird der Stromflußwinkel größer als $\pi/2$, nimmt der Abtastfehler gemäß Bild 8-2 ab, bis er schließlich an der Lückgrenze ($\lambda = \pi$) bei Null Prozent liegt, d. h. ab hier stimmt die Messung mit der Meßgröße exakt überein. Wie Bild 8-2 weiter zeigt, kann der Fehler sowohl positiv (Meßwert zu klein) als auch negativ (Meßwert zu groß) sein. Da man mit solch fehlerbehafteten Meßergebnissen keine vernünftige Stromregelung realisieren kann, muß in der Praxis entweder die Abtastrate kräftig erhöht werden oder eine starke Glättung (Anti-Aliasing) des analogen Meßsignals erfolgen. Während die erste Maßnahme meistens an der begrenzten Leistungsfähigkeit des Mikroprozessors scheitert, wirkt sich die zweite Maßnahme negativ auf die Dynamik des Regelkreises aus, so daß ein Kompromiß aus beiden Maßnahmen gefunden werden muß. Weil in Binären Beobachtern solche Abtastfehler nicht auftreten können, stellt diese sensorlose Methode der Istwerterfassung eine interessante Alternative dar, zumal der Beobachtungsfehler in engen Grenzen bleibt (vgl. Abschn. 8.3).

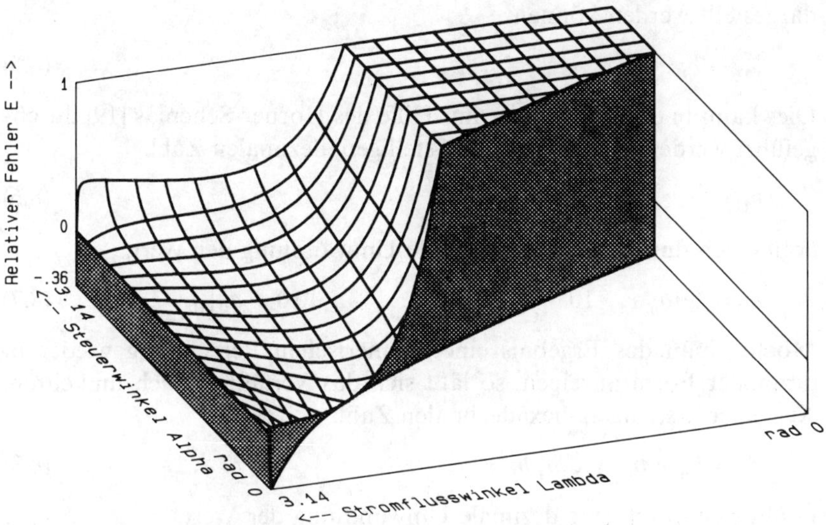

Bild 8-2. Abtastfehler in konventionellen Antriebsregelungen.

8.2 Rechenungenauigkeiten

Digitale Rechnersysteme arbeiten prinzipiell im dualen Zahlensystem. Die Genauigkeit der Rechenoperationen hängt von der Bitbreite der Daten ab. Bei einer Datenbreite von 10 bit ($2^{10} = 1024$ digit) liegt die Genauigkeit bereits unter einem Promille, so daß das Rechnen mit Festkommazahlen (integers) bei einer 16-bit-Zentraleinheit (CPU) praktisch fehlerfrei erfolgt. Üblicherweise wird in Maschinen- und Assemblerprogrammen das Sedezimalsystem, auch Hexadezimalsystem genannt, verwendet, wobei jeweils vier Dualstellen zu einer Hexadezimalziffer und zwei Hexadezimalziffern zu einem Byte (8 bit) zusammengefaßt werden; d.h. die achstellige Dualzahl 1001 1110 entspricht der zweistelligen Hexadezimalzahl 9E. Dazu müssen die Variablen und Konstanten der zu berechnenden Gleichungssysteme im hexadezimalen Format (Index H) vorgegeben werden. Dabei gilt für dezimale Zahlen (Index D), die kleiner als dezimal zehn sind ($a_D \leq 9_D$):

$$a_D = a_H \,. \tag{8.4}$$

Für $a_D \geq 10_D$ muß eine Wandlung in eine hexadezimale Zahl erfolgen, da mit vier Dualstellen 16 verschiedene Hexwerte (0, 1, …, 8, 9, A, B, C, D, E, F) dargestellt werden können:

$$a_D \rightarrow b_H. \tag{8.5}$$

Dies kann in einfacher Weise mit Hilfe des Horner-Schemas [19] durchgeführt werden, d.h. aus einer m-stelligen, dezimalen Zahl:

$$a_D = a_{m-1}\, a_{m-2} \ldots a_1\, a_0 \tag{8.6}$$

ergibt sich durch eine hexadezimale Umwandlung der Wert:

$$b_H = \{\{(a_{m-1} \cdot 10 + a_{m-2})\, 10 + \ldots + a_1\}\, 10 + a_0\}_H. \tag{8.7}$$

Möchte man das Ergebnis einer numerischen Berechnung wieder in dezimaler Form anzeigen, so läßt sich das Verfahren auch umkehren. Aus einer n-stelligen, hexadezimalen Zahl:

$$b_H = b_{n-1}\, b_{n-2} \ldots b_1\, b_0 \tag{8.8}$$

ergibt sich durch eine dezimale Umwandlung der Wert:

$$a_D = ((b_{n-1} \cdot 16 + b_{n-2})\, 16 + \ldots + b_1)\, 16 + b_0. \tag{8.9}$$

In den Regler-, Steuer- und Beobachteralgorithmen treten auch noch Winkel auf, die auf die Periodendauer der pulsierenden Zustandsgrößen bezogen sind. Bei der Transformation in den hexadezimalen Zahlenbereich muß die maximale Auflösung der Winkel berücksichtigt werden, z.B. $\pi_H = 3\,\mathrm{FFF}_H$ (14 bit). Ein Winkel von π bzw. π_H entspricht bei 50/60 Hz Netzfrequenz einer Zeitspanne von 10/8,33 ms, d.h. ein Zählerbaustein, der synchron zu den Vorgängen im Netz arbeiten soll, muß z.B. am 50-Hz-Netz mit einer Clockfrequenz von:

$$f_c = \frac{3\,\mathrm{FFF}_H}{10\ \mathrm{ms}} = 1{,}64\ \mathrm{MHz} \tag{8.10}$$

getaktet werden. Damit ergeben sich für Winkel die Transformationsgleichungen:

$$\alpha = \frac{\pi}{\pi_H}\alpha_H, \quad \lambda = \frac{\pi}{\pi_H}\lambda_H, \quad u = \frac{\pi}{\pi_H}u_H. \tag{8.11}$$

Eine dritte Gruppe von hexadezimalen Zahlenwerten fällt bei der Abtastung und Analog/Digital-Wandlung physikalischer Prozeßgrößen an. Hier muß die Auflösung des A/D-Wandlers (A_H) sowie der Maximalwert der physikalischen Größen zur Normierung benutzt werden. Für die Abtastung und Digitalisierung des Ankerstroms und der Drehzahl eines

Gleichstromantriebs bedeutet dies beispielsweise:

$$I_{\mathrm{d}} = \frac{I_{\mathrm{d\,max}}}{A_{\mathrm{H}}} I_{\mathrm{dH}}; \quad n = \frac{n_{\max}}{A_{\mathrm{H}}} n_{\mathrm{H}}. \tag{8.12}$$

Mit all diesen Transformationsgleichungen lassen sich die erforderlichen Algorithmen und Zustandsgrößen auf eine computerverständliche Form bringen, bzw. die Ergebnisse der numerischen Operationen in dezimaler Form verständlich machen. Dies soll am Beispiel der Beobachterfunktion für den arithmetischen Mittelwert des Ankerstroms einer vollgesteuerten Drehstrombrückenschaltung gemäß Gl. (5.81) verdeutlicht werden. In der Beobachterfunktion:

$$I_{\mathrm{d0}} = \frac{3\,\hat{u}}{\pi\,\omega\,L} \{\sin(\alpha + \tfrac{\pi}{3}) - \sin(\alpha + \lambda + \tfrac{\pi}{3}) + \\ + \frac{\lambda}{2} \{\cos(\alpha + \tfrac{\pi}{3}) + \cos(\alpha + \lambda + \tfrac{\pi}{3})\}\} \tag{8.13}$$

treten die zu transformierenden Winkel auch im Argument trigonometrischer Funktionen auf. Um diese Abhängigkeiten in möglichst kurzen Zeitspannen berechnen zu können, müssen die trigonometrischen Funktionswerte aus einer Tabelle entnommen werden. Üblicherweise legt man dazu die Sinusfunktion (SIN) von 0 bis $\pi/2$ tabellarisch im Festwertspeicher (EPROM) des Mikroprozessorsystems ab. Damit der erforderliche Speicherbereich sich in Grenzen hält, sollte man die Auflösung der Funktionswerte nicht höher als nötig wählen. Bei einer Wortbreite von 12 bit $(0\,\mathrm{FFF})_{\mathrm{H}}$ fallen zwei Bytes pro Funktionswert an, so daß der Funktionsverlauf bereits 8 K Speicherbereich im EPROM belegt. Die damit gewonnene Auflösung liegt bei 0,022° el., was für viele Applikationen bereits ausreicht. Für Gl. (8.13) ergeben sich schließlich die folgenden Transformationsbedingungen:

$$\begin{aligned} \pi_{\mathrm{H}} &= 3\,\mathrm{FFF_H}; \\ \alpha &= \frac{\pi}{\pi_{\mathrm{H}}} \alpha_{\mathrm{H}}; \\ \lambda &= \frac{\pi}{\pi_{\mathrm{H}}} \lambda_{\mathrm{H}}; \\ \cos x &= \frac{\cos x_{\mathrm{H}}}{\mathrm{FFF_H}}; \quad \sin x = \frac{\sin x_{\mathrm{H}}}{\mathrm{FFF_H}}. \end{aligned} \tag{8.14}$$

Damit gehorcht der hexadezimale Ankerstrom-Istwert der Beziehung:

$$I_{d0_H} = \left(\frac{3\hat{u}}{\pi\,\omega L}\right)_H \left(\frac{1}{\mathrm{FFF_H}}\right) \left\{ \sin\left(\alpha_H + \frac{\pi_H}{3}\right)_H - \sin\left(\alpha_H + \lambda_H + \frac{\pi_H}{3}\right)_H + \right.$$

$$\left. + \frac{\lambda_H}{2}\left(\frac{1}{145\,\mathrm{F_H}}\right) \left\{ \cos\left(\alpha_H + \frac{\pi_H}{3}\right)_H + \cos\left(\alpha_H + \lambda_H + \frac{\pi_H}{3}\right)_H \right\}\right\}. \quad (8.15)$$

Implementiert man diesen Algorithmus in ein Mikroprozessorsystem, so liefert er hexadezimale Werte des tatsächlichen Ankerstroms in der Maschine. Die Größenordnung der zu erwartenden Zahlenwerte wird durch den konstanten Ausdruck:

$$k_H = \left(\frac{3\hat{u}}{\pi\,\omega L}\right)_H \quad (8.16)$$

und damit von den Antriebsparametern bestimmt, d.h. je nach Antrieb ergeben sich unter Umständen sehr kleine Zahlenwerte. Da der Mikroprozessor im Interesse kleiner Rechenzeiten mit ganzen Zahlen (integers) arbeiten muß, wäre die Konstante k_H auch gleichzeitig die Auflösung (Genauigkeit) des beobachteten Ankerstroms. Um an dieser Stelle keine Genauigkeit zu verschenken, muß die zur Verfügung stehende Datenbreite (z.B. 16 bit) gut ausgenutzt werden. Deshalb ist es in den meisten Fällen unerläßlich, nicht mit dem tatsächlichen Wert, sondern mit einem Vielfachen des Istwertes zu arbeiten. Führt man diesen erweiterten Istwert einem Regelalgorithmus zu, so muß der Sollwert in den gleichen Wertebereich gelegt werden, um ungewollte Gewichtungen zu vermeiden. Als Größenordnung bietet sich die Datenbreite der Steuergröße an, damit die im konventionellen Reglerentwurf ermittelten Reglerparameter unverändert übernommen werden können.

8.3 Parameterschwankungen

Die beim Entwurf von linearen Reglern und Zustandsbeobachtern gemachten Voraussetzungen bezüglich der Linearität und Zeitinvarianz treffen für die Parameter in technischen Systemen meistens nur unzureichend zu. Im Falle der elektrischen Antriebe ändern sich Induktivitäten infolge Eisensättigung stromabhängig, Spannungen und Frequenzen des speisenden Netzes unterliegen Schwankungen, die Ohmschen Ständer- und Läuferwiderstände der Maschinen hängen von der Wicklungstemperatur ab, und schließlich treten in netzgeführten Stromrichtern Totzeiten auf, die sich in Abhängigkeit von der Aussteuerungsrichtung verändern. Auch die mechanischen Antriebsparameter an der Welle können im Laufe der Zeit variieren, wie z.B. das Trägheitsmoment in Wickelantrieben.

In konventionellen Antriebsregelungen haben diese Parameterschwankungen lediglich Einfluß auf das dynamische Verhalten des Antriebs, da die Istwerte absolut gemessen werden und somit stationär exakt ausgeregelt werden können. Dies trifft nicht mehr beim Einsatz von Beobachtern zu, wo Parameterschwankungen zu Modellfehlern führen, so daß die geschätzten Prozeßgrößen fehlerbehaftet sind. Das gilt sowohl für Zustandsbeobachter als auch für Binäre Beobachter. Während in der Systemmatrix eines Zustandsbeobachters sämtliche Antriebsparameter enthalten sind, treten in Binären Beobachtern die Versorgungsspannungen der Leistungseinspeisung als Fehlergrößen auf. Für die Beurteilung der Genauigkeit sensorloser Antriebsregelungen muß deshalb die Genauigkeit des Binären Beobachters und die des nachgeschalteten Zustandsbeobachters in der Summe gesehen werden.

Betrachtet man den Zustandsbeobachter in stromrichtergespeisten Gleichstromantrieben etwas genauer, so sind es im wesentlichen zwei Modellparameter, die Ungenauigkeiten verursachen; nämlich der Ankerwiderstand und der Fluß der Maschine. Beide Systemgrößen unterliegen starken Schwankungen, sofern die Temperatur der Maschine nicht konstant ist. Diese Probleme sind seit langem bekannt, und zwar von der sogenannten EMK-Regelung, die im Kern einer Drehzahlbeobachtung (Ankerspannungsmessung und $I \times R$-Kompensation) entspricht. Abhilfe schafft eine indirekte Flußregelung, gekoppelt mit einem Temperaturbeobachter im Erregerkreis [15].

Bei Binären Beobachtern gibt es ebenfalls zwei Fehlerquellen, die die Genauigkeit der Schätzwerte im wesentlichen festlegen, nämlich die Konstanz der Modellgrößen und die Erfassung der charakteristischen Stromrichtergrößen. Letztgenannte gewinnt man durch Auszählen von Schaltinformationen, die direkt aus den Sperrspannungen der Ventile mittels Komparatoren erzeugt werden. Da die Spitzenwerte der Sperrspannungen im Bereich einiger hundert Volt liegen, läßt sich der Schaltzustand der Ventile mit hoher Genauigkeit (Auflösung) detektieren. Die Schaltschwellen und die Hysterese der Komparatoren fallen dabei kaum ins Gewicht, und ihr Einfluß kann darüber hinaus softwaremäßig kompensiert werden. Stationäre Messungen zeigen, daß die Genauigkeit Binärer Beobachter entscheidend von der Auflösung (Digitalisierung) der relativ kurzen Überlappungsdauer abhängt. Um eine Genauigkeit von einem Prozent zu erreichen, muß bei einer maximalen Kommutierungszeit von 100 µs (typisch für netzgeführte Stromrichter) der Zählerbaustein für die Quantisierung mit 1 MHz getaktet werden, und bei einer maximalen Kommutierungsdauer von 10 µs (typisch für selbstgeführte Stromrichter) sind bereits Zählerfrequenzen von 10 MHz erforderlich. Diese Vorgaben stellen für Mikroprozessorsysteme jedoch keine Probleme dar, so daß die Quantisierungsfehler vernachlässigbar klein gehalten werden können. Bleiben als Fehlerquellen noch die Modellparameter in den Beobachtergleichungen, insbesondere Schwankungen der Speisespannung des Stromrichters. Die Amplitude der Speisespannung (Netz, Batterie) geht linear in die Beobachtergleichungen ein, d. h. Netzschwankungen von einem Prozent verursachen einen ebensolchen Fehler in den Schätzwerten des Beobachters. Im Falle eines weichen Industrienetzes muß der Binäre Beobachter eine Information über den momentanen Wert der Netzspannung erhalten. Dies kann wiederum in Form eines binären Signals geschehen, indem der Mittelwert der Netzspannung über einen Spannungs-Frequenz-Wandler (VCO) auf den Beobachter geführt wird. Für die Induktivitäten in den Beobachtergleichungen setzt man Nennwerte ein, um die elektrischen Zustandsgrößen im Bereich des Nennstroms möglichst genau zu erhalten.

Damit läßt sich zusammenfassend feststellen, daß die Genauigkeit sensorloser Antriebsregelungen der von EMK-geregelten Gleichstromantrieben entspricht und damit für eine ganze Reihe von Antriebsfällen als alternatives Antriebskonzept interessant ist. Unter Einhaltung bestimmter Randbedingungen, wie konstante Betriebstemperatur und starre Netzverhältnisse, lassen sich darüber hinaus Genauigkeiten von weniger als 1 % sowohl im Strom- als auch im Drehzahlregelkreis erzielen. Damit lassen sich sensorlose Antriebsregelungen praktisch in allen Anwendungsfeldern einsetzen, insbesondere auch dort, wo den sensorlosen Regelkreisen sensorbehaftete Regelungen (z. B. Lageregelkreise) überlagert werden.

Möchte man die enormen Vorteile des binären Datenaustausches zwischen Mikroprozessorsystem und elektrischem Antrieb beibehalten, aber den beobachterbedingten Dynamik- und Genauigkeitsverlust vermeiden, so besteht nach *Bild 8-3* die Möglichkeit, den Zustandsbeobach-

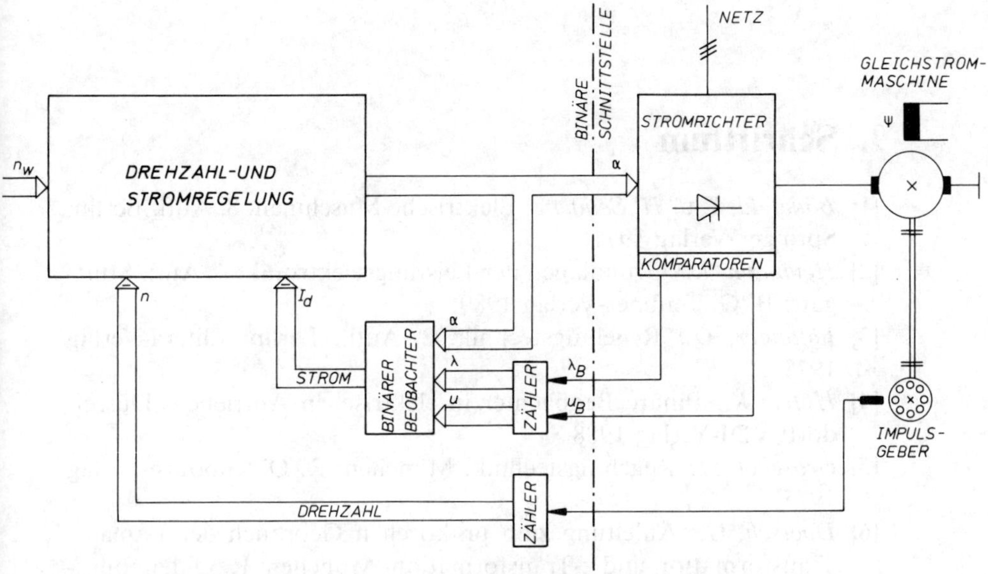

Bild 8-3. Low-Cost-Antriebskonzept für hohe dynamische Anforderungen.

ter für die Drehzahl durch einen Drehzahlimpulsgeber (z. B. Lochscheibe) zu ersetzen. Mit dieser Konfiguration kann weiterhin auf Stromsensoren und analoge Schnittstellen verzichtet werden. Die Kombination aus sensorlosem Stromregelkreis und überlagertem Drehzahlregelkreis mit binärem Sensor (Impulsgeber) gestattet die Realisierung sensorarmer Antriebseinheiten, die hohen dynamischen Anforderungen gerecht werden. Darüber hinaus kann bei dieser Konfiguration problemlos eine Erweiterung zum lagegeregelten Positionierantrieb erfolgen.

Betrachtet man zum Abschluß noch die sensorlosen, sensorbehafteten und sensorarmen Antriebsregelungen aus dem Blickwinkel der Mikroprozessortechnik, so besteht die Möglichkeit, alle vorgestellten Methoden auf ein und derselben Rechnerhardware vorzusehen. Über die entsprechende Betriebssoftware kann dann das für die jeweilige Antriebsaufgabe optimale Regelkonzept ausgewählt werden. Solche innovativen Antriebslösungen zeichnen sich durch ein Höchstmaß an Flexibilität, Betriebssicherheit und Wirtschaftlichkeit aus, was sie für Low-Cost-Applikationen ebenso interessant macht wie für CIM-Projekte.

9. Schrifttum

[1] *Bödefeld, T.* u. *H. Sequenz:* Elektrische Maschinen. 8. Aufl. Berlin: Springer-Verlag 1971.

[2] *Heumann, K.:* Grundlagen der Leistungselektronik. 4. Aufl. Stuttgart: B. G. Teubner-Verlag 1989.

[3] *Föllinger, O.:* Regelungstechnik. 2. Aufl., Berlin: Elitera-Verlag 1978.

[4] *Hofer, K.:* Binäre Beobachter in elektrischen Antrieben. Düsseldorf: VDI-Verlag 1988.

[5] *Gröschel, E.:* Regelungstechnik. München: R. Oldenbourg-Verlag 1975.

[6] *Doetsch, G.:* Anleitung zum praktischen Gebrauch der Laplace-Transformation und z-Transformation. München: R. Oldenbourg-Verlag 1967.

[7] *Luenberger, D. G.:* An Introduction to Observers. IEEE, Transactions on Automatic Control 16 (1971), pp. 596–602.

[8] *Riedo, P. J.:* Cascade Digital Control by State-Variable Feedback Method applied to a DC Motor. ETG-Fachtagung, Darmstadt, 1982, Tagungsband S. 257–263.

[9] *Bracewell, R. M.:* The Fourier-Transform and Its Applications. New York: McGraw-Hill-Book Co. 1965.

[10] *Bronstein, J. N.* u. *K. A. Semendjajew:* Taschenbuch der Mathematik. Frankfurt: Verlag Harri Deutsch 1972.

[11] DIN 40 110: Bemessungen und Festlegungen bei sinusförmigen und nichtsinusförmigen elektrischen Größen 1975.

[12] *Hofer, K.:* Linearisierung netzgeführter Stromrichter im Lückbereich. ETZ-Archiv, Bd. 9 (1987) Nr. 2, S. 33–37.

[13] VDE 0558: Bestimmungen für Halbleiter-Stromrichter 1987.

[14] DIN 41 762: Leistungskennzeichen für Halbleiter-Stromrichter 1971.

[15] *Hofer, K.:* Ein Beitrag zur modernen Regelung stromrichtergespeister Gleichstromantriebe. Düsseldorf: VDI-Verlag 1984.

[16] *Kunz, U.* u. *H. Zürneck:* Steuerung und Regelung kreisstromfreier Umkehrstromrichter. ETZ-Archiv, Bd. 92 (1971) Nr. 7.

[17] *Leonhard, W.:* Regelung in der elektrischen Antriebstechnik. Stuttgart: B. G. Teubner-Verlag 1974.

[18] *Hentschel, F.:* Vergleich: Stromrichtergespeister Gleichstrommotor und umrichtergespeister Asynchronmotor. Elektro-Anzeiger, 31 (1978) Nr. 18.

[19] *Steinbuch, K.* u. *W. Rupprecht:* Nachrichtentechnik. 2. Aufl. Berlin: Springer-Verlag 1973.

[20] *Küpfmüller, K.:* Einführung in die theoretische Elektrotechnik. 10. Aufl. Berlin: Springer-Verlag 1973.

[21] *AEG-Telefunken:* EMC-Elektromagnetische Verträglichkeit. Berlin: Elitera-Verlag 1976.

[22] *Hofer, K.:* Process-Observer for Fourquadrant SCR DC-Drives. 5th Power Electronics Conference, Budapest, Hungary, 1985, Conf. Rec., pp. 13–22.

[23] *Hofer, K.:* Binary Observers in Electrical Drives. 2nd European Conference on Power Electronics and Applications (EPE), Grenoble, France, 1987, Conf. Rec., pp. 605–610.

[24] *Möltgen, G.:* Netzgeführte Stromrichter mit Thyristoren. Berlin: Siemens 1974.

[25] *Späth, H.:* Elektrische Maschinen. Berlin: Springer-Verlag 1973.

[26] *Hofer, K.:* A Novel Control Strategy for Electrical Drives. IECON-Conference, Singapore, 1988. Conf. Rec., pp. 761–766.

[27] *Hofer, K.:* Sensorless Drive Control. Low-Cost Automation (LCA), IFAC-Symposium, Milano, Italy, 1989. Conf. Rec., pp. T 215–220.

[28] *Hofer, K.:* Closed Mathematical Description of Line-Commutated Converter-Drives. 3rd IFAC-Symposium on Control in Power Electronics and Electrical Drives. Lausanne, Switzerland, 1983. Conf. Rec., pp. 1–8.

[29] *Meyer, M.:* Selbstgeführte Thyristorstromrichter. 3. Aufl. Berlin: Siemens 1974.

[30] *Jötten, R.:* Leistungselektronik. Braunschweig: Vieweg-Verlag 1977.

[31] *Hofer, K.:* Sensorless Fourquadrant Drives. IEEE-Power Engineering Specialists Conference (PESC), Virginia, USA, 1987. Conf. Rec., pp. 607–615.

[32] *Föllinger, O.:* Lineare Abtastsysteme. München: R. Oldenbourg-Verlag 1974.

[33] *Ackermann, J.:* Abtastregelung. Berlin: Springer-Verlag 1972.

[34] *Hofer, K.:* Binärer Ankerstrombeobachter für einen Gleichstromantrieb. Dt. Bundes-Pat. H02P3708479.

10. Sachwortverzeichnis